COMO INTERPRETAR O MERCADO FINANCEIRO

LAWRENCE G. MCDONALD

COM JAMES PATRICK ROBINSON

COMO INTERPRETAR O MERCADO FINANCEIRO

RISCOS, MITOS E OPORTUNIDADES DE INVESTIMENTO EM UMA ECONOMIA REMODELADA

Tradução
Augusto Iriarte

Rio de Janeiro, 2025

Publicado mediante acordo com Crown Currency, um selo da Crown Publishing Group, uma divisão da Penguin Random House LLC

Título original: *How to Listen When Markets Speak*

COPIDESQUE Neto Bach
REVISÃO Elisabete Franczak Branco e Angélica Andrade
REVISÃO TÉCNICA Pedro Caramuru
CAPA Adaptada do projeto original de Christopher Brand
ADAPTAÇÃO DE CAPA Deborah Mattos
IMAGEM DE CAPA vinap/Getty Images
DIAGRAMAÇÃO Abreu's System

Dados Internacionais de Catalogação na Publicação (CIP)
(Câmara Brasileira do Livro, SP, Brasil)

McDonald, Lawrence G.
Como interpretar o mercado financeiro: riscos, mitos e oportunidades de investimento em uma economia remodelada / Lawrence G. McDonald; tradução Augusto Iriarte. – Rio de Janeiro: HarperCollins Brasil, 2025.

ISBN 978-65-5511-638-0

1. Economia 2. Investimentos 3. Mercado financeiro – Fatores de risco I. Título.

24-236530 CDD-332.6

Índice para catálogo sistemático:
1. Mercado financeiro : Investimentos : Economia financeira 332.6
Bibliotecária responsável: Eliane de Freitas Leite – CRB 8/8415

Rua da Quitanda, 86, sala 601A – Centro,
Rio de Janeiro/RJ – CEP 20091-005
Tel.: (21) 3175-1030
www.harpercollins.com.br

Para Anabela, Gabriella e Marcus.
E para meu pai, meu mentor por tantas décadas.
Este livro não teria sido possível
sem sua orientação.

SUMÁRIO

NOTA DO AUTOR

Este livro é o resultado de quinze anos percorrendo os corredores das finanças globais. Quando o Lehman Brothers quebrou, eu pensei que havia perdido tudo. Como um pássaro expulso do ninho, precisei me reinventar. Nesta longa e por vezes solitária estrada, ao longo da qual publiquei os bastidores do colapso do banco e dei incontáveis palestras sobre economia em vários cantos do mundo, tive a sorte de reunir um grupo de cérebros brilhantes que se tornaram verdadeiros conselheiros. Abençoado com bons amigos e mentores excelentes, foi na sabedoria deles que me apoiei para escrever este livro. Serei eternamente grato a cada pessoa que me ofereceu sua lente de aumento para que eu enxergasse com clareza os fluxos e refluxos do dinheiro internacional. Devo a vocês esta obra.

PREFÁCIO

NIALL FERGUSON

Em *Como interpretar o mercado financeiro*, Larry McDonald prevê "uma nova era de inflação persistente, uma escalada nos conflitos globais, uma aliança multipolar contra os Estados Unidos, o horror causado por um dólar cada vez mais fraco, uma sequência de crises de dívida externa e uma debandada de capitais dos ativos financeiros para os tangíveis", sem falar na "catastrófica escassez de recursos naturais".

Se é verdade – como afirmei em meu livro *Catástrofe* – que jamais faltará plateia para os profetas do apocalipse e que os mercadores da catástrofe já profetizaram com precisão contábil milhares de fins do mundo, também é verdade que Larry McDonald pertence a outra categoria. Ele é autor do livro *A Colossal Failure of Common Sense*, o relato mais categórico sobre a quebra do Lehman Brothers escrito por alguém que vivenciou tudo de perto, e é dono de um ouvido apuradíssimo para os mercados financeiros, aprimorado por anos de conversas em Wall Street, desde os idos da Segunda-feira Negra de 1987. A moral desta sua nova história não é que o mundo se encontra à beira dos dias finais, mas sim que a economia global está passando por uma mudança de paradigma, algo que os mercados já estão nos comunicando. Para escutar, você só precisa pregar os ouvidos ao chão – ou ao pregão –, como faz o próprio McDonald.

O problema com a verborragia de Wall Street é que a relação sinal-ruído é alta demais. Na tentativa de depurar o ruído, McDonald criou um modelo de risco financeiro fundamentado em 21 indicadores de risco sistemático, incluindo a taxa de inadimplência corporativa, a proporção de vendas a descoberto do mercado de ações e pesquisas sobre o ânimo dos investidores. Desde 2010, quando fundou o *The Bear Traps Report*, ele tem sido uma de minhas fontes de informação preferidas sobre o sujeito falante e temperamental conhecido como sr. Mercado.

Como interpretar o mercado financeiro tem uma tese central com a qual concordo entusiasticamente. O fim da Guerra Fria, entre os últimos anos da década de 1980 e começo da de 1990, foi acompanhado de um *boom* financeiro geracional que durou quase quarenta anos, ainda que marcado por crises. Os principais propulsores desse aumento no volume de transações no mercado financeiro foram a globalização e a integração das reservas financeiras e da mão de obra asiáticas – sem esquecer dos talentos, claro – a um sistema financeiro cada vez menos delimitado por fronteiras, o qual se mostrou muito hábil em se apropriar das inovações em tecnologia da informação provenientes do Vale do Silício. Graças a essas poderosas forças, a inflação, que havia atingido picos nos anos 1970, caiu a seu nível mais baixo em 2009.

Contudo, essa era acabou. O que levou a seu fim? Os principais suspeitos são os bancos centrais, que ficaram cada vez mais imprudentes em suas ações para conter as crises (com destaque para as de 1998, 2001, 2008-2009 e 2020), cortando as taxas de juros e então comprando títulos e outros ativos financeiros ("flexibilização quantitativa"), expandindo enormemente seus balanços patrimoniais. De acordo com McDonald, tais medidas serviram para refrear a volatilidade, o que encorajou mudanças estruturais nos mercados financeiros em favor de fundos de índice, investimentos passivos e estratégias de baixa volatilidade. Ao mesmo tempo, o ingresso da China na Organização Mundial do Comércio (OMC), em 2001, com a garantia de relações comerciais regulares e permanentes com os Estados Unidos, criou as condições para um processo ininterrupto de esvaziamento da capacidade industrial estadunidense, com diversas consequências sociais e políticas. Em terceiro lugar, a política fiscal dos Estados Unidos – que se iniciou com a Guerra ao Terror e culminou nas várias medidas de política industrial do governo Biden – elevou a dívida do país em relação ao Produto Interno Bruto (PIB) a um patamar sem precedentes desde a Segunda Guerra Mundial. Em quarto lugar, a reação política à globalização produziu em Washington um novo consenso protecionista (e anti-China) entre republicanos e democratas. Por fim, a campanha global para estimular o investimento em "fontes renováveis de energia" em detrimento dos "combustíveis fósseis" está involuntariamente provocando uma crise energética.

As conclusões de McDonald são arrojadas: a intensa migração de capital das ações de crescimento para ações de valor está só começando. Estamos nos primeiros minutos do primeiro tempo. A cada alta no mercado de crescimento que for seguida de nova quebra, a decepção dos investidores que buscam a terra prometida se agravará. Certo dia, esses investidores vão juntar suas coisas e, mesmo com relutância, seguir para o setor de geração de valor. E aí vão testemunhar altas em ouro, prata, platina e paládio.

Em outras palavras, o ínterim desinflacionário da Guerra Fria terminou. A inflação não retornará aos 2% ou menos. O destino do dólar é viver um período de fraqueza. E seria bom os investidores considerarem a opção de se livrar das ações de tecnologia e investirem em metais preciosos, além de cobre, lítio, cobalto, grafita e urânio, cuja oferta será escassa ante as ambiciosas demandas da "transição energética".

Haverá quem argumente que esse pensamento não leva em conta os prováveis lucros da implacável inovação tecnológica (pensemos na inteligência artificial) ou um possível retorno da estagnação secular graças à desaceleração do crescimento que seria causada, por sua vez, pelas dinâmicas da dívida ou pelas dinâmicas demográficas. Entretanto, o argumento de McDonald em defesa de um equivalente financeiro da "Quarta Virada"* é fortalecido pelos testemunhos de investidores lendários como David Tepper, David Einhorn e Charlie Munger. As entrevistas com esses astros, mas também aquelas com membros menos conhecidos do círculo de Wall Street, constituem um dos principais elementos que distinguem este livro de outros sobre finanças contemporâneas, que

---

* A teoria da "Quarta Virada", criada pelos autores William Strauss e Neil Howe, descreve períodos de crise política e social, ciclos de mudanças geracionais, em que um país se reinventa civicamente e renasce como comunidade. Foi o que aconteceu durante a Guerra Civil Americana, a Grande Depressão e a Segunda Guerra Mundial. A "Quarta Virada", segundo Neil Howe, provavelmente começou com a grande crise financeira global, entre 2008 e 2009, e se potencializou com a pandemia do coronavírus. [N. E.]

bem poderiam ter o título genérico *Aprenda a não cair no sono enquanto eu ensino*. A humildade de McDonald é raridade no universo financeiro. Justiça seja feita a ele, que nunca esqueceu suas origens como "vendedor de costeleta de porco em Cape Cod".

Não vou fingir que sei qual será o futuro das finanças. Em 2008, meu livro *A ascensão do dinheiro: a história financeira do mundo* até que fez um bom trabalho ao prever uma crise financeira global, porém os acontecimentos subsequentes me desmentiram mais de uma vez e me ensinaram a valiosa lição de que, para prever os mercados, é indispensável ouvir antes de abrir a boca. Foi por isso que me tornei um leitor frequente da newsletter *The Bear Traps Report*, e também porque recomendo este novo livro de Larry McDonald. É a mesma razão pela qual, assim que terminei a leitura, fui direto dar uma boa e demorada olhada em minha carteira de investimentos. Desconfio de que a maioria dos leitores fará o mesmo.

Introdução

UM BANQUETE DE CONSEQUÊNCIAS

Todo mundo, mais cedo ou mais tarde,
senta-se para um banquete de consequências.
– FRASE COMUMENTE ATRIBUÍDA A ROBERT LOUIS STEVENSON

Durante a maior parte das últimas três décadas, desde o fim da Guerra Fria, os Estados Unidos se regozijaram com um período sem precedentes de paz e prosperidade. A ampliação do comércio internacional, a atenuação dos conflitos entre Estados e a vigência de uma reserva global em dólar geraram prosperidade e um ambiente desinflacionário inéditos. O mundo inteiro se deleitou com as commodities relativamente baratas e abundantes.

Os tempos de fartura autorizaram uma conduta irracional e soberba por parte dos detentores do dinheiro e do poder, e os mantiveram protegidos das consequências. Em quatro ocasiões principais – 1998, 2001, 2008 e 2020 –, o Federal Reserve (Fed, sistema de bancos centrais estadunidenses) e o Congresso dos Estados Unidos, por meio dos instrumentos de que dispõem, ofereceram um bote salva-vidas a Wall Street: resgataram as partes putrefatas do mercado e, sem prudência, injetaram grana no sistema para reativar a economia. O resultado é que hoje, após gastar muito além da conta, o governo estadunidense tem uma dívida de 33 trilhões de dólares, o Fed comprou mais de 8,5 trilhões em títulos de dívida e os ativos financeiros passaram de bolha para bolha.

Na virada para os anos 2020, os Estados Unidos atingiram um ponto crítico. Tanto os mercados financeiros quanto a economia real sofreram um baque com a pandemia de Covid-19. A guerra entre Rússia e Ucrânia, cujas vidas perdidas são imensuráveis, suspendeu cadeias cruciais de suprimento de petróleo e gás, servindo de combustível para uma crise inflacionária global que lançou à recessão diversos países. Após um ano de altas, 2022 terminou com a perda de 9 trilhões de dólares do patrimônio financeiro devido à queda das ações de tecnologia e das criptomoedas.

E isso é apenas um gostinho do que está por vir: o começo de um deslocamento tectônico no comportamento dos ativos financeiros. O mundo econômico tal como o conhecemos – e as regras que o governam – acabou. Na próxima década, testemunharemos uma nova era de inflação persistente, uma escalada nos conflitos globais, uma aliança multipolar contra os Estados Unidos, o horror causado por um dólar cada vez mais fraco, uma sequência de crises de dívida externa e uma debandada de capitais dos ativos financeiros para os tangíveis.

Além disso, o planeta não tardará a enfrentar uma catastrófica escassez de recursos naturais. Do Plano de Metas Climáticas europeu aos diversos pontos do Build Back Better original – projeto de lei proposto por Biden para maiores investimentos em programas ambientais –, os países desenvolvidos avançam a pleno vapor rumo à neutralidade em carbono, porém sem que possuam as matérias-primas necessárias para fabricar painéis solares, turbinas eólicas e motores elétricos. Com o mundo em desenvolvimento se tornando mais rico, a demanda por petróleo e outros combustíveis fósseis vai disparar, acelerada, ainda, pelo crescimento populacional. A concorrência por esses materiais será feroz.

Não bastasse tudo isso, a economia estadunidense está deturpada a um ponto inimaginável, o que intensifica qualquer alteração econômica que venha a ocorrer. Os legisladores interferiram tanto nos mercados financeiros que já causaram danos irreparáveis ao mecanismo de descoberta de preços. Ações, títulos de dívida, bens imobiliários, commodities e outros ativos estão cheios de desequilíbrios a ponto de colocar em risco milhões de planos de previdência privada. Em todas os setores da economia, o capital tem sido alocado de acordo com os padrões das últimas três décadas, e não com os novos paradigmas que definirão a próxima. Dezenas de trilhões de dólares foram despejados na forma de investimento passivo em fundos de índice, sem maiores considerações quanto às distorções que seriam provocadas nas avaliações e nos comportamentos de compra. No que diz respeito às ações, a negociação quantitativa tem sido excessivamente conivente com a colossal distorção no risco de mercado. Agora, imagine um mundo em constante escassez de suprimentos energéticos, assolado por crises e quebras nos mercados financeiros, e no qual nem o Fed nem a política estadunidense possam fazer nada para ajudar. A transformação que está por vir desafiará o atual modo de pensar do universo financeiro e forçará um reequilíbrio de proporções épicas em favor de novos setores.

Entretanto, não importa quão impiedoso seja o panorama econômico, esta não é uma história de desalento e destruição. Os investidores não são presas indefesas em face de perdas inexoráveis. O meu intuito, leitor, não é assustá-lo, e sim prepará-lo, iluminar um caminho que o leve ao lado de lá do cataclismo iminente. Os riscos são altíssimos, mas as oportunidades são ainda maiores. Em uma década, os investidores que, em suas carteiras, tiverem se adiantado às transformações sísmicas nos mercados globais, ou seja, os vanguardistas, serão invejados em Wall Street. Já aqueles que continuarem perseguindo as meninas dos olhos das décadas passadas, pressionados pelo medo do que poderia ter sido, presos a uma síndrome do espelho retrovisor, vão desejar desesperadamente poder voltar atrás.

Passei minha carreira quase inteira em Wall Street, vivendo os altos e baixos dos últimos trinta anos. No fim da década de 1990, cofundei o site *Convertbond.com*, que publicava notícias, avaliações, prazos e instrumentos de análise de títulos conversíveis. Depois, fui para o Lehman Brothers, onde me tornei um dos mais lucrativos traders de títulos de alto rendimento, títulos conversíveis e ativos estressados.

Meu primeiro livro, *A Colossal Failure of Common Sense*, compila os erros e a autoconfiança excessivas que foram decisivos para o colapso do banco. Em vez de pregar os ouvidos ao chão para perceber o som dos passos que se aproximavam, nosso antigo presidente "se isolou nos escritórios palacianos do 21º andar, completamente apartado da ação, onde alimentava ilusões de um crescimento desobstruído".

Os paralelos com o presente são de arrepiar.

O Lehman me propiciou uma formação prática em matéria de risco de mercado. Testemunhar as mentes mais perspicazes de Wall Street sucumbindo a uma lógica irreparável, avançando de peito aberto em direção ao iceberg do subprime, o maior já visto até então, foi algo que me modificou para sempre. Após a crise, com infinitos "ses" martelando os pensamentos, decidi canalizar minha energia em aprender a detectar os sinais precoces dos perigos e das oportunidades econômicas. Da minha análise emergiram 21 indicadores de risco sistêmico – muitos deles ignorados ou menosprezados pelos modelos atuais – que me permitem estimar com altíssima precisão a saúde de uma economia. Quando finalmente me senti pronto para voltar à ação, agora como agente independente, não mais atado aos grandes bancos, fundei a *The Bear Traps Report*, uma plataforma de análise financeira e macroeconômica que se vale desses indicadores para ajudar fundos de hedge, *family offices*, gerentes de ativos e investidores a transitar por um mundo cada vez mais arriscado e a construir carteiras à prova de crises.

É exatamente isso que este livro oferece. Primeiro, vamos traçar as origens da nossa ordem econômica atual. Reviveremos os acontecimentos, as decisões e as condições econômicas que produziram trinta anos de um mercado em alta – uma narrativa épica com doses de otimismo imprudente, comportamento de manada e políticas ingênuas. Ainda que algumas partes da história sejam familiares aos leitores de livros de finanças, vamos abordá-la como uma investigação de causa e efeito. São poucos os investidores capazes de conectar os pontos entre passado, presente e futuro, e aqueles que conseguem serão detentores de uma poderosa vantagem.

Em seguida, vamos delinear a tortuosa estrada que nos espera. Embora a maioria das pessoas vivendo hoje tenha crescido em uma época de abundância financeira histórica e esteja acostumada com a valorização implacável dos ativos, em breve tais condições macroeconômicas não passarão de uma lembrança distante – e boa parte da "abundância financeira" acumulada por nós se provará ilusória.

Na segunda metade do livro, vamos projetar as novas regras de investimento para um cenário econômico radicalmente reconfigurado, incluindo estratégias para resistir a narrativas reacionárias e para detectar as tendências de alta e baixa nos mercados antes dos demais. Ao longo desse trajeto, você se sentará frente a frente com alguns dos maiores traders e investidores da última década, como Charlie Munger, David Tepper e David Einhorn, e terá um assento privilegiado para ouvir alguns dos profissionais mais brilhantes do setor financeiro atual.

Os mercados estão se manifestando de forma audível e clara e não requerem de nós nada além de ouvidos para escutar. Nas próximas páginas, veremos:

- Como os reflexos da paz alcançada com o fim da Guerra Fria estabeleceram as bases para uma era de desinflação que definiu os contornos dos trinta anos subsequentes – e também de sua carteira de investimentos atual;
- Por que o prolongado período de juros altos fará com que a aterrorizante dívida de 33 trilhões de dólares do orçamento estadunidense se torne impossível de manter, levando os pagamentos de juros da dívida pública de 580 bilhões de dólares em 2021 para 1,4 trilhão em 2024 (mais do que o governo investe atualmente em defesa ou em programas de saúde para pessoas com mais de 65 anos), e como a monumental quantia de 200 trilhões de dólares em passivos flutuantes agravará o risco de um calote catastrófico;
- Como a terceirização intensa desde os anos 1990 contribuiu para a redução da inflação e para o endividamento estrangulador do governo dos Estados Unidos – o que oferece a você uma oportunidade de investimento única.
- Por que países como Rússia, China e Arábia Saudita estão tomando medidas para deixar de usar o dólar como moeda de reserva internacional, o que vai prejudicar ainda mais a capacidade dos Estados Unidos de financiar suas enormes

dívidas, causando destruição nos mercados financeiros e forçando possíveis cortes de gastos em seguridade social, saúde e indústria militar – e como os investidores podem capitalizar nos novos tempos de dólar enfraquecido;

- Como a inflação está provocando uma onda na força de trabalho parecida com a dos anos 1960 e 1970, manifestada em vitórias históricas dos sindicatos que, em última análise, geram uma inflação "teimosa" – e os possíveis efeitos disso em sua carteira de investimentos;
- Como a disputa do Ocidente por petróleo e gás, o subinvestimento em combustíveis fósseis e em infraestrutura energética e a deterioração das relações com Rússia e Arábia Saudita vão elevar ainda mais o preço-base da energia – e de tudo o mais – e como se adiantar a essa tendência lucrativa;
- Como o crescimento da população mundial e as cumulativas demandas da revolução ecológica vão contribuir para uma escassez catastrófica de recursos naturais, e por que os ativos tangíveis, incluindo minerais indispensáveis à transição ecológica, como lítio e cobalto, vão superar o desempenho de ações de crescimento, de títulos do governo dos Estados Unidos ou de estratégias de investimento passivo nos próximos anos;
- Como o pretexto segundo o qual as criptomoedas estavam a salvo do sistema financeiro centralizado, controlado pelo Estado, se escorava na aposta de que os bancos centrais sufocariam os juros e injetariam liquidez para sempre e que, considerando seu desatrelamento de bens tangíveis, as criptos talvez sejam ainda mais suscetíveis à ação do Fed do que títulos ou ações;
- Como a negociação algorítmica fomentou uma colossal distorção no risco de mercado: uma bomba-relógio que de tempos em tempos gera picos extremos de volatilidade e está na origem das quebras repentinas do mercado;
- Como o investimento passivo e os veículos que deveriam democratizar as finanças estimularam bolhas e distorções ideológicas por vastos participantes do mercado, e como os

planos de previdência e os Planos 401(K)* foram sequestrados por somente catorze ações;

- Por que a clássica carteira composta de 60% de ações e 40% de títulos – reverenciada por muitos como uma espécie de princípio investidor – já não pode ser considerada, e por que daqui para a frente a construção de carteiras deve focar em commodities e empresas com muito fluxo de caixa.

Estamos prestes a testemunhar uma migração histórica de capital, da ordem de muitos trilhões, que precederá o surgimento de uma nova classe de ganhadores e perdedores. Se você tem algum dinheiro investido no mercado, essa história está acontecendo com você.

Os historiadores William Strauss e Neil Howe disseram a famosa frase segundo a qual a história moderna se move em ciclos, com quatro fases distintas, ou "viradas". Cada fase dura de quinze a 25 anos, de modo que o ciclo completo cuidadosamente coincide com a expectativa média de vida de um ser humano. A Primeira Virada é o "Auge", seguido pelo "Despertar", depois pelo "Desenlace", depois pela "Crise". O atual ciclo se iniciou no Auge do *boom* econômico pós-Segunda Guerra Mundial e terminou com o assassinato de John F. Kennedy, em 1963. O Despertar produziu o surgimento de uma nova contracultura, que ganhou tração nos movimentos pelos direitos civis, nos movimentos pacifistas e nos movimentos feministas. A Terceira Virada chegou sob a gestão de Reagan, em meados dos anos 1980, e foi marcada pela expansão econômica, de um lado, e pela nova onda de guerras culturais, polarização política e paulatino enfraquecimento institucional, de outro. O Desenlace foi um período particularmente longo.

---

* Também chamado de acordo à vista ou diferido ou de plano de redução de salário, é um plano que permite ao funcionário optar pela aplicação do valor que seria retido na fonte para pagamento do imposto de renda, ou seja, o valor ainda é descontado, mas não para pagamento do imposto, e sim para investimento em uma aplicação financeira. [N. T.]

Contudo, a complacência é filha da prosperidade, e chegou a hora de os Estados Unidos enfrentarem a Quarta Virada, a Crise, um período de destruição criativa no qual o passado precisa ser superado para que novas instituições substituam as velhas.

Porém, antes de olhar para a frente, devemos olhar para trás. A história começa no banco traseiro do automóvel presidencial, no começo dos anos 1980.

1

O FIM DE UMA ERA

Era a tarde do dia 8 de março de 1983. A brisa tropical soprava por sobre os intermináveis laranjais em direção a Orlando, agitando as bandeirolas das limusines que se enfileiravam na entrada do Sheraton Twin Towers. Impecável como sempre, vestindo terno azul-marinho contrastando com o lenço de bolso branco, o presidente Ronald W. Reagan foi conduzido ao púlpito no qual fez o discurso que seria relembrado por décadas, em que chamou a União Soviética de "império do mal" e tomou medidas para apoiar a dissuasão nuclear da Organização do Tratado do Atlântico Norte (Otan) em resposta à ameaça soviética.

Os Estados Unidos e a União Soviética já estavam no terceiro ano da corrida armamentista que atingiria o auge três anos após Reagan subir àquele púlpito. A Guerra Fria havia começado em 1947 e, em 1975, uma linha vermelha fora traçada imediatamente abaixo do hemisfério Norte, separando Ocidente e Oriente – este, protegido pelo contingente militar soviético de 5,5 milhões de soldados e aproximadamente vinte mil mísseis nucleares. Em menos de dez anos, o número de mísseis dobraria. Estava declarado o empate: naquela exibição de força em grandississíma escala, nenhum dos lados se dispunha a abrir um canal de diálogo. A despeito do exibicionismo, a economia soviética não estava em boa forma; a nação abarcava quinze repúblicas, onze fusos horários e um território de aproximadamente 11 mil quilômetros de ponta a ponta – de Kaliningrado, a oeste, até uma restinga desesperadamente gélida no mar de Chukchi conhecida como Uelen. Contudo, enormes porções de terra quase nunca se traduzem em riqueza, felicidade ou oportunidade. No caso dos soviéticos, não eram garantia nem mesmo de um prato de comida quente. A corrupção, a inexistência de livre mercado e a guerra por procuração contra os mujahidin no Afeganistão, secretamente apoiados pelo Pentágono e pelos sauditas, causavam severos danos à economia. Imagens de intermináveis filas de pão e de gôndolas vazias nos supermercados eram comuns nos jornais ocidentais.

O "rearmamento retórico" de Reagan teve o efeito pretendido de assustar o adversário. Em 1985, os soviéticos acumulavam 39 mil mísseis nucleares, dos quais quase seis mil apontavam diretamente para os Estados Unidos, que em resposta estocavam mais de 21 mil ogivas. O mundo se achava a uma falha técnica do aniquilamento total.

O chefe da Casa Branca sabia que havia grandes chances de a União Soviética sucumbir sob um exército desiludido e uma população instruída vivendo em situação de miséria, sem perspectiva de melhora. Então aconteceu o acidente nuclear de Chernobil, em 1986, e a decisão do politburo (comitê executivo dos partidos comunistas) de adiar o anúncio público por dois dias. A declaração televisionada de vinte segundos foi vaga, assegurando aos telespectadores que as autoridades estavam resolvendo a situação. Era óbvio que o surto de contaminação radioativa não estava sob controle e, ainda que o politburo evitasse anunciar a nova crise de saúde pública, Mikhail Gorbachev, novo secretário-geral do Partido Comunista Soviético e o líder de fato do país, se debruçava sobre os relatos de mortes, ferimentos e destruição: ao longo de uma enorme faixa de terra, vidas, lares, cidades inteiras foram devastadas. Posteriormente, Gorbachev escreveu que sua consciência já não lhe permitia continuar envolvido com armas nucleares.

Naquele mesmo ano, um desfile de automóveis negros se embrenhou pelas ruas de Reykjavik, na Islândia, até parar diante de um casarão caiado conhecido como Hofdi House. Um formigueiro de fotógrafos aguardava sob a platina celeste da manhã estrondosa e encharcada. Em seu sobretudo de caxemira, Gorbachev subiu os degraus para ser recebido pelo presidente Reagan.

Reagan examinou Gorbachev por um instante: um homem nascido e criado na Rússia soviética dos governantes comunistas mais linhas-duras, tipos como Josef Stalin, Nikita Kruschev e Leonid Brejnev (cujo reinado de dezoito anos foi marcado pela estagnação econômica); e cá estava o erudito Gorbachev face a face com o presidente dos Estados Unidos, na contramão de qualquer pregação comunista. Ainda que não tivesse mais do que 1,75 metro, seria lembrado pela História como um gigante da democracia. Gorbachev achava-se ali para tratar da redução do arsenal nuclear, o que posteriormente lhe daria um Prêmio Nobel da Paz. Reagan lhe ofereceu um sorriso típico de caubói e, diante dos olhos do mundo inteiro, os dois homens se cumprimentaram como se fossem velhos amigos. Para a União Soviética, foi um passo gigantesco na direção da desintegração.

O conceito de esperança sempre foi uma das forças mais poderosas na história.

Mais do que qualquer máquina, mais do que qualquer arma, essa simples emoção já foi responsável por incontáveis vitórias improváveis. Foi graças a ela que os gregos, desfalcados de soldados, derrotaram dez mil persas na planície de Maratona em 490 a.C. Foi a ela que Winston Churchill apelou para encorajar a Grã-Bretanha e seus aliados a combaterem a tirania da Alemanha nazista. Foi movido por ela que, no último ano da década de 1980, meio milhão de cidadãos da Alemanha Oriental renunciaram ao governo corrupto em um protesto que ocupou o perímetro inteiro do Muro de Berlim. Na noite de 9 de novembro de 1989, a divisória de concreto entre a Alemanha Oriental e a Alemanha Ocidental foi finalmente demolida.

No fim de 1991, a União Soviética se encontrava em queda livre. Na contramão do desejo de Gorbachev, que esperava uma liberalização radical, as reformas gradativas não eram capazes de resgatar uma economia fundamentada no controle centralizado. No dia de Natal, a chamativa bandeira vermelha que esvoaçava sobre o Kremlin, com sua foice e martelo amarelos representando a solidariedade entre operários e trabalhadores do campo, foi arriada pela última vez. Gorbachev aboliu o Partido Comunista e então renunciou à presidência.

O colapso da União Soviética se tornou o maior símbolo da paz mundial que pousou como uma manta sobre o comércio internacional e as livres concorrências de parte a parte do mundo. As penosas tensões que infestavam a geopolítica global desde o início da Guerra Fria finalmente haviam sido extintas.

Mas o que o fim da União Soviética lá nos anos 1990 tem a ver com sua carteira de investimentos em 2020 e tantos?

Tudo!

Porque o colapso da União Soviética contribuiu para que o mundo passasse de uma ordem multipolar para uma unipolar, que gravitasse em torno de uma única força dominante. Amparados por sua economia ultrajantemente robusta e por um poderio militar descomunal, os Estados Unidos poderiam esmagar as ameaças como se fossem insetos. A nova ordem mundial fez germinar um maciço sistema interconectado de comércio internacional e segurança. Aqueles países que souberam tirar proveito dele prosperaram. O comércio global passou de menos de 5 trilhões de dólares em 1990 para 28 trilhões em 2022 e o PIB mundial, de 20,7 trilhões de dólares para 100 trilhões.

A ordem mundial unipolar teve as mais diversas implicações nos mais variados domínios (por exemplo, a diminuição da urgência em manter grandes exércitos permanentes), porém, para os investidores, o efeito mais crucial foi seu incomparável poder desinflacionário. A crescente oferta desde matérias-primas (obtidas da Rússia) até produtos industrializados e mão de obra barata (obtidos na Ásia, especialmente na China) aplacou a inflação tanto na Europa quanto nos Estados Unidos até 2021. A inflação, que era de 7% na década de 1970, passou para 3% nos anos 1990 e para 1,7% em 2010.

Isso fez com que a rentabilidade do título do Tesouro dos Estados Unidos, também conhecida como taxa livre de risco (a taxa de rendimento fixa dos tesouros do governo, considerada sem risco por ser financiada pelo contribuinte estadunidense), caísse de 15% em 1981 para menos de 1% nos anos 2010. A rentabilidade decrescente nos títulos da dívida pública torna menos atraentes os investimentos de renda fixa, como os títulos públicos, e acaba empurrando os investidores – em busca de maiores rendimentos –

para bens de maior risco. Os múltiplos de preço/lucro (PL) – que medem o quanto os investidores estão dispostos a pagar por dólar lucrado das empresas, refletindo o sentimento geral do mercado – se expandem à medida que a taxa livre de risco se reduz. Não à toa, a relação preço/lucro do S&P 500 passou de 7× no começo da década de 1980 para 30× no fim dos anos 1990 e em 2021.

A desinflação foi um dos fatores que mais contribuiu para a épica alta no mercado de ativos de risco. Com a decolagem dos ativos financeiros – ações de crescimento e títulos da dívida pública –, as margens de lucro explodiram. Os investidores adoram um cenário estável, de baixa inflação, já que os custos de capital tanto para investir quanto para emprestar se tornam menores. O índice do S&P passou de 323, em 1990, para 4.800 em 2021, uma valorização de 1.300%, ou seja, quem colocou mil dólares no S&P no dia em que terminou a Segunda Guerra Mundial teria 23 mil dólares em 1990, e, no fim de 2021, esse montante teria alcançado 343 mil dólares. Em outras palavras, as três décadas de desinflação propiciaram uma postura radicalmente nova no que diz respeito à construção da carteira de investimentos.

Margem de lucro empresarial do S&P

O mundo tal como o conhecemos acabou

Anos atrás, fiz uma palestra na conferência do Banco Nacional de Abu Dhabi, na qual dividi o palco com o historiador econômico Niall Ferguson, o ex-presidente francês Nicolas Sarkozy e um dos principais conselheiros de Reagan, James Baker III. Alguns bons amigos consideraram que era muita areia para o meu caminhãozinho, mas eu só enxergava o fato de que, quando aquele fim de semana terminasse, teria tido a chance de me sentar ao lado de Baker. O cara não é apenas alguém que se formou em Princeton e serviu na Marinha americana, ele é um dos raros indivíduos a atuar tanto como secretário do Tesouro dos Estados Unidos (na gestão Reagan) quanto como secretário de Estado (na gestão de George H. W. Bush). Com sua experiência inigualável em geopolítica e economia, Baker abriu meus olhos para outro fator fundamental tanto no colapso da União Soviética quanto na supressão da inflação em escala global: o tenaz controle sobre os preços do petróleo exercido pelos Estados Unidos desde a metade dos anos 1980.

Nessa década, estadunidenses e sauditas criaram um forte vínculo, fortalecido por interesses e confiança mútuos – um relacionamento que não se parece em absolutamente nada com a amizade espinhosa dos dias atuais. O Tio Sam oferecia de bom grado ao reino do deserto as armas e os navios de guerra que este precisava para proteger suas enormes reservas de petróleo e, em troca, os sauditas aceitavam comercializar seus barris em dólar, num arranjo que ficou conhecido como "petrodólar".

A Casa Branca fez dessa relação uma arma nuclear financeira. A União Soviética era extremamente dependente da exportação de petróleo e gás natural para obter moedas fortes, como o dólar americano ou o marco alemão, necessárias para comprar os bens essenciais em que ela não era autossuficiente. Os Estados Unidos estavam determinados a limitar as exportações energéticas soviéticas durante a Guerra Fria, porém não teve sucesso em controlar a avidez por petróleo de seus aliados. A dependência energética da Europa em relação à Rússia era motivo de especial preocupação em Washigton, que então decidiu retaliar. De novembro de 1985 a março de 1986, os norte-americanos e os sauditas derrubaram os preços do petróleo em quase 70%, dizimando a engrenagem econômica da União Soviética. Na primeira metade da década de 1980, o barril de petróleo foi comercializado entre 24 e 32 dólares, o suficiente apenas para que a economia soviética não afundasse de vez; já entre 1986 e 1990, decididos a pôr fim à Guerra Fria e destruir a economia russa, os Estados Unidos, tais qual um elefante-africano, sentaram sobre o preço do petróleo bruto, mantido entre 11 e 24 dólares o barril, até os soviéticos cederem.

A tarde em que estive com Baker foi memorável. Estávamos na parte externa do Emirates Palace, cujas austeras colunas derramavam sua luz sobre a varanda. Enquanto bebíamos chá em xícaras pintadas à mão, ele me disse algo que nunca esquecerei: "Larry", falou com a voz grave e o sotaque arrastado do Texas, "jamais queira viver em um mundo multipolar. No tempo em que fui conselheiro da Casa Branca, não tínhamos tantos amigos em lugares importantes como temos hoje. Dou graças a Deus pelos sauditas, tê-los do nosso lado foi um fator essencial. Controlar os preços do petróleo foi decisivo".

Em seu entendimento, o controle do Ocidente sobre os mercados petroleiros não só reduziu a inflação, o que diminuiu os custos de produção de diversos bens e manteve os custos de transporte acessíveis, como também (o que talvez revele uma postura extremamente imperialista) funcionou como uma rede de proteção à harmonia mundial: estabilizou o comércio, conteve autocratas e, claro, fez a balança do poder pender em favor dos Estados Unidos.

Ainda assim, as tensões geopolíticas durante os anos de gradativo colapso da União Soviética demandaram intensos gastos militares, o que contribuiu para gerar enormes déficits e alta inflação, incluindo a crise estagflacionária dos anos 1970.

"Em um mundo multipolar, é praticamente impossível estabilizar os mercados globais, que dirá a inflação", explicou Baker. "Fico abismado de pensar que meu próprio pai passou a vida profissional inteira dentro dessa realidade, com a Segunda Guerra, a Guerra da Coreia, o Vietnã. Repito, Larry, a guerra gera inflação crônica, e é o diabo acabar com esse troço."

Ele virou o rosto na direção do Golfo Pérsico como se rememorasse os idos de 1970, quando a Organização dos Países Exportadores de Petróleo (Opep) – cujas nações hoje detêm mais de 80% das reservas comprovadas de petróleo e tentam dominar o mercado petroleiro mundial – impôs embargos após os Estados Unidos rearmarem Israel durante as negociações pós-guerra. Os preços explodiram, causando graves transtornos à economia norte-americana. Baker balançou a cabeça e deu um gole no chá. Nós dois permanecemos em silêncio por um tempo, os cabelos esvoaçando sob os ventos do deserto.

"É um mundo terrível", continuou. "Espero que você jamais tenha que vivenciá-lo."

Nascido em 1966, eu já tinha visto fotos das filas de pão e das gôndolas vazias na Rússia, assim como qualquer pessoa que lia jornais ocidentais na época das tensões provocadas pela Guerra Fria. E agora, décadas depois, as placas tectônicas da geopolítica estão se movendo novamente, como veremos em detalhes ao longo deste livro.

Um perigoso membro é aceito na OMC

Mesmo cercado de engenheiros espalhados por várias mesas e de vendedores atarefados com os muitos pedidos, o chefe daquela operação que transcorria no norte de Austin dos anos 1990 parecia isolado, solitário. Acima da porta de uma das salas do centro comercial, a placa azul indicava apenas "Dell".

Na pequena e discreta construção, Michael Dell, que abandonara a faculdade, construía um histórico império da alta tecnologia com seus computadores personalizados, um conceito que não era oferecido em lugar algum do varejo. As pilhas de placas-mães e de chaves de fenda sobre as mesas daquele escritório no Texas eram muito mais do que a concretização das ideias de um jovem de irrefutável talento: elas anunciavam a transformação que tomaria de assalto a indústria dos computadores pessoais. Dell logo compreendeu que, oferecendo seus computadores "sob medida" a preços mais baixos do que as lojas comuns, a princípio por e-mail e mais tarde pela internet, não haveria limite para os lucros do negócio.

Lá em 1983, no banco de trás da BMW que ele dirigia para ir para a Universidade do Texas, onde começaria a graduação em medicina, havia três computadores pessoais desmontados, as três sementes do que se tornaria o maior fornecedor de sistemas de computação do mundo. Em maio do ano seguinte, Dell abandonou a faculdade. Sua renda mensal já era de 80 mil dólares. Em 1992, aos 26 anos e com uma empresa cuja receita anual era de 679 milhões de dólares, ele se tornou o mais jovem CEO da Fortune 500.

Em 1995, a Dell Computer se expandia agressivamente para cada canto do globo, incluindo Japão, Europa e Américas. Em 1996, foi lançada a Dell.com, que seis meses depois embolsava 1 milhão de dólares por dia em vendas pela internet. O surto econômico proporcionado pela globalização estava indo direto para o bolso de Michael Dell.

Quando a China se tornou membro oficial da Organização Mundial do Comércio (OMC), em 2001, as multinacionais, determinadas a transferir sua produção para um lugar em que praticamente não houvesse regulações, debandaram para lá, contrataram mão de obra barata, ignoraram quaisquer políticas ambientais e passaram a fabricar produtos, substâncias químicas, plásticos e sabe-se lá mais o quê por um décimo do custo. O Protocolo de Quioto, de 1997, vinha constrangendo muitos dos países desenvolvidos – não os Estados Unidos, porém – com sua meta de reduzir até 2012 a emissão de gases do efeito estufa a um nível abaixo do emitido em 1990. Ainda que os Estados Unidos não tenham assinado o protocolo, este deu vulto ao fantasma de uma regulamentação com foco nas mudanças climáticas que pudesse atingir o setor industrial norte-americano a qualquer momento.

O presidente Bill Clinton vinha exercendo forte pressão para que a China ingressasse na OMC. Um dos maiores embaixadores da instituição, Clinton acreditava que a OMC poderia solucionar muitas das dificuldades econômicas e comerciais do mundo, então apoiava qualquer nação que tivesse a chance de se tornar um membro. Nem passou por sua cabeça que nos próximos dezessete anos a indústria dos Estados Unidos perderia 3,7 milhões de empregos, ou que o país acabaria com uma dívida de mais de 1 trilhão de dólares com a China.

Embora a Dell não tenha deixado de ser uma empresa americana, as peças de computador eram todas fabricadas na Ásia, cujos baixos custos de produção não eram segredo para ninguém. Como o gasto de um é a renda de outro, a onda de transferência das linhas de produção que ocorreu na década seguinte é o principal fator que explica como os Estados Unidos se afundaram em dívidas na ordem dos trilhões, com um setor industrial dilapidado. Esses eventos determinariam por décadas os fundamentos da composição de uma carteira. Em um regime inflacionário, são os ativos tangíveis e as ações de valor que dão melhores resultados; já em um regime deflacionário, são os ativos financeiros e as ações de crescimento.

Não demorou para os mercados globais serem invadidos por roupas, brinquedos, itens de casa, móveis e eletrônicos "Made in China". (O outro lado da moeda é que o setor agropecuário dos Estados Unidos, a mais poderosa força lobista do mundo, passou a vender enormes quantias de milho, trigo e soja para a China.)

TOME NOTA, INVESTIDOR

A relação entre transferência de produção e deflação

A Dell se tornou um exemplo emblemático da transição da produção tecnológica dos Estados Unidos para a Ásia. Basta olhar as estatísticas. Em 1990, havia 2,1 milhões de trabalhadores na indústria americana de computação e equipamentos de telecomunicação; em 2008, esse número tinha diminuído para 1,3 milhão e, em 2023, para 1,1 milhão. Ainda pior é o caso do setor de fabricação de semicondutores: em 1990, a indústria de semicondutores dos Estados Unidos empregava 660 mil pessoas; em 2008, esse número era de 433 mil e, em 2023, de 392 mil. Por outro lado, o mercado de PCs e notebooks vendeu 326 milhões de unidades em 2022, mais do que o dobro dos 150 milhões de unidades vendidas anualmente no início dos anos 2000. As receitas com semicondutores quase triplicaram, de 220 bilhões de dólares em 2005 para 600 bilhões em 2022. Ao mesmo tempo, de 1997 a 2015, o Índice de Preços ao Consumidor (CPI, na sigla em inglês) relativo a computadores pessoais e equipamentos periféricos caiu 96%. Esse grau de deflação não se limitou aos PCs: os aparelhos de televisão tiveram queda parecida, ao passo que equipamentos de áudio e fotografia tiveram um declínio de mais de 60%. A imensa deflação em vários setores de bens duráveis foi um dos fatores que mais contribuíram para conter a inflação desde meados da década de 1990 até 2021.

Nos próximos anos, com o aumento da pressão política por parte tanto de republicanos quanto de democratas, o restabelecimento da produção em terras americanas ou vizinhas vai provocar o aumento dos preços de forma inevitável. Erradicar cadeias inteiras de fornecimento e construí-las em países com média salarial mais alta custa uma fortuna, e quem paga é o consumidor, na forma de inflação.

A poluição do ar na China cresceu vertiginosamente. No período de um ano, as emissões de dióxido de carbono no país assumiram uma trajetória praticamente vertical. Em 2000, a China emitiu 3,5 gigatoneladas de CO_2 na atmosfera, o que equivale a 3,5 bilhões de toneladas métricas. Em 2010, esse número havia explodido para 10,3 gigatoneladas, o mesmo que Estados Unidos, Europa e Índia juntos. O consumo chinês de energia de carvão mineral, em exajoules (1 exajoule equivale a 174 milhões de barris de petróleo ou 34 milhões de toneladas de carvão mineral), passou de 29,56 em 2000 para 82,43 em 2013 e ficou acima de oitenta em todos os anos desde então. Em outras palavras, é como queimar 2,7 bilhões de toneladas métricas de carvão por ano; em termos visuais: são aproximadamente 8 mil Empire State Buildings.

Curiosamente, os números do superávit comercial coincidem quase perfeitamente com o padrão de emissão de CO_2. Em 2001, pouco antes de a China ingressar na OMC, os Estados Unidos exportaram 20 bilhões de dólares em produtos e bens para a República Popular da China, que, por sua vez, vendeu 100 bilhões de dólares em exportações para os Estados Unidos. Uma década depois, os números são de alarmar: a China vendeu 375 bilhões de dólares em produtos para os estadunidenses, que faturaram 100 bilhões de dólares em exportações para os chineses. Essa diferença de

275 bilhões de dólares em 2011 atingiria os 400 bilhões de dólares em 2021, quando a China vendeu 577,13 bilhões de dólares em produtos para os Estados Unidos.

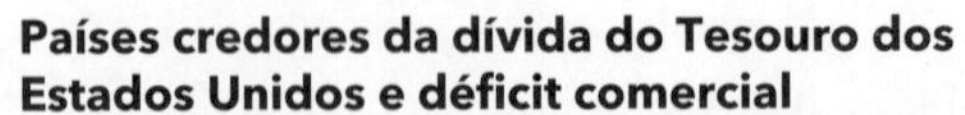

Países credores da dívida do Tesouro dos Estados Unidos e déficit comercial

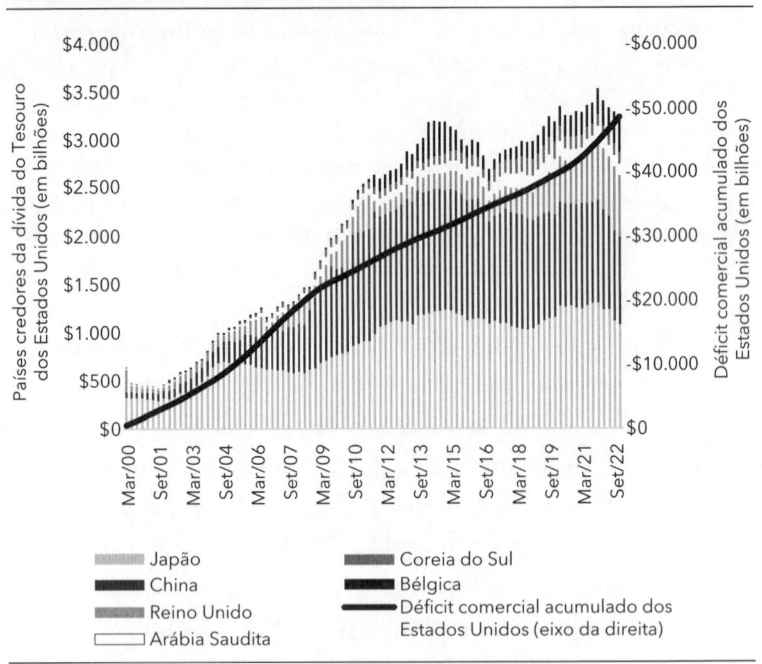

De acordo com um estudo do Fed de Nova York, o ingresso da China na OMC reduziu os índices de preços ao produtor em 7,6% entre 2000 e 2006. A Secretaria de Estatísticas do Trabalho dos Estados Unidos (BLS, na sigla em inglês) estima que, para cada 1 ponto percentual de ampliação da penetração de importados chineses em determinado setor industrial, houve queda de 3 pontos percentuais no CPI do respectivo setor, e que esse efeito nos preços teve início em 2000, quando a China ingressou na OMC. Agora, com a reversão da tendência de deslocalização industrial, a realocação da produção nos Estados Unidos ou em países vizinhos vai provocar custos mais altos e, em consequência, uma inflação doméstica maior.

Estados Unidos, devedores da China

David Ricardo e Adam Smith, dois dos economistas clássicos mais influentes da história, acreditavam que qualquer desequilíbrio comercial entre duas nações seria corrigido pela própria natureza das moedas. Os princípios econômicos determinavam que a moeda do país em superávit comercial necessariamente sofreria valorização em face do importador líquido, o que, por sua vez, acabaria por reduzir o superávit comercial e, assim, restabeleceria o equilíbrio entre ambos. Contudo, não foi o que ocorreu na relação entre Estados Unidos e Japão ou os Tigres Asiáticos, e definitivamente não foi o que ocorreu no comércio entre o país norte-americano e a China. Por quê? Por que a ferida dos colossais superávits comerciais supurou por tanto tempo, em completa violação da teoria econômica? A resposta é muito simples.

Sempre que uma empresa americana comprava dos fornecedores chineses, pagava em dólar americano. A atitude que se esperaria dos negócios chineses seria trocar os dólares por yuans, a moeda local, o que lhes permitiria reciclar os lucros e recomeçar o processo de fabricação e exportação, ou seja, obter matérias-primas, remunerar os trabalhadores, alugar tanques ou navios cargueiros e negociar os demais custos operacionais, sempre usando yuan.

No entanto, as intermináveis conversões de moeda no continente chinês causavam desarranjos no preço do yuan. Se você compra pilhas e pilhas da própria moeda com bilhões de dólares americanos, o valor da sua moeda vai lá para cima em relação ao dólar. Muito para cima mesmo. Assim, o preço de seus produtos no exterior aumenta, o que acaba com a competitividade das exportações até que sua moeda desvalorize novamente. Como a maior vantagem competitiva da China eram produtos baratos, esse modelo de negócio não lhe interessava em absolutamente nada. O governo chinês logo passou ao plano B e rasgou em pedacinhos a teoria econômica dos oitocentistas.

O que ele fez foi sempre motivo de confusão para não economistas, mas fica fácil de entender se você imagina dois barcos a vela cruzando um oceano. Um dos barcos representa o dólar americano e o outro, o yuan chinês. O barco chinês tem uma única missão: não ultrapassar o outro barco, mas também não o deixar abrir muita vantagem; ao yuan, basta se manter emparelhado, igualar a velocidade do dólar. Quando este toma a frente, o yuan libera o vento das velas; quando fica para trás, as retesa. Agora, pense que não são barcos, e sim moedas. Foi exatamente assim que os chineses controlaram o yuan ante o dólar americano.

Sempre que o yuan se fortalecia, os chineses vendiam yuan para comprar dólares e enfraquecer a própria moeda. Se acontecesse de esta se enfraquecer demais, eles recorriam até suas montanhas de dólares, conhecidas como reservas internacionais, e compravam yuan para fortalecê-lo. Foi assim que a China basicamente estabilizou sua moeda em relação ao dólar e manteve um preço baixo para os compradores americanos. Em vez de trocar dólares, ela os usava para comprar títulos do Tesouro americano – títulos públicos –, e aí está uma das razões fundamentais por que as taxas se mantiveram artificialmente tão baixas nos Estados Unidos por tantos anos.

Também foi o que deixou os Estados Unidos com dívidas e gastos governamentais colossais. Que governo resistiria a taxas de empréstimo de 1%? Que pessoa em sã consciência resistiria? Um dinheiro barato assim, disponível por tanto tempo, distorce a fiscalização do excesso de empréstimos que naturalmente ocorre com o custo e encargos da dívida. Com taxas tão reduzidas, os políticos puderam manter o déficit orçamentário nas alturas, sem jamais lidar efetivamente com o pagamento dos credores. Foi um salvo-conduto financeiro para que tomassem mais e mais empréstimos, quase que perpetuamente.

Taxas baixas são ótimas para consumidores e tomadores de empréstimo em geral, mas existe outro lado delas, um que o cidadão médio tende a perder de vista. Há todo um universo de crédito corporativo que basicamente financia o planeta Terra. A economia global funciona à base da dívida. Os lucros, por si, não geram nada de fato. A maioria das empresas tem ao alcance da mão uma pirâmide, como a Grande Pirâmide de Gizé, onde a múmia do faraó Quéops repousou antes do sepultamento final no Vale dos Reis. A camada, ou parcela, mais ao topo da pirâmide representa a dívida bancária; a camada da base, que sustenta o peso inteiro, representa o patrimônio de uma corporação (o valor em dólar da empresa após a subtração dos passivos de seus ativos, também conhecido como valor contábil). Esta costuma ser a única parte da pirâmide conhecida pelo cidadão médio, porém acima dela há um capital extremamente variado e sofisticado, disposto meticulosamente nas camadas segundo critérios hierárquicos, e é essa estrutura de capital que faz o mundo girar.

Cada negócio possui uma estrutura como essa, e cada negócio tem sua pequena parcela de contribuição na economia por meio das transações e dos empregos que gera. Estamos falando de centenas de milhares de empresas, com as transações e os empregos gerados por elas, que se combinam para perfazer a economia de um país. Para além das fronteiras, o setor bancário realiza transações com outros bancos. Os credores emprestam para os tomadores, os governos transferem para outros governos, os negócios se expandem para outros países, navios cargueiros com quantias obscenas de dinheiro atravessam os mares, até que, ao fim e ao cabo, essa gigantesca estrutura de empréstimos, de exportações e importações, de compras e vendas forma a economia global.

No fim dos anos 1990, o setor da vez, aquele que atraía as firmas de capital de risco, era o de tecnologia. Hoje em dia, o universo pontocom está entranhado em nossas vidas, mas naquele tempo era como se um novo mundo se abrisse, o que provocou uma corrida pelo ouro digital em Wall Street. Os capitalistas de risco acreditavam estar financiando um renascimento, tal como o ocorrido em Florença no século XVI, e os bancos de investimento mergulharam de cabeça nos investimentos especulativos em participação patrimonial nas recém-nascidas empresas tech, ignorando solenemente quaisquer parâmetros econômicos como lucros ou avaliação de bens. Estavam ávidos por financiar a próxima Microsoft ou AOL, o próximo Yahoo! ou Amazon. As taxas reduzidas alargaram os limites do risco, um padrão que se repetirá vez após vez no decorrer desta história. Fato é que a promessa de que a estrada da informação levasse a um tesouro atrapalhou o senso crítico de Wall Street.

Essa capacidade crítica comprometida fez a fortuna de muita gente, como nosso amigo Michael Dell. As ações de sua empresa subiram sessenta vezes num período de cinco anos. Nos tempos tranquilos do *bull market** dos anos 1990, muitas foram as empresas que não possuíam modelo de negócio viável nem horizonte de lucratividade e mesmo assim abriram capital na bolsa de valores (IPO, na sigla em inglês). Os exemplos são incontáveis, mas um que nunca esqueço é o da drkoop.com, um site de consulta de saúde fundado pelo ex-cirurgião geral C. Everett Koop. No frenesi do pontocom que vigorava em 1999, o tal médico virtual estreou na bolsa a 9 dólares e chegou a atingir 36, o que lhe rendeu uma capitalização de mercado de 1,9 bilhão sobre uma receita de míseros 43 mil dólares. Um ano mais tarde, as ações seriam negociadas a 20 centavos de dólar. Houve também empresas enormes que perderam qualquer bom senso. WorldCom, Enron, Tyco, Adelphia e outras se utilizaram dos mercados de capital escancarados e do otimismo cego dos investidores para financiar suas expansões deficitárias – e não hesitaram na hora de falsificar registros para fazer as coisas funcionarem.

---

* O termo *bull market* é utilizado pelos investidores como uma menção ao mercado com tendência de alta, onde é possível conquistar bons lucros, geralmente para o mercado de ações. [N. E.]

ESPECIALISTAS EM INVESTIMENTO DÃO A LETRA

Uma entrevista com André Esteves

Quando o assunto era a economia do pós-guerra, eu não costumava fazer feio nos coquetéis de Nova York, mas foi somente em abril de 2022 que minha compreensão um tanto confusa das relações entre geopolítica, inflação e desinflação ficou mais clara.

O verão tinha arrefecido em São Paulo, a maior cidade da América do Sul, onde onze milhões de habitantes vivem na maior mancha urbana que eu jamais vira. Após dar uma palestra sobre macrofinanças para um grupo de gerentes de fundos de hedge, fui conduzido de carro pelo bairro do Itaim Bibi, uma zona comercial de luxo na qual boa parte das corporações brasileiras tem escritório nos ostentosos arranha-céus que recortam o horizonte. O veículo entrou na avenida Horácio Lafer, batizada em homenagem ao destacado político judeu, magnata da indústria de papel e ex-ministro da Fazenda do presidente Getúlio Vargas. Lafer faleceu em Paris, em 1965, mesmo ano em que os Estados Unidos intensificaram violentamente sua presença bélica no Vietnã do Sul. Bem, lá estava eu, a três quarteirões do destino, um encontro com outro colosso das finanças brasileiras, um homem que havia passado a carreira se engalfinhando com a alta inflação.

Estacionamos no gigantesco pórtico de um arranha-céu espelhado. Pouco depois, um elevador me propeliu ao 14º andar, onde fica a sede do BTG Pactual. Um homem usando camisa social branca e calças cáqui apertadas cruzou o salão amplo e iluminado e veio em minha direção. O cabelo castanho-escuro caindo sobre a testa e os óculos com armação de metal lhe davam a aparência quintessencial do dono de um império financeiro global. Era André Esteves, fundador do maior banco de investimento da América Latina.

Segui-o através da passarela transparente que dava vista para o pregão. "É aqui que fica meu escritório, no olho do furacão", disse ele.

Um CEO ombro a ombro com sua equipe no pregão. A minha admiração não lhe passou despercebida. Em tantos anos de Lehman, jamais vi nosso CEO naquele ambiente, nem uma vez que fosse.

"Muita gente, quando vem ao Brasil, só consegue pensar em futebol, festa, mulheres bonitas", continuou. "Mas, quando se trata de finanças, nós sempre vivemos em um mundo completamente diferente dos Estados Unidos. Convivemos com a inflação, sempre convivemos. Só que agora os Estados Unidos vão enfrentar algo parecido, e vocês não têm ideia do que fazer."

Era uma observação muito perspicaz para se fazer no começo de 2022, já que os mercados não haviam aberto os olhos para a materialidade da inflação real. Não ainda. De fato, em Washington, era quase consenso que a recente alta nos preços não passava de um efeito colateral transitório e prolongado da pandemia de Covid-19.

"Vai ser tão grave quanto no Brasil?", perguntei, com certa preocupação.

"Talvez. Não tem como saber. Com certeza não vai ser passageira, como se acredita em Washington. A História diz outra coisa."

Fitei André nos olhos, mas não quis interrompê-lo. Era um momento especial para mim; tenho profundo respeito pelo sujeito, me sentia honrado de estar lado a lado com ele naquela passarela.

"A conexão entre tensões geopolíticas e inflação sempre foi forte", falou. "Os últimos trinta anos foram uma moleza, graças ao controle dos Estados Unidos. Os mercados viveram uma sucessão quase ininterrupta de altas."

"Provocadas pela derrocada da União Soviética, correto?", falei abruptamente, embora pressentisse que essa fosse apenas parte da resposta.

"Acho que sim... Foi o último bastião de conflito. Com o fim da União Soviética, nós sabíamos que o mundo ganharia mais dois novos bilhões e que isso em algum momento faria a China se tornar a fábrica global. É improvável que vejamos algo assim de novo em nossa vida."

Conforme absorvia as palavras, olhei para as fitas de teleinformação no pregão e lembrei do tempo em que eu próprio dava as caras em um local assim todos os dias às 6 da manhã em ponto.

"É impressionante como os chineses dominaram completamente a produção industrial, não?", comentei. "Eles criaram um monopólio, praticamente."

"Sim. E, para o Brasil, os desdobramentos foram épicos. O país se beneficiou da insaciável demanda chinesa por commodities essenciais de toda sorte. Minério de ferro, soja, a China comprava tudo. Nossa economia, que era de 390 bilhões de dólares, atingiu a marca de 2 trilhões de dólares no ano passado."

"Nada ilustra melhor o fato de que uma mão de obra barata pode transformar o mundo, não é?", observei.

"Mão de obra barata?" André olhou ironicamente para mim e insinuou um sorriso. "É o que a maioria das pessoas pensa, mas não é bem assim. Não se trata de mão de obra barata como se fosse algo único, essencial. A palavra-chave é 'acesso'."

"Como assim?"

"Estou falando da segurança das rotas comerciais internacionais, é ela que torna o comércio possível, pois reduz os custos para enviar bens a qualquer parte do mundo. À medida que as tensões geopolíticas se atenuam, aumenta a facilidade de produzir em outros continentes, sem falar na terceirização dos custos de mão de obra. Exportar commodities se torna simples. Para o consumidor, isso se traduz na roupa íntima barata que é vendida no Walmart, nos iPhones da Apple, tudo produzido com energia e mão de obra baratas.

"O que é preciso entender é que a cadeia de fornecimento que prosperou de 1990 a 2020, altamente deflacionária, do Oriente para o Ocidente, *just-in-time*, não será assim em um mundo multipolar. Eu enxergo o surgimento de uma cadeia de fornecimento dentro do hemisfério, entre a América do Norte e a América Latina. Boa parte das empresas americanas está desgastada, só quer ter alguma tranquilidade na realidade pós-Covid. Deslocalização industrial para países próximos, para países parceiros, cadeias de fornecimento subsidiárias, não importa o nome que se dê, é o que vai acontecer. Em algum grau, já está acontecendo e é muito mais inflacionário."

Precisei de alguns instantes para digerir a fala de André. Então começamos a sair da passarela, em direção a uma janela no fim do corredor. "A dissolução da União Soviética levou a um período de trinta anos de desinflação", ele continuou. "Não preciso explicar isso para você. A guerra do Putin não vai ser nada boa para a Europa, que é completamente dependente dos minérios e da energia barata que a Rússia oferece. E o que dizer do milagre chinês da produção? O mundo está inundado das roupas, dos iPhones, dos notebooks, das baterias de veículos elétricos que são produzidos nas fábricas chinesas! Você acredita mesmo que essa guerra vá favorecer o comércio? Pense bem. Você acha que os Estados Unidos ainda têm a influência necessária para conter a situação? Eu suspeito de que os países vão se afastar do dólar com o tempo, você não?"

Detivemo-nos sob a janela, grande o bastante para vislumbrar o horizonte que se insinuava entre os arranha-céus, no qual a brisa da cidade adquiria um tom sépia empoeirado.

"No fim", continuou André, "não é apenas certa indulgência monetária que provoca inflação. Uma geopolítica instável também. Basta pensar na última vez que o Ocidente sofreu com isso. Vamos ter que abrir nossos livros de História no capítulo sobre a Guerra da Coreia, quando a Coreia do Norte invadiu a do Sul. Uma guerra por procuração contra a ameaça comunista. Depois vieram as guerras do Vietnã e do Yom Kippur. Quase vinte anos de conflitos bélicos. Você acha mesmo que os bens asiáticos seriam tão baratos quanto são se aquilo tudo ainda existisse?"

"Não, claro que não."

"Custos com combustível, remessa, riscos de segurança. Mal valeria a pena... não com o Sudeste Asiático pegando fogo. Por isso houve inflação nos Estados Unidos de 1965 até 1982."

"O que você enxerga para a próxima década, considerando a guerra na Ucrânia?"

André conferiu o relógio antes de responder. "Nós estamos do outro lado da montanha agora", falou. "O Ocidente está onde o Brasil esteve por tanto tempo, com inflação alta e crescimento abaixo da média. O Brasil passou por inúmeros períodos de hiperinflação, o mais recente em meados dos anos 1990, quando a inflação chegou a quase 5.000%. Em 2021 mesmo, a taxa de inflação foi de 30%.* A combinação de setor público inchado, déficits orçamentários sucessivos e comércio internacional limitado ocasiona aumentos bruscos de preços de tempos em tempos, o que leva anos para controlar. É muito mais difícil investir em um mundo assim. Basta olhar para o S&P 500. Ele ainda negocia rendimentos da ordem de dezoito vezes, enquanto o índice Bovespa é de menos de 7. Nós aqui estamos acostumados com inflação constante, de 5%, às vezes 10%. Os Estados Unidos vão penar para aprender a lição."

"Você acha que a inflação veio para ficar?"

André levou um tempo para processar a pergunta, até que assentiu com pesar. "A inflação é um fenômeno dos mais ardilosos, meu amigo. Ela chega e se esconde embaixo do tapete, embaixo das almofadas, ela dá um jeito de permanecer por anos." Cara a cara com André, fiquei estarrecido com a afirmação. Me fez lembrar de Seth Klarman, ícone dos fundos de hedge, que certa vez observou que investimento é a interseção entre economia e psicologia. Nesse momento tive a confirmação de que André era um mestre do ofício.

Durante o longo voo de volta, enquanto o avião cruzava a fronteira do Brasil com a Colômbia, as consequências do fim da grande era de deflação assaltaram meus pensamentos. A vida seria diferente: mais cara e mais incerta.

André tinha razão. Estamos no saguão de um mundo multipolar, que vai alterar dramaticamente a paisagem econômica pelos próximos anos e provocar o surgimento de uma nova classe de ganhadores e perdedores. Quanto às implicações, este livro explica, capítulo a capítulo, como exatamente os investidores devem se posicionar ante a tempestade que se anuncia.

O mercado falou e é hora de escutar.

---

* No acumulado de doze meses que antecederam o lançamento do Plano Real, em 1º de julho de 1994, a inflação no Brasil chegou a 4.922%. Em 2021, a inflação acumulada foi de 10,06, segundo dados divulgados pelo IBGE. [N. E.]

2

OS ESTADOS UNIDOS ATRAVESSAM O RUBICÃO

O mau economista busca um pequeno lucro no presente que trará enormes desvantagens no futuro, ao passo que o verdadeiro economista busca um enorme lucro no futuro ainda que sob o risco de uma pequena desvantagem no presente.

– FRÉDÉRIC BASTIAT

A economia é uma investigação de causa e efeito. Seja na geopolítica, nas finanças globais ou nos pregões, nós sempre retrocedemos no tempo para descobrir a raiz de qualquer *boom*, quebra ou reajuste do mercado, refazendo no tabuleiro financeiro os principais movimentos a fim de compreender como os Estados Unidos e o Ocidente chegaram à situação atual.

Neste capítulo, vamos revisitar as primeiras bolhas colossais de ativos nos tempos modernos e o papel que os governos exerceram inflando-as e, uma vez explodidas, reagindo de modo a dilacerar a economia. Examinaremos as reverberações que uma bolha muito longínqua lançou ao redor do mundo, que provocou uma experiência de quase morte para os mercados acionários americanos, a ponto de forçar o Fed a alterar suas políticas para sempre, com graves consequências econômicas.

Nossa jornada tem início na Terra do Sol Nascente e chega até uma região pastoral de Greenwich, em Connecticut, no momento em que o fundo de hedge Long-Term Capital Management (LTCM) ameaçou aniquilar os mercados globais. Embora o fato tenha acontecido 25 anos atrás, ainda é determinante para sua carteira de investimentos atual. Isso porque, quando salvou o fundo de hedge, o Fed inaugurou uma era de ativismo sem precedentes, prontificando-se a amparar os mercados sempre que uma dificuldade real desse as caras. Depois do LTCM, seguiram-se incontáveis resgates, cada um maior do que o anterior, todos no contexto de baixa inflação e segurança geopolítica de um mundo unipolar. Assim, o Fed adquiriu um enorme arsenal, com muito poder de fogo na forma de juros baixos para salvar os mercados financeiros. Hoje, contudo, os tempos são outros. Encontramo-nos em um regime inflacionário e o mundo já não é tão seguro. De fato, estamos às vésperas de uma nova guerra fria e de uma era de juros altos.

As opções do Fed serão muito diferentes na próxima vez que o mercado quebrar: ele poderá lavar as mãos e deixar que tudo se exploda ou salvar os mercados com muitos trilhões de dólares. Se a decisão for salvar o mercado mais uma vez, o terrível preço a pagar será algo que o Ocidente não conhece desde a década de 1920. Naquele tempo, dava-se o nome de hiperinflação, algo devastador para economias e investidores. Não nos antecipemos, porém; primeiro, devemos investigar o efeito borboleta que lançou os Estados Unidos nessa trágica enrascada.

De modo bastante surpreendente, o efeito se origina com uma moto Kawasaki GPZ900R, a famosa Ninja, vista pela primeira vez em *Top Gun: Ases Indomáveis*, clássico filme de 1986, na cena em que Maverick (Tom Cruise) acelera por Miramar para encontrar Charlie (Kelly McGillis) enquanto ao fundo toca “Take My Breath Away”, da banda Berlin. Nas ruas americanas dos anos 1980, os fissurados por velocidade só queriam saber das motos vindas do Japão, país que vivia um crescimento estrondoso.

O brilhantismo dos japoneses residia em sua inventividade. O Japão não tem recursos naturais, suas terras são péssimas para a agricultura, os bens imóveis não são tantos assim, e seus vizinhos mais próximos são a China comunista e a costa leste da Rússia. E os japoneses conseguiram se tornar a segunda maior economia do mundo. O segredo estava na superioridade de sua produção, que lhes permitiu inundar o mercado com tecnologias baratas, rápidas, inteligentes e confiáveis. Eles estavam com tudo. Os produtos iam além dos excepcionais motores de Yamaha, Suzuki, Mitsubishi ou Honda e incluíam também eletrônicos voltados ao grande público consumidor. Com marcas como Pioneer, Sony e Kenwood, além das gigantes dos games Sega e Nintendo, sem falar na Toyota com seu sistema de produção *just-in-time*, o Japão era a força global dominante.

Contudo, para que haja um vencedor, alguém tem que perder. Os Estados Unidos estavam recebendo reclamações raivosas de empresas como a General Motors (GM) e a Caterpillar para que o Congresso americano se unisse e suprimisse o mercado de exportação japonês, já que a concorrência nipônica estava dizimando suas vendas. No começo dos anos 1980, os Estados Unidos impuseram restrições e tarifas às mercadorias japonesas, porém as medidas foram infrutíferas. Por fim, em setembro de 1985, cinco líderes econômicos mundiais, todos brandindo suas Mont Blanc, se reuniram no melhor hotel de Nova York para assinar o que ficou conhecido como Acordo do Plaza, com o intuito de acalmar um dólar altamente fortalecido. Seus nomes eram Gerhard Stoltenberg, da Alemanha Ocidental, Pierre Bérégovoy, da França, James Baker III, dos Estados Unidos, Nigel Lawson, da Grã-Bretanha, e Noboru Takeshita, do Japão. O acordo provocou uma desvalorização de 25,8% do dólar ao longo dos dois anos seguintes e uma grande valorização do marco alemão e do iene japonês. Este valorizou 100% no mesmo período, o que colocou a economia japonesa em risco de profunda recessão, por conta de sua grande dependência dos setores exportadores.

Imagine as moedas e os mercados exportadores como pratos de uma balança daquelas antigas. Alcançar o equilíbrio perfeito não é tarefa fácil. Se as moedas ficam fortes demais, acabam por matar o mercado exportador, já que o preço dos bens e serviços se torna menos acessível no exterior. Enfraqueça a moeda e as demandas por mercadorias exportadas crescerão.

Veja, antes da assinatura do Acordo do Plaza, o Japão tinha uma moeda relativamente fraca, ao passo que o dólar americano era muito forte, ou seja, bom para o Japão, ruim para as exportações estadunidenses. (Trataremos em outro capítulo das vantagens de um dólar forte.) Aí estava a razão do alvoroço da GM e da Caterpillar.

Um estéreo japonês era barato quando comprado com dólares americanos. Após o acordo, o dólar enfraqueceu brutalmente em relação ao iene e, embora a quantia em dólares paga pelo consumidor americano para comprar o estéreo continuasse a mesma, cada dólar valia menos. Como resultado, o Japão recebia menos dinheiro pelo estéreo. O jogo tinha virado, colocando em apuros as desenfreadas indústrias exportadoras japonesas.

Em reação, Tóquio deu início ao primeiro experimento de ativismo de um banco central. O Banco do Japão cortou os juros pela metade para proteger a economia do país, atiçando uma bolha financeira de proporções inéditas. Quando, alguns anos depois, a bolha finalmente explodiu, o banco passou a comprar centenas de bilhões em títulos de dívida no mercado, e as taxas de juros caíram para abaixo de zero. Nasceu assim um protótipo para o Fed e para os bancos centrais europeus, que compraram trilhões em títulos para combater uma recessão, como testemunharíamos quinze anos mais tarde. O Fed derrubou os juros a zero, enquanto o Banco Central Europeu os derrubou para menos de zero.

Aqueles primeiros cortes nos juros feitos pelo banco central japonês em meados de 1980 tornaram muito mais barato para os cidadãos japoneses tomar empréstimos, o que gerou uma épica bolha de crédito, uma bolha imobiliária e uma bolha acionária. Nesse ínterim, a Terra do Sol Nascente havia se tornado objeto de inveja na Ásia, e não tardou para que as economias vizinhas tentassem replicar seu sucesso. Posteriormente, elas ficaram conhecidas como "Tigres Asiáticos" (Coreia do Sul, Taiwan, Hong Kong e Cingapura) e seus "filhotes" (Indonésia, Malásia, Filipinas, Tailândia e Vietnã). Mas não a China, ainda presa no atoleiro comunista, ao passo que seus vizinhos capitalistas, seguindo o excelente exemplo do Japão, impulsionaram uma economia exportadora à base de excelentes cérebros e de trabalho duro.

Na década de 1980, os investidores institucionais ocidentais rapidamente se agarraram aos valorizados mercados asiáticos. Em *Wall Street: poder e cobiça*, icônico filme de Oliver Stone, há uma ótima fala do vilão Gordon Gekko, que não larga o celular durante uma manhã na praia: "O dinheiro nunca dorme, meu chapa".

E não dormia mesmo. Não mais. Os traders nos Estados Unidos ou na Europa escrutinavam absolutamente todos os fusos em busca dos melhores retornos de capital, além de despejar dinheiro nos Tigres Asiáticos na esperança de que um deles fosse o novo Japão, o que ajudou a completar o processo que culminou na mais épica bolha acionária que o mundo jamais havia visto.

Com a fartura, os japoneses compravam terras, ações e itens colecionáveis, boa parte financiada pela baixa taxa de juros, cortesia do Banco do Japão. No auge dos bens imóveis, o metro quadrado em Tóquio chegou a valer 139 mil dólares! Para efeito de comparação, hoje em dia uma cobertura com vista para o Central Park, em Manhattan, o metro quadrado sai por 6.500 dólares, considerado um dos mais caros do mundo. Houve um momento em que o terreno do Palácio Imperial de Tóquio valia o mesmo que o estado inteiro da Califórnia. Entre 1986 e 1989, a média de ações do índice

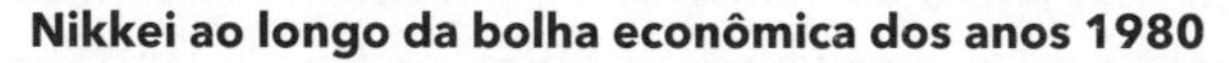
Nikkei ao longo da bolha econômica dos anos 1980

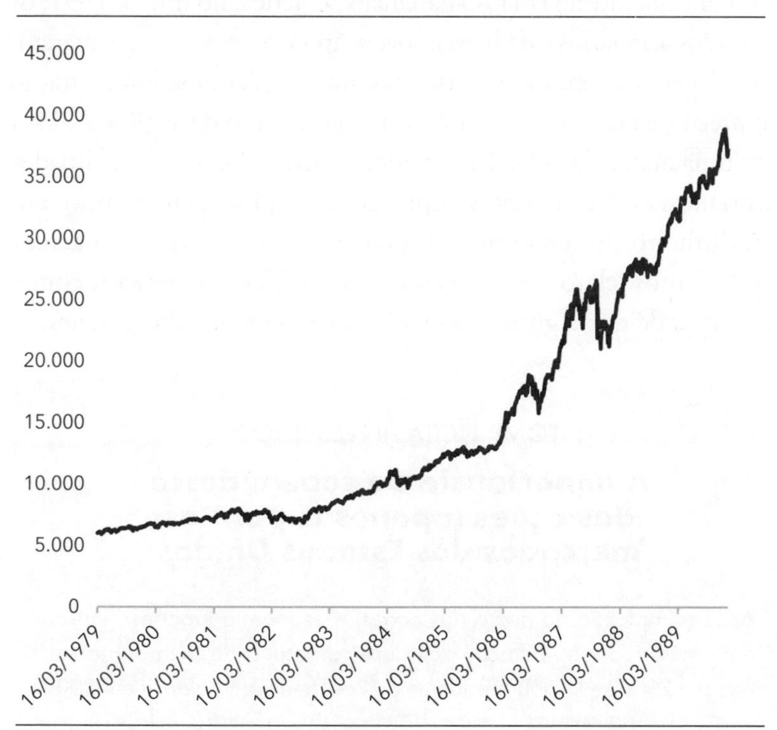

Nikkei valorizou incríveis 200%. No fim dos anos 1980, era comum empresários japoneses fazerem fila nos leilões nova-iorquinos para comprar caixas e mais caixas dos vinhos franceses mais caros da Christie's ou da Sotheby's; era inútil erguer a mão, pois eles cobriam qualquer lance. Leilões de obras impressionistas, corridas de cavalos, feiras de barcos, corridas de Fórmula 1: se o evento reunia ricaços, os decamilionários asiáticos estavam lá. Naquele tempo, a força do Japão parecia não apenas duradoura, mas invencível. Olhando em perspectiva, porém, fica claro que, como entidade coletiva, o país já havia oficialmente perdido as estribeiras, aquilo não passava da clássica excentricidade acionária. Jamais perca de vista esse fenômeno – eis uma dica que pode lhe salvar fortunas um dia.

No início de 1990, o Banco do Japão decidiu elevar as taxas para controlar a situação. A economia que um dia fora conservadora tinha se metamorfoseado em uma babel de baixas taxas de juros e alavancagem (tomar dinheiro emprestado para investir em ações financeiras com o objetivo de aumentar os retornos). Quase que simultaneamente ao colapso da União Soviética, no fim de 1991, os mercados acionários e de bens imóveis japoneses também quebraram. Em Tóquio, os bens imobiliários passaram a valer uma ínfima fração do preço de poucos anos antes, e apenas no ano de 1990 o Nikkei teve uma queda de 50%. Entretanto, os investidores globais situados em Londres e Nova York, sempre alertas, rapidamente removeram seu dinheiro do navio que afundava – embolsando os maciços rendimentos, claro – e colocaram-no nos Tigres Asiáticos, com a esperança de que algum deles replicasse o desempenho japonês.

TOME NOTA, INVESTIDOR

A importância do sobe e desce das ações japonesas para os mercados dos Estados Unidos

Após a implosão no preço das ações, a economia japonesa entrou em um período de deflação que durou uma década. Ben Bernanke, que em 2006 se tornou presidente do Fed, deu uma palestra em 2002 chamada "Deflação: como garantir que não aconteça aqui", na qual apresentava medidas para evitar que os Estados Unidos caíssem na armadilha deflacionária da qual a economia japonesa havia sido vítima. Tais medidas constituíram em grande medida a política monetária do Fed depois da crise financeira de 2008. Fiel a seu discurso, Bernanke reduziu as taxas a zero e deu início à compra de ativos financeiros em grande escala pelo banco (o que, segundo ele, era o equivalente moderno de imprimir dinheiro). Passados doze anos, o sucessor de Bernanke fez o mesmo em reação à crise de Covid-19 e à súbita queda dos mercados de ação. Hoje sabemos que esse tipo de política, conhecido como expansão quantitativa ou flexibilização quantitativa (QE, na sigla em inglês), primordialmente infla ativos financeiros tais quais ações e títulos de dívida, ao mesmo tempo que agrava a disparidade de renda, já que mantém artificialmente altos os preços de ativos como imóveis e commodities.

Em 1992, o Japão havia entrado em colapso e precisava lidar com uma persistente deflação – foi o início de sua "década perdida". Paralelamente, a economia dos Tigres Asiáticos começava a crescer. Embora seguissem o manual japonês, eles estudaram a própria história naquela parte do mundo a fim de não cometer os mesmos erros. Assim, pretendiam evitar uma valorização brusca de moeda, que foi o que efetivamente causou o sobe-desce que arruinou o Japão. Cada país indexou sua moeda ao dólar americano, a moeda de reserva internacional (ajustando sua taxa de câmbio de acordo com o valor do dólar). Com isso, as flutuações de moeda se mantiveram as menores possíveis, atraindo investidores institucionais globais que compraram vastas posições nos mercados acionários da Coreia do Sul e de Hong Kong. As indexações também tiveram o efeito de evitar a necessidade de hedgings de risco cambial. Com a farta mesa posta, o Sudeste Asiático se acomodou para desfrutar o inevitável banquete de seu sucesso – sem que jamais lhe passasse pela cabeça a hipótese de que a sobremesa não seria servida.

A expansão econômica asiática seguiu um padrão similar à japonesa: começou com um enorme superávit comercial (quando o país vende mais do que compra) e uma consequente fartura de dinheiro, que gerou facilidade de empréstimo e atraiu multidões de investidores estrangeiros. Já a parte da derrocada foi uma história bem diferente. Precavendo-se para não acabar como sua contraparte japonesa, a elite empresária observava a entrada de dinheiro desde uma posição local, o que, além de conferir uma visão muito aguçada da economia, permitia-lhe perceber qualquer alteração na disposição dos investidores e, assim, ocupar os primeiros lugares na fila do bote salva-vidas caso o navio se chocasse contra um iceberg. De 1994 a 1996, os Tigres Asiáticos e os Filhotes viveram um período de crescimento econômico que só pode ser descrito como sem precedentes. Coreia do Sul, Singapura, Tailândia, Malásia e Indonésia viram o PIB crescer de 8% a 12%. Entre 1990 e 1997, o mercado acionário das Filipinas subiu 250%, o da Indonésia, 160%, o da Malásia, 140%, e o de Taiwan, 80%. Parecia que uma gigantesca maré-cheia tinha elevado o nível do mar em cada porto do globo, a tal ponto que, do outro lado do mundo, num cantinho preguiçoso de Greenwich, Connecticut, fendas começaram a abrir no quebra-mar.

Um venerado fundo de hedge vinha surfando como poucos a alta quase ininterrupta e a baixa volatilidade do mercado. Desde sua criação, em 1994, havia obtido espetaculares 300% de retorno. No entanto, os mercados globais tinham um encontro marcado com o destino, e os dias do fundo de hedge estavam contados.

O nascimento da nação do resgate

Em 1997, um homem chamado John Meriwether, nascido na região sul de Chicago, pioneiro em arbitragem de renda fixa, completava 50 anos. Seu rosto ainda carregava um viço de menino, assim como os emaranhados cabelos castanhos, ao passo que a fisionomia exibia o orgulho típico de alguém muito bem-sucedido financeiramente. Ele havia obtido todas as certificações possíveis ao longo da vida: primeiro com o impressionante bacharelado na Northwestern, depois com o mestrado na Faculdade de Administração da Chicago Booth e, por fim, com uma brilhante reputação em Wall Street, o que não é pouca coisa. Este John Meriwether agora gerenciava o fundo de hedge que estava na boca do povo. Dois de seus sócios tinham acabado de ganhar o Prêmio Nobel de Economia.

O fundo de hedge de Meriwether era o lendário LTCM. (Qualquer pessoa mais familiarizada com o passado das finanças conhece a história do fundo, mas poucas o associam à inflação no preço dos ativos que marcou o começo do século XXI.) Em 1994, no primeiro ano de operação, o fundo teve um retorno de 21%; no segundo, de 43%; e, no terceiro, de 41%. O sucesso retumbante se deu graças a uma palavrinha que já causou mais sofrimento financeiro do que qualquer outra na história: alavancagem. Trata-se de uma droga muito viciante porque, quando o sujeito acerta, ela gera retornos descomunais. Quando ele erra, porém, pode não lhe restar nem o teto sobre a cabeça.

O LTCM era um fundo de arbitragem, o que na prática significa que explorava ineficiências de mercado. Seu ganha-pão eram os títulos de renda fixa (valores mobiliários que pagam juros fixados ou dividendos até a data de vencimento, geralmente considerados de baixo risco), com foco em títulos governamentais. Às vezes acontece de duas emissões do mesmo título do Tesouro com diferença de vencimento de seis meses entre si terem preços ligeiramente diferentes. Por "ligeiramente", entenda algo em torno de 12 centavos de dólar. A negociação de arbitragem clássica (chamada por alguns de negociação de base) preconiza entrar em uma posição de longo prazo no título de menor valor (um título que não costuma ser negociado com frequência, sobre o qual se costuma dizer que está "dentro do preço"), apostando em um maior retorno, e vender a descoberto o título de maior valor (um título com maior liquidez e que costuma ser negociado com mais frequência, ou seja, que está "fora do preço").

Sempre que os dois títulos se comportavam como esperado, o fundo de hedge fazia o spread, isto é, coletava a diferença. Internamente, uma sofisticada modelagem computacional sinalizava oportunidades de arbitragem. E o fundo de Meriwether apostava alto: investia enormemente em uma posição e, se ela seguisse o caminho oposto, os negociadores não entravam em pânico, ao contrário, dobravam a aposta continuamente até a negociação virar a seu favor.

Até que o feitiço do LTCM começou a se voltar contra o feiticeiro. Um exército de traders passou a imitar o fundo, forçando-o a abandonar suas melhores negociações. Embora Meriwether houvesse contratado os mais brilhantes matemáticos de Harvard e do MIT, cuidado deles e os treinado por anos, as pegadas que o LTCM deixara no mercado tinham se tornado grandes demais, e os investidores mais experientes andavam na cola dele. O fundo precisava de uma nova vantagem, ainda que para isso tivesse que se aventurar fora de sua área de expertise.

TOME NOTA, INVESTIDOR

Como as principais tendências nas divisas estrangeiras podem fazer você ganhar dinheiro

Se nos anos 1990 a maioria das moedas dos mercados emergentes estava indexada ao dólar, após a crise elas passaram a circular livremente e se tornaram importantes indicadores para os investidores. Quando se trata de escutar os mercados em busca de fortes sinais no campo das moedas estrangeiras, temos a sorte de ter Jens Nordvig ao nosso lado. Jens é fundador da Exante Data e da MarketReader, e há anos atua como mentor e conselheiro para nossa equipe. Com seus mais de dez anos de experiência no Goldman Sachs e na Nomura, Jens não só impõe respeito como, em nossa opinião, é uma verdadeira estrela. Quando comparamos o fim dos anos 1990 e os primeiros anos de 2020 no que diz respeito às divisas estrangeiras, observamos algumas semelhanças incríveis.

Durante o jantar em uma conferência de clientes no Panamá, em novembro de 2022, Jens fez algumas observações notáveis. "De junho de 1995 a setembro de 2001, o dólar valorizou mais de 51%, uma das maiores altas da história", falou. "O atual ciclo de alta do dólar teve início em outubro de 2008 e, até setembro de 2022, a moeda valorizou 62%." É a segunda maior elevação desde a década de 1960 e, de acordo com Jens, está com os dias contados. "Muito reveladora", continuou ele, "é a correlação otimista no âmbito das moedas estrangeiras terciárias, o que, de acordo com a tecnologia da MarketReader, é um sinal nitidamente pessimista para o dólar americano que os fluxos estão emitindo".

O que Jens estava dizendo era o seguinte: quando as moedas do segundo e do terceiro escalão começam a superar o desempenho do dólar ao mesmo tempo, a uma taxa de variação cada vez mais acelerada, é sinal de que intensos fluxos de capital começaram a retornar para moedas de mercados emergentes. O trabalho de Jens é calcular meticulosamente essa taxa de variação, de modo que ele está sempre atento a pontos de aceleração. "Um elefante sempre deixa rastros, Larry", explicou a nossos clientes. No fim de 2022, como no cenário pós-LTCM do final dos anos 1990, havia um prolongado *bear market* para moedas de economias emergentes. Conforme o gélido inverno avança sorrateiro sobre a primavera, os prados são recobertos por uma fina camada branca, porém neles não se encontra vivalma. A multidão outrora soberba já se refugiou nas montanhas e os pessimistas do dólar que deram voltas olímpicas agora se escondem, feridos. Uma vez derrotados os especuladores pessimistas, a gênese de um novo *bull market* é uma paisagem tranquila e solitária. Nos meses que antecedem "a reviravolta", nós devemos avaliar com muito cuidado o clímax de capitulação, ou seja, a velocidade com que o patronato está fugindo do teatro em chamas. A alma do nosso trabalho consiste em evitar as armadilhas pessimistas e permanecer a postos para "a reviravolta". No caso, Jens havia identificado sinais críticos que apontavam uma reviravolta na prolongada alta do dólar americano, que de fato afundou pelos meses seguintes. Bravo, Jens.

Em 1997, o LTCM se afastou da costa dos Estados Unidos e passou a investir grandes quantias em dívidas do mercado emergente e moedas estrangeiras. O fundo de hedge comprou posições na Coroa norueguesa, títulos de dívida do Brasil e da Rússia e hipotecas dinamarquesas; fez investimentos na economia grega; vendeu a descoberto ações de gigantes da tecnologia como Microsoft e Dell; fez o mesmo até com a Berkshire Hathaway, por considerar que a empresa fora supervalorizada em relação às suas holdings – embora o LTCM não conhecesse o valor das holdings, majoritariamente privadas. A carteira de investimentos do fundo era uma tóxica matriz de posições compradas e descobertas, meras apostas de que um ativo se moveria numa direção enquanto outro se moveria na oposta.

Os cofres de companhias financeiras do mundo inteiro estavam entupidos com risco de crédito de contraparte graças ao fundo de hedge. (Risco de crédito de contraparte é um risco relativo à possibilidade, ou mesmo à probabilidade, de a contraparte de uma transação dar um calote.) Ele possuía Credit Default Swaps (CDS), opções sobre ações e posições de venda a descoberto em opções de ações protegidas contra contratos de CDS de cinco anos. A alavancagem do fundo, ou proporção dívida-ativo, era de astronômicos 30 para 1, com derivativos não registrados no balanço patrimonial que ultrapassavam o trilhão de dólares.

Há uma valiosa lição a ser extraída aqui. O sucesso muitas vezes dá origem a certa complacência no gerenciamento do risco. Foi o que testemunhamos no Lehman, mas vale também para pequenos investidores. O excesso de confiança leva à arrogância, induz investidores com quantias pequenas, manejáveis, ao que podemos chamar de negócios centopeicos, com pernas demais. Como me disse certa vez Mike Gelband, lenda dos fundos de hedge, uma provável consequência de ter posições demais é "não caber no sucesso". Ao investir, sempre que você tiver o ímpeto de abarcar o mundo com as pernas, dê um passinho para trás e reorganize as ideias.

Alguns dos grandes nomes de Wall Street já estavam pondo em dúvida a capacidade do fundo de sobreviver a qualquer intempérie, já que seu modelo de risco estava completamente atrelado ao comportamento prévio do mercado, ou seja, o êxito do fundo dependia fortemente de que o mercado continuasse agindo conforme o esperado – de que o passado oferecesse um prognóstico confiável do futuro. Ora, e se acontecesse algo que ninguém estava esperando? O LTCM derrubaria o sistema financeiro inteiro?

Em meados de 1997, começaram a surgir falhas tectônicas na economia asiática. Os superávits comerciais se transformaram em déficits e o fluxo de capital que vinha do Ocidente desacelerou, caindo de 54,9 bilhões de dólares, no ano anterior, para 26 bilhões, uma queda de praticamente 50%. Nada calamitoso (ainda), mas longe de estar ótimo. Aqueles países haviam recebido enormes entradas de capital, porém suas moedas estavam indexadas ao dólar americano, situação que levou a uma expansão da base monetária e inflacionou o preço dos bens, e os bancos centrais assistiam a tudo de mãos atadas. Assim que se deram conta do grau de supervalorização e de saturação desses mercados, os investidores internacionais se apressaram em resgatar seu capital; eles trocaram as moedas locais por dólar e iene e repatriaram o dinheiro tão rápido que se gerou uma crise nos balanços de pagamentos. Em outras palavras, os bancos centrais asiáticos já não tinham reservas internacionais suficientes para manter suas moedas indexadas ao dólar americano. As primeiras sementes da crise desabrocharam na Tailândia e na Malásia, mas não demorou para que a região inteira fosse contaminada.

Em 2 de julho de 1997, em uma ação desesperada de seu banco central para salvar a economia, a Tailândia quebrou a atrelagem e depreciou sua moeda; em poucas semanas, o baht tailandês sofreu queda de 20%, atingindo o mínimo histórico. O banco central da Malásia então impôs severas restrições à saída de capitais e ao comércio com o exterior no intuito de impedir que o ringgit afundasse. Naquele outono, porém, a moeda desvalorizaria 48%. Os fundos de hedge globais foram rápidos e começaram a vender a descoberto as moedas desses países. Três dias depois, o peso filipino se depreciou. Na sequência, a Indonésia alargou a banda cambial da rupia, ou seja, deu à moeda indexada maior margem de flutuação, o que normalmente é um péssimo sinal; na metade de agosto de 1997, o país desistiu da banda cambial e permitiu que a moeda flutuasse livremente, o que levou a uma queda de 85% ao longo dos doze meses seguintes. As recorrentes intervenções durante o verão de 1997 indicaram para todo o universo de investimentos que havia algo errado e os investidores quiseram sair. O Fundo Monetário Internacional (FMI) teve de interceder com dezenas de bilhões de dólares para salvar os países asiáticos, impondo como contrapartida diversas reformas econômicas, entre as quais o abandono da atrelagem ao dólar americano.

Kyle Bass, renomado gerente de fundos de hedge, me disse em certa ocasião que "o mecanismo de ajuste para países em apuros consiste em uma moeda muito enfraquecida. É extremamente difícil passar por uma reestruturação profunda [padrão] e voltar a ser competitivo como nação sem que se lance mão de um mecanismo de ajuste monetário que esteja associado à reestruturação".

O colapso sísmico da Ásia realmente pegou os acadêmicos com a guarda baixa, de tão crentes que eram nos algoritmos computacionais. Eles nunca tinham pisado em um pregão, e é no pregão que os meninos viram homens, que os melhores analistas provam seu valor e desenvolvem o sexto sentido que os salva dos icebergs. É no pregão também que se pode ouvir o chefe gritando do outro lado da sala: "O passado jamais oferece um prognóstico confiável do futuro!".

Índice Nasdaq Composite (teve alta de 278% após o resgate do LTCM)

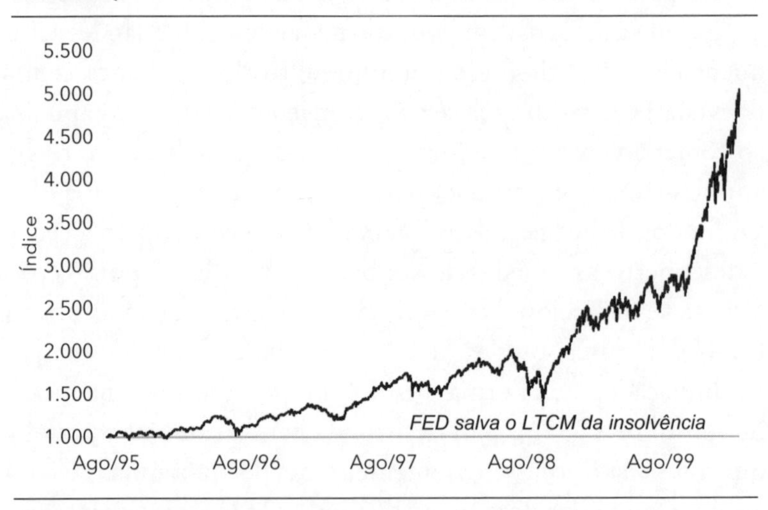

Em maio de 1998, a carteira de Meriwether perdeu 6% em valor. Em junho, 10%. Julho foi ainda pior, acumulando 18% em perdas. Em agosto, enquanto a maioria dos gerentes de fundos se achava nos Hamptons ou a bordo de algum navio fretado no meio do Mediterrâneo, o mercado acionário afundou e o LTCM perdeu 553 milhões de dólares. Praticamente todas as suas posições foram na contramão. Em um ato completamente inesperado, a Rússia, abalada pela crise asiática e pelo súbito e gigantesco declínio na demanda por petróleo, deu calote em sua dívida interna. Foi o golpe que nocauteou Meriwether.

Quando os mercados globais entram em parafuso, os investidores debandam para algum lugar seguro. Seguro, neste caso, significa o Tesouro americano. Ainda que os rendimentos sejam menores, tudo o que as pessoas querem em um mercado em baixa é preservar o capital. O LTCM possuía uma montanha de títulos protegidos contra o Tesouro dos Estados Unidos, que vendeu a descoberto aos montes. E era um péssimo momento para estar vendido.

No fim de agosto, já perto do Dia do Trabalho, 44% da carteira do LTCM tinha virado pó. Mais quatro semanas, e seu desempenho despencou num abismo; quando os bordos de Vermont se pintaram do vermelho outonal, o LTCM havia desvalorizado 83% e se encontrava à beira da falência, e levaria consigo diversas instituições no país. Alguém tinha de intervir.

Em 15 de setembro de 1998, o famoso investidor George Soros afirmou ao Congresso dos Estados Unidos que o capitalismo global estava "próximo de implodir" e acrescentou: "em vez de atuarem como pêndulo, os mercados financeiros têm se assemelhado mais a uma bola de demolição, derrubando um país após o outro". Três dias depois, representantes do fundo de hedge de Greenwich entraram em contato com o Federal Reserve Bank de Nova York para informar ao presidente deste, William McDonough, sobre seus problemas financeiros. Em dois dias, uma equipe do Fed nova-iorquino dirigiu pela frondosa via dupla que levava aos pacatos arredores da cidade de Nova York. Os funcionários bateram à porta e imediatamente foram conduzidos a uma sala de reunião. Fazia silêncio nos escritórios. Os burocratas receberam em mãos algo que ninguém no fundo jamais tinha visto: o "agregador de risco", um documento que oferecia um resumo da exposição do LTCM em cada mercado. Havia posições na Argentina, na China, na Polônia, na Tailândia e na Rússia. Os funcionários do banco não acreditavam no que viam.

O risco de contraparte era tal que o fundo poderia provocar uma liquidação relâmpago de ativos, o que levaria a um efeito dominó desesperador para a economia; se todo mundo vende a mesma coisa ao mesmo tempo, os preços caem para perto de zero, já que a liquidez some. Como diz a famosa frase de McDonough: "Os mercados [...] possivelmente parariam de funcionar". A decisão foi tomada. O Federal Reserve orquestrou um resgate para o LTCM e pressionou um consórcio de bancos americanos e europeus a comprar os ativos. O Fed havia decidido que o LTCM era grande demais e que sua quebra não seria permitida.

Foi um alerta para Alan Greenspan, presidente do Fed, que compreendeu que a maior parte do financiamento obtido pelas empresas vinha dos mercados financeiros, e não dos bancos, o que tornava a economia dos Estados Unidos perigosamente dependente de tais mercados. Tenha em mente que, em 1998, o total de empréstimos bancários foi de 3 trilhões de dólares, ao passo que os mercados acionário e de crédito norte-americanos possuíam, combinados, um valor de mercado de mais de 20 trilhões de dólares; hoje em dia, os empréstimos bancários na economia totalizam aproximadamente 12 trilhões de dólares, enquanto o tamanho total do mercado de participação societária e de títulos privados chega próximo de 75 trilhões de dólares. Naquele cenário, os instrumentos convencionais do Fed, que atuavam diretamente sobre o empréstimo bancário (como a política de juros), eram muito menos efetivos, e daí em diante a política do banco passou a mirar de forma quase exclusiva os mercados acionário e de crédito, ou, no jargão do Fed, as "condições financeiras".

O resgate do LTCM pelo Fed enviou uma clara mensagem às instituições financeiras dos Estados Unidos: "Se você se tornar grande demais, se você se transformar em uma pilha desgovernada de dívidas que ameace colocar em risco o sistema financeiro inteiro, não se preocupe, pois não permitiremos sua derrocada. O Tio Sam está aqui para te resgatar e estimular os mercados financeiros, não importa o que aconteça". Foi um gesto que alterou o curso da história financeira para sempre. Os Estados Unidos haviam cruzado o Rubicão, e, desse ponto em diante, não há volta.

Crédito, participação societária e empréstimo bancário

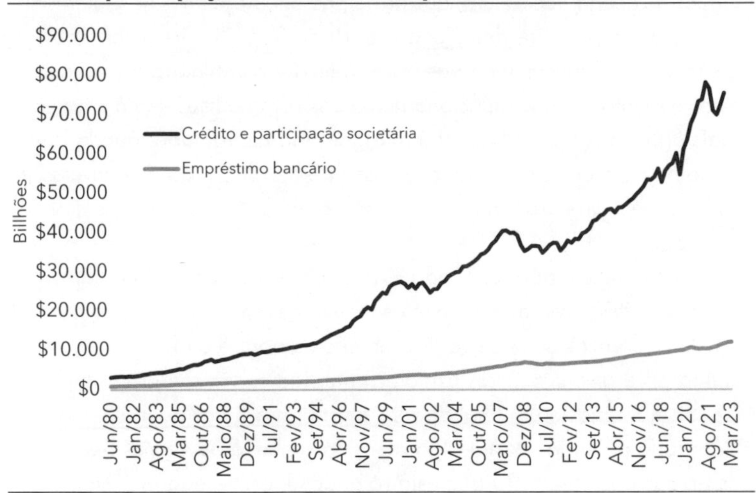

FIQUE ATENTO, INVESTIDOR!

O que destruiu o LTCM foi a mesma coisa que implodiu diversos fundos de hedge em março de 2020

A relação entre a explosão do LTCM, em 1998, e os colossais resgates na era da Covid não é mera coincidência; pelo contrário, é muito importante compreendê-la, ainda mais com vista à formação de uma carteira de investimentos.

Não é incomum que os gerentes de fundos de hedge tenham uma taxa de atratividade, isto é, um retorno de investimento que eles devem alcançar a cada ano, determinado pela gerência sênior. Quando os bancos centrais suprimem taxas, suprimem também a volatilidade em muitas classes de ativos (grupos de ações, títulos do Tesouro, commodities etc.) por longos períodos; em outras palavras: taxas de juros estáveis fazem com que haja menos ineficiências de preço a serem exploradas pelos traders. À medida que os spreads encolhem, aumenta o grau de alavancagem necessário para alcançar o mesmo retorno, e, quando o mercado é surpreendido e a volatilidade sofre um aumento súbito, as negociações alavancadas vão pelos ares.

Era março de 2020, e a equipe do *The Bear Traps Report* estava em uma ligação com um de nossos investidores macro favoritos no universo dos fundos de hedge, Joe Mauro, que havia passado treze anos no Goldman Sachs, a maior parte deles como partner. Sua compreensão sobre taxas, títulos públicos e divisas estrangeiras – combinada a um vasto discernimento do macrofuncionamento das commodities – está entre as mais aguçadas de Wall Street. Em algum momento, todo mundo que trabalha no mundo das finanças passa pela experiência de conversar com alguém que descortina uma visão panorâmica das coisas. Foi o caso aqui.

Ações, títulos, ativos de toda classe: praticamente nada escapava ao inferno desgovernado em que os mercados estavam se transformando. As diferenças entre o maior preço de compra e o menor preço de venda para diversos ativos explodiram e não se via compradores em lugar algum, havia um total de zero oferta para o que quer que fosse. Com tudo à venda, existia algo além da ameaça da Covid afetando os preços dos ativos. "O que está rolando, Joe?", indaguei. "Não faz sentido. A última vez que vi algo assim foi com o Lehman."

"Eles estão com a faca e o queijo na mão, meu amigo", respondeu ele.

Joe se referia à grande alavancagem no interior dos fundos de hedge de valor relativo. O risco sistêmico que a situação implicava exigiria uma resposta à altura por parte do Fed. Ele então explicou que o Fed havia suprimido taxas por tanto tempo que a "acumulação de alavancagem" em pelo menos uma dúzia de fundos era inimaginável. Mais uma vez se tratava de instituições grandes demais para quebrar, porém já não eram um ou dois bancos, e sim múltiplos fundos de hedge. Uma dúzia de fundos, no mínimo, havia atingido seu limite na negociação de base, popularizada pelo LTCM, e na negociação de valor relativo, outra estratégia para tirar proveito de pequenas distorções de preço. Essas instituições estavam absurdamente superalavancadas, algumas com alavancagem de 20:1, outras de 30:1.

"Está todo mundo achando que é um *sell-off* causado pela Covid-19", continuou Joe. "O fato é que, com as cartas que estão postas na mesa, o caso do LTCM vai parecer fichinha. A situação pode tomar uma proporção enorme, e muito rápido. Talvez vinte vezes maior. A pandemia está ativando uma detonação colossal de alavancagem em diversos fundos de hedge de forma simultânea. É bom Washington preparar os bolsos. [É] três a cinco vezes mais grave do que o Lehman, eu diria. As consequências mudarão as coisas para sempre, todos os preços de ativos serão afetados. A composição da carteira de investimentos vai ser radicalmente transformada pela próxima década."

A moral da história? A somatória de um LTCM sob efeito de esteroides com a mais mortífera pandemia dos últimos cem anos iria demandar como resposta uma política pública três vezes mais ampla do que na grande crise financeira. Mais importante ainda: na tentativa de aplainar a montanha-russa que é o ciclo dos negócios, os banqueiros centrais não estão fazendo outra coisa senão plantar as sementes de uma explosão ainda maior lá na frente.

Após o resgate ao LTCM, teve início uma era de política acomodatícia que, assim como a indexação da moeda chinesa, mudou para sempre o cenário dos negócios. A acomodação monetária se dá por meio de diversas armas que o governo tem à disposição. Não estou falando de metralhadoras, tanques de guerra, mísseis, e sim de armas muito mais perigosas. São armas que você não usaria em batalha, mas que seriam bastante efetivas para destruir a economia global. Estou falando de taxas de juros, máquinas impressoras de dinheiro, resgates e afins.

Na primavera de 2001, a bolha do pontocom implodiu de vez. O capital privado e o fervor especulativo finalmente secaram, e as avaliações tombaram de alturas estratosféricas. Nos quatro cantos dos Estados Unidos, empresas de tecnologia estavam recolhendo a mobília para fechar a lojinha. Multidões de nerds ficaram sem trabalho. A louca febre que tinha tomado conta dos mercados estava no fim. O *boom* tecnológico havia durado mais ou menos quatro anos, tempo que costuma durar uma bolha, até que colapsou como pudim. Quem saiu antes levou uma bolada; já os pobres coitados que ficaram até o verão de 2001 se viram de mãos abanando, os sonhos destruídos junto com os milhões em lucros que simplesmente viraram fumaça.

O antiquado Warren Buffett, que em 1999 subira ao palco em Sun Valley para explicar aos titãs da tecnologia – Bill Gates, Michael Dell, Larry Ellison – por que jamais investiria naquelas supervalorizadas empresas tech, agora se achava em seu escritório, em Omaha, desfrutando uma Cherry Coke com um enorme sorriso no rosto. Detentor de 10% da maior empresa de bebidas do mundo, ele havia driblado a quebra que dizimara vários fundos de hedge e que revelara fraudes como a da Enron ou da WorldCom. O Índice Nasdaq mais parecia um bungee-jump com sua queda de 80% em relação ao auge. O novo nirvana tinha chegado ao fim; como adultos sensatos, os Estados Unidos teriam de tirar o pó do terno mais uma vez e, cabisbaixos, ir à labuta em uma economia de ressaca. Agora que a graça do pontocom tinha acabado, tudo era opaco e deprimente. O Fed interveio por meio de um corte na taxa de juros para injetar um pouco de ânimo na economia, porém no dia 11 de setembro, às 8h46, o voo 11 da American Airlines atingiu a torre norte do World Trade Center. Às 9h03, o voo 175 da United Airlines colidiu contra a torre sul.

Os mercados não abriram naquele dia. Permaneceram fechados pelo resto da semana, a mais longa interrupção das atividades desde a Grande Depressão. Quando o sino que marca a abertura da Bolsa de Valores de Nova York (NYSE, na sigla em inglês) voltou a soar, em 17 de setembro, os mercados entraram em parafuso. O Dow Jones terminou o dia com desvalorização de 7,1%, um novo recorde de perdas diárias para o índice. O índice S&P 500 derreteu 11,6%, enquanto o Nasdaq, já pesado devido às ações de tecnologia, teve queda de 16%. No total, perdeu-se 1,4 trilhão de dólares em valor de ativos.

No Eccles Building, na Avenida Constitution, em Washington, D.C., Alan Greenspan reunia-se com seu Comitê Federal do Mercado Aberto (FOMC, na sigla em inglês) e tinha a expressão implacável. Por qualquer razão, era sobre seus ombros que recaía o ato de guerra contra a economia americana. O sistema de transporte dos Estados Unidos estava fechado até segunda ordem, paralisando os mercados de capitais. Ninguém no país tinha como saber quando os aviões voltariam a decolar. Umbilicalmente ligados, os setores hoteleiro e de aviação se viram em apuros, o que gerou um enorme risco de crédito de 40 bilhões de dólares, que caiu direto na conta das seguradoras. E foi num piscar de olhos: tudo estava em paz, até que na manhã seguinte o país acordou em guerra. Na economia também. Se bem que, nesse aspecto, o ano inteiro vinha sendo de guerra; o 11 de Setembro foi mais um soco no estômago.

Assim, dois dias após os ataques, o Maestro, como Greenspan era chamado, fez o primeiro de seis cortes na taxa de juros.

As taxas de juros relativamente altas na entrada do novo milênio ofereciam ao Fed uma profusão de armas para entrar em guerra com o mercado – suas armas estavam completamente carregadas, por assim dizer; ele possuía caixas e mais caixas de munição e ainda receberia mais. O balanço patrimonial soberano, ou, em termos leigos, a dívida governamental, estava saudável. No início de 2001, a taxa de juros dos fundos federais era em torno de 6%. Antes do fim do ano, entretanto, o Fed já tinha cortado as taxas de juros onze vezes e, em dezembro, eram de 1,75%. Depois do 11 de Setembro, o Fed pôs em prática um programa de corte de cinquenta pontos-base ao mês (ou 0,5 pontos percentuais) durante quatro meses seguidos. Lembre-se: juros baixos equivalem a capital barato, que equivale a dinheiro fácil, ou seja, mais facilidade para obtenção de moeda e crédito. Os consumidores saem ganhando, sem exceção. Com isso, obteve-se a liquidez necessária e, graças a um gesto divino de misericórdia, os mercados se normalizaram rapidamente após os ataques ao World Trade Center.

Ao mesmo tempo, uma nova frase se insinuava no léxico do mercado, composta de apenas duas palavras – duas sílabas, na verdade. Ainda assim, é uma das razões pela qual, desde 2023, estamos presenciando uma crise da dívida pública, com ~33 trilhões de dólares no balanço patrimonial do governo e mais de 200 trilhões de dólares em passivos flutuantes que jamais poderão ser pagos. A frase? *Fed put.**

---

* Um contrato de opção de venda ("put") dá ao comprador – ou detentor do ativo – o direito, mas não a obrigação, de vender um ativo por um preço específico acordado entre as partes (preço de exercício) em uma data futura ou antes dela. O "put" é usado como uma forma de seguro, quando o comprador acredita que o preço do ativo cairá: assim ele poderá vender o ativo a um preço fixo, mesmo que o preço do mercado esteja mais baixo. Desta forma, o Fed put representa a crença do mercado financeiro de que o Federal Reserve agiria para garantir o bom funcionamento dos mercados a partir da manutenção dos preços que haviam sido acordados antes da crise. [N. E.]

Ela surgiu da reação do Fed às quedas do mercado e da propensão de Greenspan a oferecer um bote salva-vidas sempre que as coisas ficavam feias – a falência do LTCM, o fracasso do pontocom, os ataques terroristas de 11 de Setembro. Se houvesse um desastre, lá estava o Fed para garantir que os mercados, deixado às suas próprias vontades, não causassem uma nova Segunda-Feira Negra. Nosso velho amigo Adam Smith, o economista clássico, com sua teoria da mão invisível do capitalismo, provavelmente ficaria em choque se presenciasse uma reunião do FOMC no começo dos anos 2000. Pense na cena gastronômica nova-iorquina. Se você estiver de visita à cidade e for a um restaurante em que a comida não é boa e os preços são abusivos, pode ter certeza quase absoluta que ele fechará as portas em menos de seis meses. É o mercado mais brutal que eu conheço, no qual, diga-se, o capitalismo vem funcionando muito bem. E é isso o que está faltando aos mercados globais hoje em dia. Se os formuladores de políticas públicas não permitem que o ciclo dos negócios funcione de modo satisfatório, que empresas quebrem, gera-se um acúmulo de podridão, o que abre margem para o jogo sujo, para a desonestidade, já que as maçãs podres não são expelidas do sistema. Se os restaurantes de Nova York fossem resgatados sempre que quebrassem, a cena gastronômica da cidade seria uma das piores do mundo! Só que é uma das melhores.

No mercado, o estresse é algo que vai se acumulando com o tempo, como o mofo ou o musgo da parede. É necessário que uma equipe de limpeza dê uma geral de tempos em tempos, para deixar tudo arrumado de novo. É o que faz um mercado capitalista com muita naturalidade quando deixado à vontade. No entanto, como Greenspan sempre intervinha aos desastres, as maçãs podres do mercado nunca foram embora, ficaram ali, ocultas entre os muitos botes salva-vidas, até o dia em que se enredaram no balanço patrimonial soberano.

Precisamos escutar os mercados, ainda mais nos momentos cruciais que antecedem uma colossal transformação secular. É nesses momentos que bilhões são ganhos e bilhões são perdidos. Pense no começo dos anos 1980, no final do regime de alta inflação, na véspera da era deflacionária. As ações de valor e commodities foram dominantes por mais de uma década. Em 1981, a maior parte do capital do S&P 500 era composta de ações adjacentes à economia "real". Isso se deu no fim de uma década de inflação persistente e de ótimos ventos para os ativos tangíveis. Mais de 27% do valor de mercado estava atrelado ao setor energético, 12%, ao industrial e 10%, ao de matérias-primas. Você consegue imaginar 50% de valor de mercado nesses três setores de ativos tangíveis? É de cair o queixo, não? Em contraste, os ativos financeiros constituíam meros 6%.

Avancemos para 2007 – após quase duas décadas de pressão deflacionária, facilidade de alavancagem e *Fed put* –, e a história muda completamente de figura. Antes do grave colapso do Lehman Brothers, o setor financeiro se tornou o maior, com quase um quarto (24%) do valor total. Por outro lado, o energético havia se reduzido a apenas 12%, o industrial, a 8%, o de matérias-primas, a 4%, e o de utilidades, a 2%. Vale notar também que o setor de tecnologia da informação, que em 1980 compunha 10% do valor de mercado, disparou para impressionantes 35% em 2000, no auge da bolha pontocom, e encolheu para 12% em 2007. Durante as décadas de 1990 e 2000, o centro gravitacional do comércio norte-americano se deslocou completamente, em especial no topo. A economia na ordem multipolar (1968-1981) girava em torno da extração de commodities e da produção industrial; já a economia do novo mundo unipolar, com sua paz duradoura e o livre-comércio, estava centrada nas finanças e na tecnologia. A reação dos mercados a esse deslocamento foi quase eufórica.

Em 2021, 20 trilhões de dólares em fortunas podiam ser encontrados em apenas cem ações da NDX (Nasdaq 100), na mais apinhada negociação na história das bolhas acionárias (uma quantidade chocante de investidores se amontoou sobre essas ações da Nasdaq). A lição se faz mais clara a cada vez: peguemos o petróleo em 1981, as ações de tecnologia em 2000, ou o setor financeiro em 2007, o fato é que, se determinado setor se mantém dominante por um período muito longo, é nele que mora a maior tendência de queda. Quando a adesão à narrativa de investimento predominante é tão forte, o melhor que se tem a fazer é correr (não caminhe, corra) para bem longe dela.

Neste momento em que a gênese de uma enorme transformação secular paira sobre nós, é muito difícil ler as folhas do chá, mas todos os sinais estão presentes, basta olhar com cuidado. Aqui, a nossa equipe passa os dias em busca deles.

Alavancagem é uma droga e tanto

A palavra "sistêmico" não fazia parte da rotina no pregão do Lehman Brothers. Ela só veio à tona de fato quando começamos a analisar o enorme risco de certos balanços patrimoniais e a imaginar as consequências caso um daqueles gigantescos dominós tombasse. Nossos olhares se voltavam principalmente para Fannie Mae e Freddie Mac*, que detinham centenas de bilhões de dólares em títulos garantidos por hipoteca. As duas empresas estavam servindo de contenção para um sistema abarrotado de subprime, ou seja, gente que não tinha condição de pagar após o ajuste das taxas. O insubstituível Larry McCarthy, meu querido amigo, já falecido, dizia que as duas empresas "não passavam de fundos de hedge com carry positivo, bancados pelo governo". Em 2007, vimos a implosão banco a banco do sistema bancário paralelo. Nosso grupo no Lehman, que estava na linha de frente, apostou grande em uma posição descoberta contra a New Century, uma corretora de subprime hipotecário, a fim de proteger nossas posições compradas no setor imobiliário. Mas, em última análise, a causa de nosso fracasso foi a mesma doença que matou o LTCM: alavancagem.

A história do Lehman e da crise de 2008 já faz parte do passado. Os mecanismos e os motivos pelos quais ela se deu apenas gerariam ruído na narrativa da história atual. O que precisamos saber é que,

* As empresas Fannie Mae e Freddie Mac atuavam no mercado de hipotecas dos Estados Unidos, exercendo papel fundamental no financiamento imobiliário. [N. E.]

sim, a crise aconteceu e o governo resgatou o sistema financeiro inteiro, em vez de deixá-lo implodir. As baixas taxas de juros que o Fed estipulou de 2001 a 2003 criaram uma bolha imobiliária de dinheiro barato e condições de empréstimo facilitadas, impedindo que vigaristas como Bernie Madoff fossem expostos, e o *Fed put* salvou o castelo de cartas da ruína.

Quanto à arma financeira empregada, a resposta governamental à crise financeira de 2008 foi nível Hiroshima. E quais foram as consequências na década seguinte? O Fed estabilizou os mercados de crédito, as empresas não fecharam as portas e o sistema financeiro sobreviveu. Entretanto, tudo na vida tem um custo, ainda mais quando se despeja 5,7 trilhões de dólares em uma crise (ver estimativa na página 73). É o tipo de coisa que perturba de forma muito brutal o equilíbrio da natureza, e é inevitável que gere consequências terríveis, ainda que não premeditadas. Para compreender o ponto em que nos encontramos atualmente, com uma dívida do tamanho do Himalaia, devemos investigar os medicamentos experimentais que o Fed usou pós-Lehman Brothers e seus efeitos colaterais – que podem destruir os mercados um dia.

3

O ENCANTO DOS OBAMA E A EXTINÇÃO DA LUZ

Era 20 de janeiro de 2009 e, apesar do tempo gélido e tempestuoso, uma multidão de mais de dois milhões de pessoas se apinhava na capital norte-americana para assistir ao histórico evento chamado "Um novo nascimento para a liberdade". Barack Obama havia vencido com folga as eleições gerais de 2008, pondo fim a oito anos de gestão republicana. Ele prometia esperança para uma nação ainda convalescente das crises: o fim da Guerra do Iraque, uma solução para os enormes custos com assistência médica, um plano para enfrentar a mudança climática e, mais importante, um projeto para estabilizar a economia. Nos últimos meses da gestão de George W. Bush, o governo dos Estados Unidos havia gastado trilhões de dólares para salvar a economia americana do colapso. Só o Fed comprara 1,3 trilhão de dólares em ativos problemáticos, sem falar na sopa de letrinhas que eram os programas de empréstimo (TALF, AMLF, TSLF) criados para descongelar os mercados de crédito. Em dezembro, o banco iniciou a compra de 600 bilhões de dólares em títulos lastreados por hipoteca da Fannie Mae e da Freddie Mac, recentemente estatizadas.

No dia 6 de março, o S&P 500 chegou a tocar brevemente a sinistra marca de 666. A ação do J.P. Morgan ficou abaixo dos 11 dólares, incidência que meu velho amigo Doug Kass classificou na CNBC como "a melhor oportunidade de compra que já vi na vida". Estavam todos tensos à espera da próxima medida que o inexperiente chefe do Fed, Ben Bernanke, tomaria.

No entanto, Bernanke, um homem muito versado em assuntos econômicos, graduado em Harvard, com doutorado em economia pelo MIT, estava sem bala na agulha. A taxa de juros dos fundos federais já estava lá embaixo; apesar dos trilhões que haviam sido despejados na crise, era um buraco negro que sugava dinheiro de maneira incontrolável.

Na universidade, Bernanke estudara a fundo a Grande Depressão, e seu grande medo era que a economia estadunidense entrasse em uma catastrófica espiral deflacionária similar à dos anos 1930. Com sua mais recente ideia, uma política monetária novinha em folha chamada flexibilização quantitativa, ele estava pisando em território desconhecido. Como vimos no Capítulo 2, o Japão lançara mão dela no fim dos anos 1990 e começo dos anos 2000, porém Bernanke defendia que o Fed deveria ir muito mais longe do que o Japão jamais ousou. A bomba Lehman Brothers tinha colocado os Estados Unidos à beira do abismo financeiro, e, afinal, situações desesperadoras exigem medidas desesperadas.

E deu certo! Em março de 2009, o Fed prometeu comprar 1,25 trilhão de dólares em títulos de agências patrocinadas pelo governo e títulos do Tesouro, o que imediatamente desencadeou uma compra frenética de ações e um novo período de alta no mercado. Wall Street seguiu como se nada demais tivesse acontecido e, ao fim de 2009, o S&P 500 havia recuperado 68% de seu valor. Via-se muitos sorrisos, tapinhas nas costas, muitas congratulações. Entretanto, e eu me lembro bem, os melhores consultores de risco estavam apreensivos, assustados com as medidas do Fed e com a magnitude da dívida aprovada pelo Congresso norte-americano.

Quanto o governo dos Estados Unidos gastou em decorrência da crise financeira de 2008?

Vamos começar pela resposta do Fed ao colapso do Lehman, já que é a mais simples de estimar. Ao fim do primeiro trimestre de 2010, o Fed havia comprado 1,5 trilhão de dólares em ativos no contexto de seu "revolucionário" programa de flexibilização quantitativa; porém este se mostrou insuficiente e foi seguido pelas partes 2 e 3, de modo que ao todo o Fed injetou 3,5 trilhões de dólares em liquidez de 2008 a 2014. O Programa de Alívio de Ativos Problemáticos (TARP, na sigla em inglês), fundo de resgate bancário que começou com 700 bilhões de dólares, foi posteriormente reduzido para 475 bilhões. Fannie e Freddie foram resgatados com pouco menos de 200 bilhões de dólares; o Citi recebeu, sozinho, 400 bilhões de dólares em ativos, garantias de dívida e outras ajudas governamentais; e o Bank of America recebeu 100 bilhões de dólares. O Morgan Stanley recebeu 100 bilhões de dólares do Fed em outubro de 2008 para que seu relatório do terceiro trimestre pudesse anunciar "ampla liquidez". Além disso, no começo de 2009, por meio da Lei de Recuperação e Reinvestimento dos Estados Unidos, o governo aprovou um incentivo de 900 bilhões de dólares para reavivar a economia, moribunda devido ao colapso do Lehman. De 2009 a 2012, o governo operou com déficits orçamentários de mais de 1 trilhão de dólares; excluindo-os, a conta chega a 5,7 trilhões de dólares, mais do que os 4,6 trilhões atribuídos ao czar dos resgates Neil Barofsky.

A despeito da recuperação do mercado acionário, a recessão continuou. Os trabalhadores, especialmente aqueles menos qualificados, enfrentavam uma dura falta de oportunidades, e muitos haviam perdido suas poupanças, seus trabalhos, suas casas. Com as altas nos preços dos ativos, o 1% mais rico dos Estados Unidos passou a deter uma fortuna maior do que os 95% de baixo!

Detroit, que um dia fora a cidade mais próspera dos Estados Unidos, senão do mundo, achava-se de joelhos em 2009. As fábricas de automóveis estavam abandonadas, quase um terço dos imóveis da cidade se achavam desabitados. A situação se repetia em outras cidades de tradição fabril: Youngstown, Buffalo, Flint, Gary e St. Louis.

Qual era a causa da extinção do setor industrial nos Estados Unidos? O Lehman Brothers não podia ser responsabilizado por tudo também. Uma das principais causas se encontrava a milhares de quilômetros de distância, na obscura República Popular da China. Quando esta ingressou na OMC, em 2001, havia 17,5 milhões de empregos industriais nos Estados Unidos. Em 2007, 3,5 milhões desses empregos já tinham sido perdidos e, em 2009, somente 12,8 milhões de pessoas ainda estavam empregadas na indústria. São cinco milhões de trabalhadores que perderam seus empregos. Embora a parcela de trabalhadores empregados no setor industrial apresentasse queda no país desde o fim da Segunda Guerra Mundial, esse processo se acelerou brutalmente. Entre os trabalhadores com segundo grau completo, mas sem diploma universitário (setores de construção civil, mecânica e indústria), o emprego havia caído de 37 milhões em 2000 para 33 milhões em 2010. Esse cenário, além de devastador para operários e profissionais do chão de fábrica, estava colocando o país em rota de colisão com uma perigosa agitação civil.

Desesperado para resolver a difícil situação do Cinturão da Ferrugem, o presidente Obama tinha a oportunidade política perfeita para fazê-lo: seu partido controlava a Câmara, o Senado e a Presidência – o sonho de qualquer administração na história. Contava também com a ajuda de Larry Summers, chefe da equipe de assuntos econômicos da Casa Branca, para traçar um plano. Summers era um economista brilhante. Fora aprovado no MIT aos 16 anos e tivera Marty Feldstein como seu orientador no doutorado em Harvard. Feldstein foi quem praticamente inventou a Reaganomics (política econômica adotada no governo de Ronald Reagan).

Em 1999, Summers havia ajudado Bill Clinton a desmantelar a Lei Glass-Steagall de 1933, cuja remoção foi um dos principais fatores que culminaram no colapso do Lehman. Era hora de Summers lidar com as consequências indesejadas. O primeiro item do plano era salvar as fábricas de automóveis. GM e Chrysler, muito machucadas pela concorrência japonesa e pelas décadas de gestão grotesca, estavam por um fio.

Em maio de 2009, o governo dos Estados Unidos comprou 72,5% da General Motors em uma conversão de dívidas em participação acionária. Graças a isso, 5.700 canadenses não dependeram das cozinhas comunitárias naquele inverno. O custo total do resgate ficou em torno de 51 bilhões de dólares, mais os 17,2 bilhões de dólares para o banco de crédito hipotecário da companhia, o GMAC Finance, que sofrera grandes perdas no crash imobiliário.

A seguir, a equipe econômica de Obama fez um movimento inesperado. A GM foi forçada a declarar falência, e os detentores de títulos privados, traídos, tiveram de se contentar com fatias de participação acionária que valiam muito menos do que os títulos. Ao mesmo tempo, os sindicatos se deram muito bem, pois obtiveram o dobro do lucro líquido em seus fundos de pensão. Com isso, qualquer precedente legal foi jogado na lata do lixo, já que os detentores de títulos preferenciais passaram para o fim da fila; até então, a prioridade de pagamento era decidida por um juiz de falência, porém o governo simplesmente passou por cima de duzentos anos de direito falimentar. Quando o Estado de direito é apossado pela política, o buraco é sempre muito mais embaixo. (Basta perguntar aos investidores argentinos ou venezuelanos.)

A Chrysler teve um destino parecido: também foi forçada a pedir falência e recebeu um empréstimo de 8 bilhões de dólares na condição de *debtor-in-possession,* e 50% da empresa foi vendida para a Fiat italiana por uma merreca.

O Acordo de Livre Comércio da América do Norte (Nafta, na sigla em inglês) teve tudo a ver com esses acontecimentos. Assinada em 1995, a amigável parceria entre Estados Unidos, Canadá e México vinha se mostrando destrutiva para os trabalhadores estadunidenses da indústria automobilística. Mesmo com os resgates e as promessas de manter os empregos domésticos em 2009, as fábricas continuaram sendo transferidas para o México, onde a mão de obra era mais barata.

A extinção da indústria automobilística dos Estados Unidos

O emprego no setor automotivo dos Estados Unidos caiu de 2,2 milhões de postos de trabalho em 1992 para 1,8 milhão em 2023, apesar da instalação de fábricas de marcas estrangeiras no país. A GM tinha 800 mil empregados estadunidenses em 1990 e passou a ter apenas 167 mil em 2023. A Ford tinha 400 mil em 1990 e somente 170 mil em 2023. Em 1994, os Estados Unidos produziam mais de 500 mil veículos por mês, número que caiu para 300 mil por mês em 2008 e para 200 mil em 2018. A crise da Covid-19 causou ainda mais dificuldades de produção, que hoje é de pouco mais de 150 mil unidades por mês. A produção estadunidense foi continuamente transferida para o exterior.

A título de ilustração: em 2004, 74% dos automóveis montados na América do Norte eram fabricados nos Estados Unidos. A fração produzida dentro das fronteiras mexicanas era ínfima, 9%, ao passo que o Canadá fabricava os 17% restantes. Contudo, em um período de dez anos a situação se transformou drasticamente. A fatia mexicana da produção automobilística mais do que dobrou, chegando a 20%, às custas dos negócios estadunidenses. O México tem a seu favor a localização relativamente próxima, diferentemente da China, no outro lado do Oceano Pacífico. Considerando que os carros são transportados por longas distâncias, é um fator importante.

A disseminação de robôs na fabricação foi outro fator que destruiu milhares de postos de emprego nos Estados Unidos. Para onde poderiam ir tantos trabalhadores desempregados? Quando o Ford T foi lançado, surgiram com ele indústrias inteiras, negócios como lojas de pneus, oficinas mecânicas, lava-rápidos etc.; os vendedores de chicote para charrete e os ferreiros desempregados tiveram novas oportunidades diversas. Não se pode dizer o mesmo daqueles indivíduos cujos empregos automotivos foram eliminados. Por algum tempo, pareceu que o setor de varejo ofereceria uma esperança, porém, com a ascensão das lojas virtuais e o consequente fechamento em série dos shoppings, muitos dos empregos desse setor começaram a desaparecer também.

A gestão Obama estava ciente dos problemas, porém não tinha soluções duradouras. Seguindo a sagrada tradição política, resolveu despejar dinheiro para ver se os resolvia. Os benefícios de seguro-desemprego subiram vertiginosamente, o Obamacare foi instituído de costa a costa, assim como subsídios para energia sustentável, programas de desafogo hipotecário e subsídios para energia solar. Total da conta para o contribuinte: 1,3 trilhão de dólares.

Loja virtual *vs.* loja física

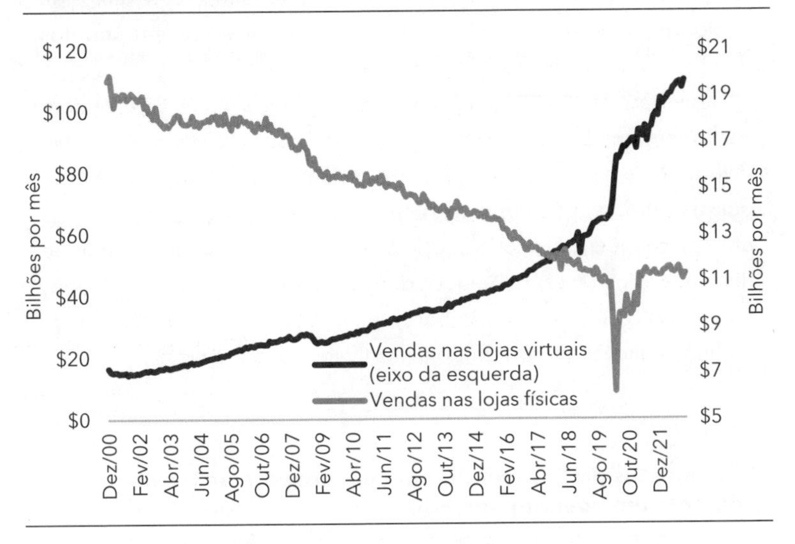

TOME NOTA, INVESTIDOR

Os títulos adoram uma obstrução na capital do país

Foi nosso estrategista-chefe, Robbert van Batenburg, quem nos alertou para as implicações que as eleições de meio de mandato (*midterm elections*) de Obama teriam para os mercados. Ele exibiu um gráfico que deixou nossos clientes estupefatos, pois ilustrava perfeitamente o que ocorre em Washington quando um governo unificado se divide: se a presidência e o Congresso estiverem sob o controle do mesmo partido, é quase uma regra que os rendimentos dos títulos vão aumentar de maneira considerável. A ausência de entraves ao gasto público faz com que o partido abra as porteiras para comprar popularidade, o que gera déficits maiores e novas emissões de títulos do Tesouro. Já quando perde o controle sobre o Congresso, o partido que está no poder perde o controle também sobre a carteira e não pode mais comprar popularidade nem conceder favores – ok, concede, mas menos – para satisfazer aos interesses de grupos específicos. Os déficits param de subir, o Tesouro emite menos títulos de dívida, os preços sobem e os rendimentos caem. Foi exatamente o que aconteceu após os democratas saírem derrotados das *midterm elections* de 2010, que elegeram os novos deputados, senadores e governadores de 38 estados. O rendimento de títulos de dez anos, que era de 3,6%, despencou durante os dois mandatos de Obama: no verão de 2016, era de mísero 1,4%.

Às vezes, os melhores negócios são os mais simples de entender. Assim, em outubro de 2018, antecipando-nos às *midterm elections*, investimos em títulos a longo prazo. A Câmara dos Representantes passou para as mãos dos democratas, e os títulos gozaram de dois anos de considerável alta. Naquele outono, os rendimentos de títulos de dez anos estavam sendo negociados acima de 3%. Dois anos depois, no pico da crise de Covid-19, baixaram a 0,5%. Em dois anos, tivemos um inacreditável retorno de 50% nos títulos de longo prazo.

Rendimentos do Tesouro durante um governo unificado e durante um governo dividido

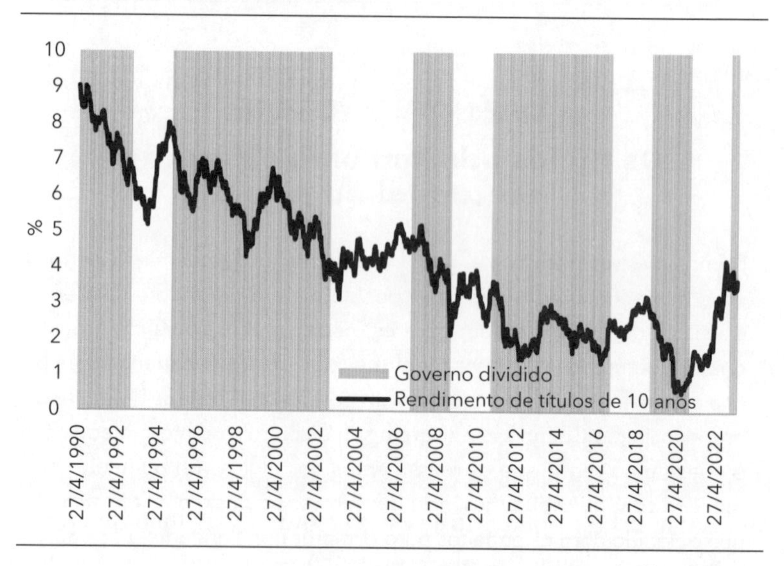

Os planos orçamentários e a explosão na disparidade salarial exacerbaram a polarização entre o povo dos Estados Unidos. Em todos os cantos eclodiram protestos contra a dívida crescente no balanço patrimonial do país. O déficit orçamentário seguiu em 2010, com 1,3 trilhão de dólares, até que a máquina política americana pisou com tudo nos freios.

Nas *midterm elections* de 2010, os republicanos deram um banho nos democratas, que perderam 63 cadeiras na Câmara dos Representantes – a maior derrota desde 1926 – e, com elas, o controle da casa. Daí em diante, os planos de Obama seriam travados. Mal assumiram suas cadeiras na Câmara dos Representantes, os republicanos deram tudo de si para cortar o orçamento deficitário do país. Em 2011, eles aprovaram um sequestro orçamentário que gerava o risco de inadimplência nacional, o que pressionou Obama e os democratas a aceitarem uma redução de 2,4 trilhões de dólares no orçamento ao longo de dez anos. Os republicanos mantiveram o controle sobre o dinheiro pelo restante da presidência de Obama e de fato conseguiram cortar o déficit: de 1,4 trilhão de dólares em 2009 para 680 bilhões em 2013. Com o pêndulo do país de volta à austeridade, os mercados, viciados nos incentivos, voltaram a afundar, absolutamente incapazes de crescer sem a mão amiga do Fed. E foi ela que eles receberam.

Em 2011, os Estados Unidos provaram mais uma vez que, em termos de engenharia, são imbatíveis. Não me refiro a carros, e sim a finanças. O plano foi apelidado pela mídia de "Operação Twist": o Fed agora estava comprando títulos com vencimento longo (de até trinta anos) e vendendo títulos equivalentes com datas de vencimento muito mais próximas (até dois anos). Como a taxa de inflação – assim como as expectativas de futuro – se achava obstinadamente baixa, a ideia do Fed era lançar mão de quaisquer meios necessários para suprimir ainda mais as taxas de juros e jogar os rendimentos lá embaixo para fazer a economia pegar no tranco. Insatisfeito com o resultado, o banco embarcou, em 2012, em um programa de compra de títulos ao custo de 1,7 trilhão de dólares.

"E as ações subiram?", talvez você esteja se perguntando. Digamos assim: foi como se tivessem amarrado o S&P 500 a um dos Falcon 9 do Elon Musk – são nove motores Merlin movidos por uma mistura de oxigênio líquido e querosene, com uma força de empuxo de centenas de milhares de quilos ao nível do mar. Então, a resposta é sim. Muito! As ações subiram vertiginosamente. Do verão de 2012, quando Bernanke anunciou a QE3, até a metade de 2014, quando o programa foi finalizado, o S&P subiu mais de 50%.

Note: em março de 2009, o revigoramento do mercado acionário não se refletiu na economia geral dos Estados Unidos, cujo PIB não ultrapassou os 2,5% em nenhum dos anos seguintes. As massas desalentadas continuavam com dificuldades para botar comida na mesa e manter as luzes acesas. O plano do Fed era favorecer os empréstimos bancários de modo que as empresas tivessem condições de investir na economia. Em vez de conceder crédito, porém, os bancos passaram a manter o dinheiro em ativos de baixíssimo risco (leia-se: títulos do Tesouro americano). Assim, por motivos que veremos adiante, os Estados Unidos das corporações estavam embolsando a grana para recomprar seu próprio estoque de ações.

Os efeitos dos incentivos do Fed sobre o S&P

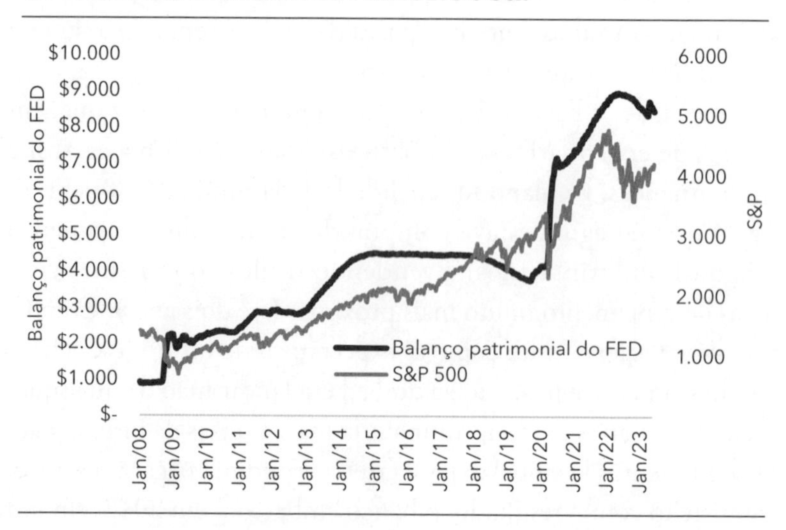

Você está lembrado da correlação entre taxas e preços? É um exemplo clássico de causa e efeito. Taxas baixas equivalem a empréstimos mais baratos, o que infla artificialmente os preços, especialmente no caso de ativos maiores, como imóveis, que requerem empréstimos expressivos. Nesse cenário, os preços das propriedades se mantiveram altos e, em consequência, o preço dos aluguéis também. Incontáveis famílias de classe média e baixa se viram sem condições de adquirir imóvel ou com dificuldades financeiras cada vez maiores para manter um. Além de tornar a vida árdua como nunca, os altos custos agravaram a desigualdade, que por fim alcançou patamares que não eram vistos nos Estados Unidos desde a Era Dourada.

E agora, senhoras e senhores, vamos receber um dos temas mais melancólicos das finanças: estagnação secular. Trata-se de uma condição econômica em que o setor privado se encontra decidido a armazenar dinheiro e não investir. Em situações normais, as baixas taxas deveriam estimular o investimento e o crescimento, contudo não foi o que ocorreu de 2012 a 2014, a despeito das tentativas do Fed. Isso porque banqueiros, comerciantes e proprietários estavam preocupados em reconstruir seus balanços patrimoniais após a carnificina da crise financeira. Os consumidores adiaram as compras de um lado, e os negócios adiaram os investimentos de outro.

O plano era encerrar a flexibilização quantitativa assim que os rombos nos balanços patrimoniais dos bancos, estimados em quase 5 trilhões de dólares, fossem sanados – com as taxas de juros baixas, o valor dos ativos em posse dos bancos aumentou –, mas não foi o que aconteceu.

Ao mesmo tempo, as taxas de juros suprimidas diminuíam a renda de aposentados e pensionistas. Em geral, os aposentados guardam as poupanças em títulos municipais e outros produtos de renda fixa, e muitos já estavam numa situação difícil em decorrência da crise do Lehman. De certa maneira, a QE gerou uma transferência de riqueza dos idosos para os bancos. Mesmo após a recuperação dos bancos, essa transferência continuou. Em um cenário em que muitos cidadãos americanos estavam por conta própria remediando seus balanços patrimoniais, a reduzida taxa de retorno dos rendimentos de renda fixa prejudicou ainda mais o orçamento das famílias. Esse foi um dos fatores do baixo crescimento nos anos seguintes à Grande Recessão.

No entanto, o Fed se recusava a enxergar assim. Ao perceber que não houvera crescimento, intensificou os programas de recompra de títulos, saltando da QE1 para a QE2, depois fazendo uma transição mais suave para a QE3 quando seu balanço patrimonial bateu nos 4,5 trilhões de dólares. Lembre-se: estamos falando do balanço patrimonial do Fed. Não é a mesma coisa que a dívida nacional, aquela mostrada no enorme relógio digital situado no Bryant Park, em Manhattan, idealizado por Seymour Durst, magnata do setor imobiliário, e cujos números subiam em uma velocidade de tirar o fôlego. Os Estados Unidos estavam emitindo aproximadamente 1 milhão de dólares por minuto. Quando a administração de Obama ocupou a Casa Branca, em 2009, a dívida nacional se mantinha confortavelmente em torno de 10 trilhões de dólares, exatamente 68% do PIB; ao fim do ano fiscal de 2014, ela havia subido para 17,8 trilhões de dólares, 101% do PIB. Era a primeira vez desde a Segunda Guerra Mundial que os Estados Unidos deviam mais dinheiro do que a economia produzia.

Em 2016, último ano de Obama na presidência, o viço otimista de oito anos atrás tinha dado lugar ao abatimento, e os cabelos negros de antes agora estavam grisalhos. O país estava em apuros. A perda de empregos, a enorme dívida e a divisão política não eram os únicos problemas. Havia uma terrível epidemia de drogas tirando a vida de muitos americanos, principalmente no Cinturão da Ferrugem. Eram tantos trabalhadores desempregados ou subempregados morrendo de overdose, suicídio ou doenças relacionadas ao álcool que a expectativa de vida estadunidense, após décadas de aumento consistente, começou a diminuir. Anne Case e Angus Deaton, docentes em Princeton, cunharam o famoso termo "mortes por desespero" para descrever a nova tendência. Em seu estudo "The Economic Underpinnings of the Drug Epidemic" [Os fundamentos econômicos da epidemia de drogas], de 2020, o professor Nathan Seltzer demonstrou que a perda de postos de trabalho na indústria prediz uma parcela substancial de mortes por overdose de drogas ou opioides tanto para homens quanto para mulheres. Se olharmos para o mapa dos empregos fabris nos Estados Unidos, veremos que ele coincide quase perfeitamente com as taxas de overdose por drogas.

TOME NOTA, INVESTIDOR

De que forma a QE eleva ações e títulos de dívida

A liquidez de mercado é um dos fatores que mais influenciam a subida ou descida do preço das ações. O aumento da liquidez significa mais dinheiro nos mercados financeiros, e esse dinheiro deságua em ações e títulos. Por outro lado, removendo-se liquidez, o dinheiro escoa dos mercados, o que costuma pressionar os preços de ações e títulos.

E como o Fed faz para adicionar ou subtrair liquidez no mercado? Quando compra um título, o Fed o retira da mão de investidores em troca de dinheiro e então o mantém depositado em sua conta até a data de vencimento. Essa negociação injeta liquidez no mercado, pois o investidor precisa realocar o dinheiro. Assim, quando o Fed compra trilhões de títulos do Tesouro dos Estados Unidos, o que acontece no programa de QE, os investidores ficam com trilhões em mãos. O Fed, por sua vez, fica com uma pilha de títulos sem risco que já não estão disponíveis aos investidores. Estes precisam comprar novos títulos com a liquidez obtida a fim de substituir os comprados pelo Fed. No entanto, a compra de tantos títulos pelo Fed faz a rentabilidade ficar tão baixa que deixa de satisfazer ao mínimo requerido pelos investidores.

Diversos investidores institucionais, como fundos de pensão ou seguradoras, precisam comprar ativos de renda fixa de baixo risco com taxa de retorno mínima. Esses investidores vão atrás de títulos com um retorno adequado e acabam comprando títulos privados com boa classificação de crédito. Isso exerce pressão sobre esses títulos e pode gerar sua escassez. Assim, cria-se uma escala flutuante que força os investidores a comprar classes de ativos que de outra forma eles não precisariam considerar. É uma dinâmica que derruba a rentabilidade nos mercados de renda fixa, e rentabilidades mais baixas normalmente geram surtos de alta nos preços das ações, já que estas se tornam mais atrativas do que os títulos. Outra consequência é que as empresas bem capitalizadas passam a emitir títulos de dívida com taxas de juros artificialmente baixas e a utilizar os recursos para recomprar as próprias ações. Vejamos o exemplo da Apple: desde 2012, a empresa já emitiu 130 bilhões de dólares em títulos de dívida para pagar parte dos 500 bilhões de dólares em recompras de ações.

Não para por aí. O Fed mesmo possui pouquíssimo caixa em seu balanço patrimonial e, assim, compra ativos com crédito criado em bancos comerciais. Ou seja, se o Fed compra 100 bilhões de dólares em títulos do Tesouro, as reservas dos bancos comerciais se elevam em 100 bilhões de dólares. Uma vez nos balanços patrimoniais dos bancos comerciais, tais reservas são usadas para comprar mais ativos. Desde 2008, as regulações se tornaram mais rigorosas quanto aos ativos que os bancos podem reter no balanço patrimonial, que se limitam àqueles mais seguros, principalmente títulos do Tesouro. Pois é o que os bancos fazem: compram mais títulos públicos. Em outras palavras: sempre que o Fed compra grandes quantidades de títulos, cria ativos nos bancos comerciais com os quais estes também compram títulos do Tesouro, de modo que a compra de títulos carrega um duplo efeito negativo.

Entre 2024 e 2026, 2,9 trilhões de dólares em títulos de dívidas de empresas estadunidenses (incluindo títulos de alta rentabilidade, títulos com boa classificação de crédito e empréstimos alavancados) vão vencer. Se a política de "taxas mais altas por períodos mais longos" for mantida pelo Fed, essa dívida colossal precisará ser renegociada a rentabilidades muito mais elevadas. O cenário será caótico, com empresas zumbis e um ciclo de inadimplência épico. Lembre-se de que boa parte da dívida foi emitida entre 2020 e 2021, quando a rentabilidade dos títulos se achava consideravelmente mais baixa. Um exemplo bastante ilustrativo é o título AAPL 2,55% da Apple, com vencimento em 2060; em 2020, ele foi vendido aos investidores ao par (isto é, a 100% do valor nominal) e, em 2023, foi negociado a 60 centavos de dólar. É bom os investidores ficarem de olhos bem abertos.

O Goldman Sachs se debruçou sobre os dados para analisar a disparidade na força de trabalho estadunidense e observou que a taxa de participação da população no auge da idade ativa (isto é, a porcentagem de homens e mulheres de 25 a 54 anos na força de trabalho) era mais baixa do que na maioria das outras economias avançadas. Alan Krueger, que foi um dos integrantes do Conselho de Consultores Econômicos de Obama, documentou que quase metade dos homens no auge da idade ativa que estava fora da força de trabalho consumia analgésicos diariamente, e aproximadamente 20% relatavam problemas de saúde. Tão alarmante quanto é o fato de que a taxa de participação das mulheres no auge da idade ativa está empacada nos Estados Unidos desde 2008, ao passo que em outras economias avançadas ela se mantém crescente.

Ao longo dos últimos dez anos, mais de um bilhão de iPhones foram produzidos nas fábricas chinesas movidas a carvão mineral. Exportar a culpa ecológica para a China e, ao mesmo tempo, prejudicar as perspectivas de emprego no Cinturão da Ferrugem, criando condições desiguais para as empresas americanas, não faz muito sentido. É um caminho insustentável e cujas consequências políticas são consideráveis. Ainda que seja uma meta louvável, a redução de carbono é impossível se a China não assumir uma conduta mais ativa e construtiva. Em 2022, o país ergueu seis vezes mais novas usinas a carvão do que o restante do mundo combinado. Também deu continuidade à "farra de licenças" para usinas do tipo, iniciada em 2022, que autorizou a geração de mais 52 gigawatts (GW) de energia no primeiro semestre de 2023, segundo relatório do Observatório Global de Energia (GEM, na sigla em inglês) e do Centro de Pesquisa em Energia e Qualidade do Ar (Crea, na sigla em inglês). Isso pode fazer a capacidade de energia a carvão aumentar entre 23% e 33% a partir de 2022.

As empresas e os consumidores estadunidenses, mais do que de qualquer país desenvolvido, receberam de braços abertos os importados de pouco valor, especialmente os fabricados na China. Enquanto boa parte dos países desenvolvidos tem políticas que protegem as indústrias e trabalhadores internos contra essa concorrência brutal, Wall Street e os políticos norte-americanos só tiveram olhos para os efeitos deflacionários das importações de pequeno valor. Inflação baixa é igual a juros baixos, que sustentaram os preços de ações e títulos lá em cima e permitiram a Washington financiar déficits cada vez maiores. Vai ficando mais claro que o preço pago foram milhões de empregos e oportunidades perdidos, uma década de estagnação secular e centenas de milhares de mortes desnecessárias.

Entre 2008 e 2016, a dívida pública estadunidense não simplesmente aumentou: quase dobrou, de 10 trilhões de dólares para 19,5 trilhões. Enquanto a classe média era assolada pela globalização e perdia poder de compra, o dinheiro atravessava os oceanos na forma de déficits comerciais e retornava para Wall Street com a compra de títulos. A desigualdade fez dos Estados Unidos uma sociedade em que "o de cima sobe e o de baixo desce": enquanto as grandes corporações podiam tomar empréstimos a juros ligeiramente mais altos do que a taxa básica do Fed, os pequenos empresários, que são a alma da economia real, eram espoliados pelos bancos locais com empréstimos com taxas de 6% ou 7% ou então pelas bandeiras de cartão de crédito, com taxas de juros de 18%. Era impossível competir. Entre 2007 e 2019, a dívida das empresas com melhor classificação de crédito – isto é, as companhias maiores e mais seguras – cresceu mais de 3,7 vezes, algo em torno de 4,5 trilhões de dólares. Em comparação, os títulos de alta rentabilidade, aqueles que financiam pequenas e médias empresas, cresceram apenas 1,6 vez. O crédito barato possibilitou que colossos como Amazon, Home Depot e Starbucks tomassem empréstimos quase sem custo e usassem o dinheiro para dizimar os pequenos negócios.

Graças ao minúsculo custo do capital, as maiores empresas tiveram à disposição mais um mecanismo para fazer valer sua vantagem: a recompra de ações financiada por dívidas baratas. Quando uma empresa compra de volta ações dela mesma, reduz a negociação de ações no mercado aberto, o que eleva seu preço. Os investidores adoram, já que veem o valor de suas carteiras de investimentos aumentar e, diferentemente do que ocorre com a renda de dividendos, não precisam pagar impostos sobre esse ganho até a venda. Em 2009, antes da era de estagnação secular e taxas de juros zeradas, as empresas listadas no S&P 500 gastaram, coletivamente, 137 bilhões de dólares em recompra de ações. No ano seguinte, o número mais do que dobrou para 285 bilhões de dólares. Em 2012, atingiu mais de 500 bilhões de dólares e não ficou abaixo dessa marca pelo resto dos anos 2010.

Os pequenos negócios estavam sendo derrotados pelos fortões não só por causa da enorme desconexão nas taxas de juros, mas também porque o capital de investimento desejava estar onde estavam as recompras de ações. A maioria das recompras durante os anos 2010 se deu nos setores de tecnologia e de finanças, ampliando ainda mais o abismo entre o sistema que se alimentava da estagnação secular e a economia real. No total, o excesso de dívida e de alavancagem baratas autorizado pelo Fed proveu 5 trilhões de dólares para recompras ao longo dos anos 2010. E ninguém está fazendo a pergunta mais importante: em que medida as dívidas e os financiamentos baratos, com o ritmo insustentável de recompra de ações que geram, estão distorcendo o valor do S&P 500?

De acordo com nossos amigos do *The Wall Street Journal*, a margem de lucros desfrutada pelas cem maiores empresas disparou de 52% em 1997 para impressionantes 84% em 2017 e para quase 90% em 2020.

A economia da estagnação secular – talvez o arranjo inteiro desde o fim da Guerra Fria – só não estava funcionando mesmo para os trabalhadores fabris do Cinturão da Ferrugem, para os pequenos empresários e seus empregados e para a classe média.

Havia outra questão. O Banco Central Europeu vinha comprando mensalmente bilhões de euros em títulos de dívida, ao passo que o Fed começou a adotar um tom mais agressivo, ameaçando aumentar as taxas de juros, o que provocou um rápido fortalecimento do dólar em relação a outras moedas. Um dólar mais forte é uma coisa boa para os Estados Unidos, certo? Errado. Como vimos no Capítulo 2, foi o que acabou com a competitividade da indústria americana porque tornou seus produtos muito caros para os outros países. Em decorrência dessa dinâmica, os Estados Unidos perderam mais cinquenta mil postos de trabalho na indústria em 2015 e 2016.

Segundo o Banco de Compensações Internacionais, o tamanho da dívida denominada em dólar fora dos Estados Unidos, tanto governamental quanto privada, dobrou para algo próximo de 13 trilhões de dólares entre 2010 e 2020 e atingiu um nível mais do que seis vezes maior do que em 2000. O mundo estava completamente abarrotado de crédito e, sempre que o valor do dólar aumentava, esse crédito se tornava mais caro para cobrir as despesas financeiras e onerava mais os balanços patrimoniais. Se o Índice do Dólar Americano (DXY) se desloca 10% para cima, uma dívida de 1 bilhão de dólares nos mercados emergentes se transforma em 1,1 bilhão de dólares, ou seja, o movimento de ascensão do dólar americano se torna muito mais destrutivo e ainda mais deflacionário. De fato, o Fed passou a ditar a política monetária para o mundo inteiro e o dólar americano fortalecido virou uma bola de demolição global. Aproximadamente 40% da receita do S&P 500 é gerada fora dos Estados Unidos e, de novo, um dólar forte torna mais caros os produtos estadunidenses.

Logo após o Fed assumir um tom mais agressivo, a produção industrial mundial afundou, provocando uma recessão nas receitas globais e um corte de quase 20% no valor das ações. O cenário impeliu o Banco Popular da China a depreciar a moeda chinesa no verão de 2015 – lembre-se de que a China indexa sua moeda ao dólar, de modo que, quando este sobe, o yuan faz o mesmo movimento. Ao depreciá-la, a China se manteve competitiva, enquanto a produção industrial estadunidense definhou.

A esperança por mudanças foi se enfraquecendo, e o Partido Democrata se achava às vésperas de perder a eleição presidencial de 2016 para um personagem político muito peculiar. Ele vivia em um apartamento que mais parecia o covil do rei Midas, em um arranha-céu na Quinta Avenida, em Nova York, que carregava seu nome. É possível que tenha sido o menos diplomático dos homens na história da política, mas o fato é que tocou na ferida dos americanos. Ele anunciava que pretendia gerar empregos em vez de entregá-los a outros países; ele odiava ler sobre as mortes por abuso de drogas naquelas que outrora foram as capitais industriais dos Estados Unidos e estava determinado a pôr um fim nelas; e ele alardeava que peitaria a China e restabeleceria a posição dos Estados Unidos no comércio internacional.

Os pequenos empresários e os fartos cidadãos estavam dispostos a apostar as fichas em algo novo. E havia mesmo uma parcela considerável dos beneficiários das políticas do Fed das últimas décadas, o 1%, que não via a hora de ter juros mais baixos e regulamentações mais frouxas.

TOME NOTA, INVESTIDOR

As recompras de ações corporativas constituem a maior fonte de procura de ações americanas

As companhias listadas no S&P 500 compram, em média, de 600 a 800 bilhões de dólares por ano em ações próprias. Esse comportamento, que ganhou popularidade na virada do século XXI, se baseia na ideia de que, uma vez que não haja retornos melhores para seus investimentos, as empresas devem usar o capital para recomprar as próprias ações.

Se o Fed suprime o custo do capital por períodos muito longos, o capitalismo deixa de funcionar corretamente e se transforma em um sistema de duas classes, em que a facilidade de contrair dívidas dá às maiores empresas vantagens imensuráveis.

Recompra de ações no S&P 500 (por semestre)

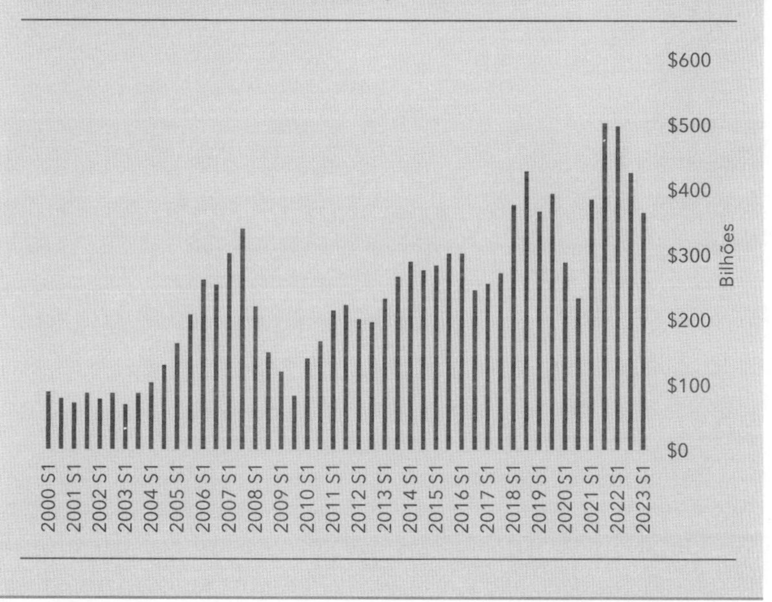

4

O NOVO CONSENSO DE WASHINGTON

Em 1975, Steven Spielberg dirigiu *Tubarão*, um blockbuster sobre um tubarão assassino que aterroriza os banhistas em uma versão fictícia de Martha's Vineyard, ilha na Costa Leste dos Estados Unidos. Eu cresci em Cape Cod, bem perto de Vineyard real, ou seja, mais familiar impossível, e mesmo assim o filme não me causou grandes sustos. Inclusive, nunca houve tubarões assassinos em Vineyard, Cape Cod ou qualquer lugar próximo. Aliás, nunca conheci ninguém que tenha visto um tubarão, ao menos não em Massachusetts. Ao longo de todo aquele verão, eu entrei e saí do mar incontáveis vezes, sem a menor hesitação. Anos depois, fiquei sabendo que em 1936 houve um ataque fatal de tubarão, mas fora tanto tempo atrás que ninguém ligava.

Eis que em 2018 as coisas mudaram, pois a poucos metros da costa de Cape Cod um tubarão-branco atacou um homem de 61 anos, o neurologista William Lytton, de Scarsdale, Nova York. O homem foi transportado de avião para Boston, onde os médicos precisaram fazer uma transfusão de quase sete litros de sangue para salvá-lo. Três semanas depois, um tubarão-branco matou o estudante brasileiro Arthur Medici, de 26 anos, que surfava na costa de Wellfleet, uma idílica cidade praieira na Reserva Litorânea Nacional de Cape Cod, famosa pelas casas de ostra. A morte de Medici sem dúvida espalhou o terror na região, mas o pânico com ataques de tubarão já tomava forma desde 2014, ano em que outro tubarão-branco derrubou duas mulheres de um caiaque em Plymouth.

Afinal, o que causou o descontrole no problema dos tubarões em Cape Cod? O que pesou sobre a balança da natureza para fazer com que o número de diferentes tubarões detectados por ano na região saltasse de onze para 132 entre 2013 e 2021? O que transformou o *Tubarão* de Spielberg de ficção improvável em corriqueiras manchetes nos jornais?

Foi uma questão de governança, talvez até bem-intencionada, porém mal concebida. Em 1972, o Congresso dos Estados Unidos aprovou a Lei de Proteção aos Mamíferos Marinhos, que protegia todos os mamíferos dos oceanos americanos, incluindo as focas, que por um acaso do destino eram o alimento preferido dos tubarões-brancos. Em 1997, os legisladores decidiram incluir os tubarões entre as espécies protegidas na maioria das águas federais; oito anos mais tarde, os tubarões passaram a ser protegidos nas águas estaduais de Massachusetts também. As alterações legislativas ofereceram tanto aos tubarões quanto a suas fontes de alimento imunidade contra importunações e captura, uma novidade maravilhosa para eles, porém prejudicial e potencialmente mortífera para os banhistas de Massachusetts. Os políticos não tinham a menor ideia de que uma legislação voltada à proteção da vida marinha acabaria por soltar o animal mais temido do mundo no meio das pessoas. Com uma ou duas canetadas, o Congresso e os políticos estaduais inadvertidamente converteram Cape Cod no equivalente americano de Gansbaai, na África do Sul, onde ficam as águas mais infestadas por tubarões.

Este não é um capítulo sobre tubarões, oceanos ou Cape Cod, mas conta a história das consequências não intencionais e terrivelmente perigosas que uma visão ingênua e simplista de política pública provocou nos mercados financeiros dos Estados Unidos. Os trilhões que Bernanke despejou para ajudar os mercados durante os cinco anos de vigência da QE viraram um modelo de conduta para os bancos centrais da Europa Ocidental e dos Estados Unidos. E o que acontece quando se suprime a volatilidade por tantos anos e os bancos centrais saem ao resgate ao primeiro sinal de alerta? Os mercados são tomados por uma enganosa sensação de segurança, o que atrai os investidores para águas perigosas.

Um espectro ronda as profundezas do mercado

No começo de 2016, os mercados mais uma vez se achavam em alerta vermelho, em especial o de títulos de alta rentabilidade. Janet Yellen, presidente do Banco Central dos Estados Unidos, somou forças com seus colegas europeus, japoneses e chineses para dar uma resposta. Por meio do que ficou conhecido como Acordo de Xangai, eles realizaram mais uma rodada de incentivo monetário e prometeram publicamente que não aumentariam mais os juros.

A volatilidade foi perdendo força e os mercados entraram numa nova fase de alta, isto é, até a primavera seguinte, quando o Reino Unido aprovou sua saída da União Europeia e abalou os mercados mais uma vez. Porém, já no primeiro dia, o Banco da Inglaterra resolveu descer ao inferno e, munido de um extintor, anunciou um gigantesco programa de compra de títulos. O gesto imediatamente pôs fim às chamas e à agitação dos investidores, e os mercados rapidamente se recuperaram. No entanto, se os bancos centrais sempre suprimem a volatilidade, impedindo as correções naturais do mercado com um bote salva-vidas aos primeiros sinais de problema, os profissionais do mercado financeiro aprendem uma coisa rapidinho: como ficar ricos. Por outro lado, as histórias de maquinação contra os mercados costumam terminar em lágrimas.

Durante um fim de semana no verão de 2017, Robbert van Batenburg, colaborador do *Bear Traps Report*, me explicou as nuances da negociação de volatilidade, assim como os riscos que decorrem de sua popularização. Robbert e eu nos tornamos grandes amigos quando trabalhamos juntos na mesa de macroeconomia global do Société Générale; ele tem um cérebro afiadíssimo, está sempre trajado com ternos sob medida e apresenta traços angulosos como os de Willem Dafoe. Era um dia que raramente ocorre em julho: a brisa oeste soprava sobre a cidade e afastava o calor opressivo do verão. Combinamos de nos encontrar no calçadão e dali ir para o Grand Banks, um restaurante de ostras que fica no convés de uma antiga escuna chamada *Sherman Zwicker*. No esplendor do verão, não há outro lugar para estar que não seja o rio Hudson, mesmo que você não se atreva a sair do píer.

Um dos principais consultores de mercado dos maiores bancos franceses sediados em Nova York, Robbert havia migrado dos Países Baixos para os Estados Unidos aos 20 e poucos anos e lutou para se tornar um consultor de mercado influente nos maiores bancos franceses em Nova York. Ele desenvolvera o talento de cultivar ótimas relações com clientes institucionais, cuja confiança conquistava com seu charme europeu, as perguntas certas e percepções de cair o queixo.

Encontrei-o no passadiço – Robbert sempre estava uns minutos adiantado. Pegamos dois assentos no balcão, pois o restaurante estava lotado, mas ainda assim o barulho era civilizado, atenuado pela brisa que vinha do Estreito de Tarrytown.

"Larry, nosso trabalho consiste em pegar um fragmento de informação e estofá-lo com evidências que o corroborem. Esse mosaico investigativo é a razão de nossa vida", disse Robbert com seu sotaque holandês, muito embora houvesse afiado o inglês em Columbia, onde obtivera o mestrado em finanças internacionais. "Tem uma bomba-relógio nos mercados. A popularidade dos ETFs voláteis cresceu muito nos últimos anos, só que há um problema: as estratégias de volatilidade são um ponto cego no mundo dos investimentos, a mídia quase nunca as nota."

TOME NOTA, INVESTIDOR

Estratégias de volatilidade: um negócio arriscado

A maioria dos investidores pessoas físicas só escuta sobre o conceito de volatilidade na CNBC em meio a alguma violenta correção do mercado. O índice de volatilidade, conhecido como VIX, é a principal medida do grau de agitação das águas acionárias. Numa analogia com a severidade das tempestades, um VIX acima de 30 seria um ciclone de nível 3 e, acima de 40, um violentíssimo ciclone de nível 5. Para uma pessoa que detém um ETF volátil durante uma grande retração no mercado de ações, os retornos podem ser de 30% a 60%; é tudo uma questão de ponto de entrada e de timing. Quando alguém diz que está em uma posição comprada em volatilidade, quer dizer que está apostando em um movimento de queda no mercado de ações, o S&P 500.

Imaginemos que o ano foi bom e, quase em setembro, sua carteira de investimentos cresceu 15%. Uma maneira de proteger os ganhos é vender alguns de seus ativos, porém, há um problema: com isso, você cria um evento tributário, pois há ganhos de capital e, como bem sabemos, o governo precisa de receita.

Uma alternativa para proteger parte de seus ganhos sem que a tributação sobre eles seja enorme é comprar um ETF volátil. Já que teve um ganho de 15%, por que não usar 2% dos lucros para salvaguardar seu suado dinheiro?

Fora de períodos de acentuado declínio no mercado, a volatilidade costuma ser bem-comportada e geralmente compõe uma faixa de negociação bem restrita; nesses períodos, a maioria dos investidores lhe dá pouca atenção, e os consultores de investimento e corretores a utilizam para gerar alguma renda extra para seus clientes por meio da venda de opções. Aquele que está vendendo volatilidade é a "casa", o cassino. Uma vez que os investidores desejam pagar por seguro, quando você vende volatilidade, pode colher ótimos frutos desde que o mercado se mantenha calmo. Nesse caso, você está em uma posição vendida contra o VIX.

Opções podem ser compradas ou vendidas em índices como S&P e Nasdaq ou em estoques individuais e o preço delas tem um prêmio de volatilidade incorporado. Se o estoque ou o índice estiver muito volátil, o prêmio será bastante alto. Já em um mercado disciplinado, o prêmio de volatilidade é baixo, porém a venda continua válida para coletar renda caso o corretor considere que a volatilidade se manterá estável em curto prazo. Além disso, sempre que um estoque ou índice está na expectativa de um acontecimento importante, como o anúncio de um relatório de rendimentos ou uma decisão do Fed sobre a taxa de juros, a volatilidade tende a se elevar; contudo, assim que o relatório é publicado ou a reunião termina, o prêmio de volatilidade cai e o vendedor das opções embolsa o prêmio. Trata-se aqui de estratégias de baixa volatilidade, das quais os investidores podem lançar mão também por meio de ETFs de volatilidade inversa, como o ETF ProShares Short VIX Short-Term Futures (SVXY) ou o ETF −1× Short VIX Futures (SVIX). Quando a volatilidade cai, tais ETFs sobem. No entanto, como vimos no começo de 2018, se o mercado entra em um *sell-off* violento, esses ETFs podem perder boa parte do valor rapidamente.

Um exemplo de estratégia de volatilidade longa seria comprar opções cujo preço subirá se a volatilidade atingir um pico. Ou, então, os investidores podem comprar ETFs de volatilidade longa, como o ETN iPath Series B S&P 500 VIX Short-Term Futures (VXX) ou o ETF ProShares Ultra VIX Short-Term Futures (UVXY). O problema com esses é que são atrelados a um contrato futuro com o VIX, já que, por ser um índice, o VIX não negocia diretamente. Como o ETF essencialmente retém os futuros mais próximos do vencimento, precisa rolar mensalmente os ativos para o futuro do VIX do mês seguinte. O resultado é que o ETF perde alguns dos ativos mês a mês devido ao "rolamento", o que o torna menos rentável ao longo do tempo se o mercado permanecer estável. Sendo assim, a maioria dos investidores utiliza tais ETFs para se proteger contra um *sell-off* inesperado. Do contrário, para lucrar com os ETFs de longa volatilidade, os investidores devem estar quase certos de que haverá uma correção de mercado muito em breve; se não houver, eles ficarão presos a ETFs cujo preço cai a cada dia. Nunca, jamais esqueça que, quanto aos ETFs alavancados, você só deve tomá-los emprestados por breves períodos, e jamais possuí-los, pois o custo de rolar contratos futuros é extremamente oneroso em longo prazo.

Enquanto bebíamos nosso vinho branco gelado e observávamos os marisqueiros abrindo as ostras, Robbert descreveu um cenário que fez os pelos de minha nuca se eriçarem: "O mercado está dominado por geeks, em sua maioria *quants* franceses. O sistema de educação francês é extremamente cartesiano e não para de produzir matemáticos; os melhores vão parar nos departamentos de derivativos de bancos e fundos de hedge em Londres ou Manhattan, onde o único foco deles são estratégias de volatilidade e outros esoterismos".

Uma travessa com ostras frescas sobre uma cama de gelo foi servida diante de nós. Era acompanhada de limões e molho *mignonette*, que eu nunca uso; gosto da maresia, do aroma do oceano, da nata do molusco. Para mim, ostras sempre foram o licor dos mares. Não é preciso ácido.

"Há quanto tempo você trabalha com bancos franceses?"

"Uns dez anos, provavelmente... Treze, se você contar o BNP Paribas."

Desde então, Robbert se vinculara a um dos maiores especialistas em arbitragem de ETFs da nova estirpe de negociadores do mercado. Estrategista de primeira, ele tinha uma visão privilegiada das mesas de negociação da empresa e por isso mesmo estava em choque com o que havia se passado com a volatilidade, ou o VIX – conhecido hoje em dia como "índice do medo".

"Você e eu sabemos que a volatilidade mede quanta incerteza existe sobre o preço futuro do ativo subjacente", falou. "Se a incerteza aumenta, a volatilidade aumenta e as ações caem. Quando a incerteza é muito grande, como aconteceu na crise do Lehman, a volatilidade fica extremamente alta. Graças a Wall Street, com o VIX, ficou mais fácil estimar a volatilidade. O índice normalmente fica entre 10 e 15, mas naquela catástrofe, por exemplo, chegou a 90, um nível extremo que nunca tinha sido visto."

Ele continuou: "Você lembra do pico que o VIX atingiu no episódio do Lehman... Claro que lembra, você estava lá. No dia em que bateu 90, eu honestamente pensei que o mundo estava prestes a colapsar".

"O meu mundo colapsou, pode ter certeza."

"O nosso. Meu ponto é: levou quase seis anos para aquela volatilidade se acalmar. Se para os investidores pessoas físicas isso é um pesadelo, para os traders de opções foi o nirvana, já que essa volatilidade encarece as opções."

"É louco pensar que as feridas do Lehman sangraram até 2014", comentei.

"Pois é, meu amigo. O VIX levou seis anos para retornar ao nível médio de 15. E isso com os bancos centrais do mundo inteiro amparando os mercados. Só que agora os investidores mais astutos estão vendendo volatilidade a torto e a direito, hoje mais do que nunca."

"Por que seria uma bomba-relógio? Os mercados estão tão tranquilos, por que esses investidores vão ser comidos vivos?"

Robbert pegou uma ostra e, com a habilidade de quem cresceu no litoral norte europeu, a tirou da concha e mastigou. "Será preciso explicar algumas coisas, mas, em resumo, operar vendido em volatilidade se tornou uma das negociações mais abarrotadas do mundo. Essas pessoas estão se afundando em ETFs de volatilidade inversa, como o ETN VelocityShares Daily Inverse VIX short-term (XIV) ou o ETF ProShares Short VIX Futures (SVXY)."

"Você acha que uma hora os bancos centrais vão pôr fim a toda essa ajuda?"

Ele ajeitou as conchas vazias na travessa, com a parte oca virada para o gelo. Uma rajada de ar atravessou o restaurante. Duas mulheres logo alcançaram seus xales e cobriram os ombros.

Robbert pigarreou e tomou um gole de água. "Não é disso que se trata exatamente. O problema é o tanto de dinheiro que está se acumulando nesses ETFs que apostam na baixa volatilidade. Cara, eles estão tão populares quanto as bonecas Repolhinho nos anos 1980. Consultores financeiros, gestores de fundos, não tem uma pessoa que não esteja gerando renda extra a pretexto de estratégia de aumento de rentabilidade."

Ao escutá-lo, não consegui não sentir certa raiva de tamanha ajuda ao mercado. Talvez eu não passasse de um convicto defensor do capitalismo de livre mercado mais *laissez-faire* possível, mas o tanto de dinheiro que havia sido injetado nos mercados era de dar náuseas. "É o que acontece quando se tem juros artificialmente baixos, não é? Eles convencem as pessoas a se aventurar em produtos dos quais elas não deveriam nem chegar perto."

"Exatamente", disse Robbert, os olhos cintilando de horror por saber que o mercado estava prestes a se chocar contra um muro sólido. "Acho que uns 90% dos compradores não fazem a menor ideia dos riscos. E tem outras forças que precisam ser consideradas. Os fundos passivos e os fundos quantitativos são monstruosos hoje, eles constituem cerca de 70% das negociações realizadas diariamente no mercado acionário, todos os dias comprando o mercado com os tais preços médios ponderados por volume, suprimindo ainda mais a volatilidade. E o negócio se retroalimenta, é um ciclo vicioso de feedback.

"Com esse volume de compras indiscriminadas pelos investidores passivos, aumenta a pressão sobre a volatilidade, que, quando cai, faz com que os investidores passivos aumentem mecanicamente sua exposição a ações.

"Larry, não estou falando de um punhado de fundos extras se lançando nessas estratégias. A venda de volatilidade é muito maior. Em questão de dois anos, os ativos contidos nesses ETFs sextuplicaram. Absolutamente todos os investidores estão vendendo volatilidade e coletando prêmios. Está aí o motivo por que o SVXY, um ETF minúsculo, inócuo, que nunca apareceu nas notícias, subiu 600% nos últimos quinze meses. Somando fundos de hedge e estruturas de opções, calculo que tem uns 2 trilhões de dólares de capital ligados a estratégias que apostam na baixa volatilidade hoje."

Por um instante, observei a paisagem que cercava o restaurante e me perguntei quantas posições vendidas em volatilidade nos cercavam ali. Por cima do ombro de Robbert, avistei o arranha-céu espelhado que simbolizava o poderio financeiro norte-americano, a Freedom Tower, pairando acima do Battery, bairro vizinho a Wall Street.

Naquele verão de 2017, os enormes cortes nos juros tinham deixado os mercados em êxtase e o S&P não parava de subir. No fim, houve apenas três dias de pregão nos quais o S&P 500 fechou com queda maior do que 1%, algo que nunca tinha acontecido na história do mercado acionário.

"Negociar tem sido a coisa mais mamão com açúcar do mundo!", exclamou Robbert. "Mas a fera que habita o mercado está à espreita, escondida nas sombras. Não vou mentir, isso me deixa desconfiado."

"Você acha que os mercados vão entrar em *sell-off*? Não vejo como isso pode acontecer."

"É aqui que a coisa fica complicada", respondeu ele. "Tem a ver com *vega*, uma palavra grega maluca que só umas cinco pessoas em Wall Street sabem o que é. O *vega* estima o tamanho da mudança no preço de uma opção em reação a uma alteração de 1% na volatilidade. Ou seja, o *vega* diz quanto o preço de uma opção vai mudar se houver uma mudança no grau de incerteza das pessoas a respeito do preço futuro do ativo subjacente. Por exemplo, se a incerteza aumenta e a volatilidade sobe 1%, o preço de uma opção com *vega* alto vai sofrer um aumento maior do que o preço de uma opção com *vega* baixo.

“É preciso ficar atento ao tal do *vega*. É ele que vai dizer quando a fera vai sair das sombras e, tal qual um espectro, surpreender os investidores.”

Dei um gole no vinho e cuidadosamente depositei a taça de volta no balcão.

“O VIX tem negociado perto dos 10 já faz algumas semanas”, continuou Robbert. “Entretanto, se algum evento completamente inesperado atingir o mercado, o índice pode passar de 10 para 18 facilmente. Sim, são apenas três pontos acima da média, de 15, um nível ainda modesto, mas, e em porcentagem, de quanto foi o aumento?”

“Dez para 18? De 80%.”

“Exato, um aumento de 80%. Imaginemos agora um cenário mais extremo: uma queda de 3,5% no S&P 500. Hoje isso representa um salto de 12 pontos no VIX, ou seja, 120%. Ainda assim, estamos falando de um VIX de 22, bem distante de um Lehman ou coisa assim. Pois é o movimento na porcentagem que determina o risco *vega*, e não a quantidade de volatilidade.

“E aí que a matemática vai acabar com qualquer um que esteja vendido em volatilidade. Se você está vendido em volatilidade, então está vendido em *vega*. E neste momento a quantia de *vega* em ETFs de VIX inverso equivale a 200 milhões de dólares. Os gerentes desses ETFs são como os *bookmakers* das corridas de cavalo, precisam ajustar o risco diariamente. Se o VIX tiver um pico de 1 ponto percentual, eles têm de comprar 200 milhões de dólares em futuros VIX para mitigar a exposição. Contudo, se acontecesse um pico grave, como o de 12 pontos que acabei de mencionar, eles teriam de comprar 70 mil futuros VIX para compensar o risco. Sabe quanto dá 70 mil futuros desses? Trinta e sete bilhões de dólares. Você consegue imaginar o que é estar vendido nesse tanto? Nem de longe existem tantos futuros VIX disponíveis para esse nível de hedging. O mercado vai virar um cemitério.”

“Que loucura”, falei, relembrando a quebra dos mercados em 2008. A memória da liquidez secando, sem que ninguém conseguisse uma saída, é algo que me atormentará para sempre. “O mercado vai ser esmagado, não vai?”

“Não há o que fazer.”

"Meu Jesus", murmurei, quase sem acreditar que mais uma vez um risco tão intenso pudesse estar escondido nos mercados.

"E sabe o pior? Os ETFs VIX não são os únicos operando vendidos em *vega* em grandes cifras. Os fundos de hedge estão operando vendidos em *vega* em mais 250 milhões de dólares. Estão todos vendidos em volatilidade, sedentos por rendimentos. Até aqueles investidores ordinários estão vendidos em 700 bilhões de dólares de opções atualmente. Só que todos eles estão essencialmente na mesma negociação, ignorando completamente a absoluta falta de liquidez que haverá caso a coisa fique feia para o mercado."

Atônito, fiquei pensando nos muitos investidores que marcharam despreocupados direto para o Vale da Morte.

"O que aconteceria se uma crise dessas se concretizasse?", perguntei após um tempo.

"Esses ETFs seriam varridos do mapa, assim como quem os possui."

Uma semana depois, publicamos um comunicado em que explicávamos os perigos de uma posição vendida em volatilidade. No entanto, o S&P 500 continuou funcionando em alta, dia após dia, até o fim do ano – na noite da virada, contava com uma valorização de 20%. O sombrio alerta que havíamos emitido para clientes no mundo inteiro estava nos fazendo parecer o menino que gritou "lobo!". O investimento passivo sempre me deixou com uma pulga atrás da orelha, especialmente por causa dos trilhões de dólares que desaguaram em ETFs passivos ao longo da última década; ainda assim, fiquei chocado com o que Robbert me explicou. Eu me perguntava se aquilo realmente aconteceria.

Até que, no começo de 2018, em uma manhã qualquer de janeiro, começou.

O dia da volatilidade final

Em 22 de janeiro de 2018, quarta-feira, um grupo de repórteres estava infiltrado no Salão Oval para ver o presidente assinar novas tarifas para máquinas de lavar e painéis solares asiáticos. Embora não fossem grandes tarifas, elas tinham como alvo a Ásia como um todo, e não apenas a China, o que gerara protestos e reclamações desta e da Coreia do Sul. Ainda assim, a novidade foi elogiada pelos trabalhadores americanos do setor siderúrgico e de eletrodomésticos.

Os mercados, contudo, tomaram o partido da Ásia. Pela primeira vez desde que Donald Trump pisara na Casa Branca, eles estavam raivosos. No dia 29 de janeiro, segunda-feira, a quebra teve início. A volatilidade, medida pelo VIX, o infame índice do medo, disparou 270% em um único dia. (Empiricamente, sempre que o mercado acionário sofre queda, o VIX apresenta alta.)

Foi um acontecimento assombroso, ninguém conseguia acreditar no que estava vendo. Seria uma repetição do 11 de Setembro? O colapso de outro Lehman? Não exatamente. Era um rali para cobrir posições descobertas, isto é, uma corrida frenética de vendedores descobertos para fechar suas posições, possivelmente a pior que já vi. Os mercados haviam se mantido tranquilos por tanto tempo que os investidores consideraram que a aposta mais segura era vender a descoberto – evidentemente, o presidente continuaria impulsionando os mercados *ad infinitum*. Só não contaram que a fera que habita o mercado odiaria que substituíssem cortes nos juros por tarifas.

Índice de volatilidade VIX

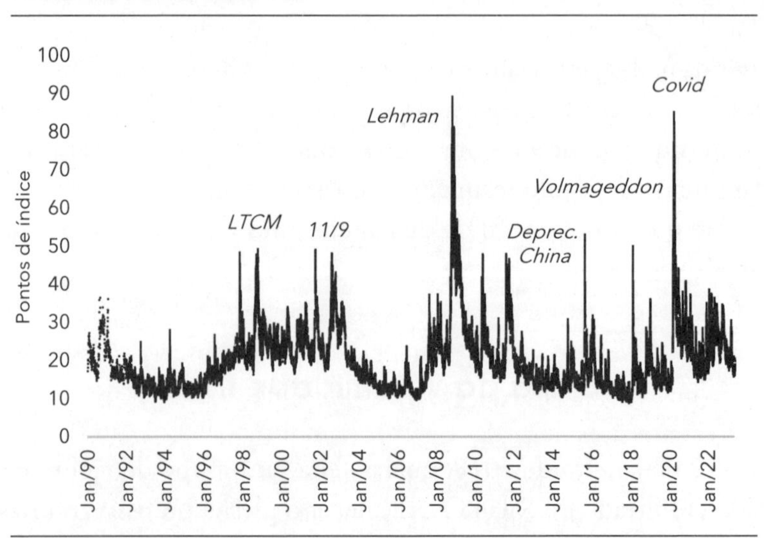

Todo mundo foi pego de surpresa, especialmente a armada de investidores que estava vendida a descoberto. Conforme mais investidores desfaziam suas posições, mais alto era o pico da volatilidade. Lembre-se: para fechar uma posição descoberta, você precisa comprar, e não vender. O detestável pico de volatilidade era como uma mola que ficou comprimida por catorze meses. Os gerentes de ETF VIX, em pânico, suplicavam por contratos futuros VIX enquanto os níveis de *vega* aniquilavam seus fundos. Ainda que tenham comprado cada futuro VIX que havia na Terra a fim de reequilibrar as carteiras, às 16 horas, horário de fechamento do mercado, eles compreenderam que era o fim; simplesmente não existiam os futuros necessários para suprir suas necessidades desesperadoras.

Na sequência, cada trader que apostou contra a volatilidade, sem exceção, foi atingido bem no meio da testa – e eram milhares deles, todos tentando desesperadamente se salvar. No entanto, os faturistas, os gerentes administrativos que emprestam aos traders o capital para negociar com alavancagem, já estavam fungando em seus cangotes como uma alcateia de leões e, na tarde de sexta-feira, 9 de fevereiro, todos os traders já tinham sido esfolados vivos. Os operadores de margem os removeram de suas posições, uma prerrogativa que eles têm quando a garantia dos traders está em risco de ser dizimada. A suprema negociação para aumentar rendimentos fora ceifada pela Morte. Cinco anos de ganhos devolvidos em uma única semana. É o que acontece quando sua estratégia de investimento equivale a pular na frente de um trem de carga para pegar uma nota de 1 dólar dando sopa no trilho. Aquelas duas semanas durante a primavera de 2018 serão para sempre conhecidas como "Volmageddon".

Por muitos meses depois, os mercados oscilaram para cima e para baixo em reação às diversas tarifas anunciadas por Trump ou a suas bravatas contra os importados chineses. De qualquer modo, a economia estava suficientemente sólida para absorver a fanfarrice que vinha do Salão Oval. Aos poucos, os mercados se acostumaram com as ameaças de tarifas e alcançaram um novo pico no verão de 2018. Nesse meio-tempo, o Fed deu início ao processo de venda dos 4,5 trilhões de dólares em ativos que acumulara no balanço patrimonial durante a Grande Recessão e nas várias QEs subsequentes.

A venda dos ativos, em sua maioria dívidas do governo federal, foi o mesmo que elevar os juros: aumentou a oferta de títulos do Tesouro americano e de outros títulos no mercado, o que elevou as taxas de juros e enxugou a liquidez excedente. Embora o assim chamado aperto quantitativo (QT, na sigla em inglês) tenha começado devagar, no outono de 2018 o Fed estava vendendo 50 bilhões de dólares em títulos do Tesouro e hipotecas securitizadas por mês, ao mesmo tempo que aumentava a taxa de juros dos fundos federais a cada reunião. No total, ele aumentou os juros em 1,5% e reduziu o balanço patrimonial em 340 bilhões de dólares. O que levou o Fed a embarcar nesse substancial ciclo de aumento foi sua percepção de que os mercados financeiros e a economia mais ampla estavam com as bases muito fortalecidas. Nos derradeiros dias de 2018, contudo, os mercados começaram a recuar.

Nos três últimos meses do ano, o S&P teve queda de 20%. Trump reprimiu o Fed por sua relutância em afrouxar a austeridade monetária, mas foi em vão. O QT interrompera a marcha da economia, que se mostrara animada em 2017 e durante a maior parte de 2018, mas que agora estava desacelerando rapidamente. Jerome Powell, presidente do Fed, não cedeu por meses, até que percebeu os danos que sua política vinha infligindo aos mercados e à economia. No início de 2019, ele jogou a toalha; foi o fim das elevações dos juros. Os mercados se recuperaram em grande estilo: das baixas de dezembro de 2018, tiveram alta de 39% no fim de 2019. Em alguns momentos, a recuperação foi interrompida pelas pressões de Trump para intensificar a guerra comercial contra a China. Mas, a partir de setembro de 2019, o instável presidente se voltou completamente para a eleição geral de 2020. Um acordo comercial com a China apaziguaria os mercados, criaria uma trégua entre as duas superpotências econômicas e o colocaria em ótima posição para turbinar sua máquina de campanha.

Em 15 de janeiro de 2020, Trump entrou no Salão Leste da Casa Branca acompanhado de Liu He, vice-primeiro-ministro chinês, para uma versão descarada de "Hail to the Chief". Ele se aproximou do púlpito seguido pelo vice-presidente Mike Pence, pelo secretário do Tesouro Steven Mnuchin e pelo embaixador

As quedas de −3% da Nasdaq são corriqueiras

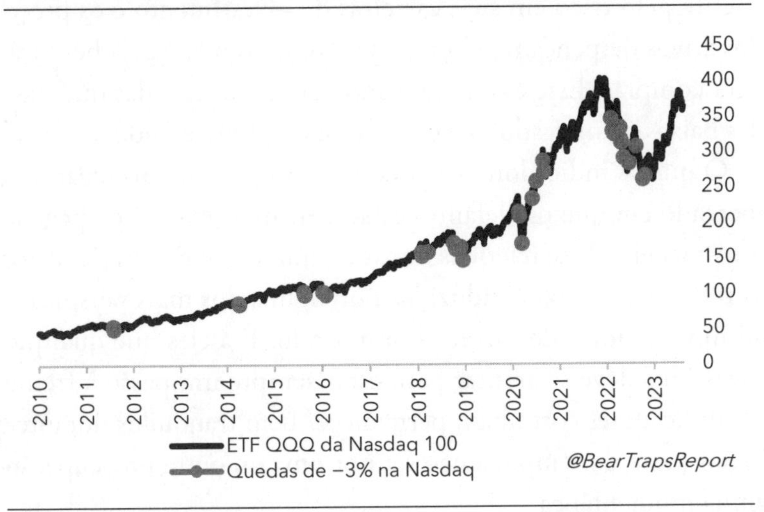

Robert Lighthizer, representante do comércio americano. O presidente se acomodou na escrivaninha de madeira, à esquerda de Liu, e ambos assinaram os acordos, que foram reunidos dentro dos clássicos porta-livros de couro preto tão conhecidos das disposições executivas. Trump exibia o conhecido sorriso autocongratulatório enquanto cumprimentava os representantes chineses. Os mercados não esperaram nem a tinta secar na folha e tiveram um aumento violento, Dow Jones atingiu 29 mil pontos pela primeira vez em meses. Trump estava transbordando confiança com a reeleição.

Já no núcleo do governo chinês, corria a notícia de que um misterioso vírus se espalhava pela cidade de Wuhan, uma das maiores do país.

Os indicadores de risco em alerta escarlate

O índice do *The Bear Traps Report* de 21 indicadores de risco sistêmico grau Lehman é excelente para identificar com antecedência grandes eventos de risk-off, tais como o colapso do Lehman Brothers. Ou seja, fatos inesperados dramáticos, com proporção de crise, que deixam os investidores mortos de medo e os fazem retirar dinheiro do mercado; em outras palavras, eles perdem o apetite pelo risco em suas carteiras de investimento e os preços dos ativos despencam pelo movimento de venda e pela hesitação para compras. Esse é o mecanismo básico por trás das quebras e das baixas de mercado que ocorreram em 2001 e 2008.

O que os indicadores de risco nos mostram são os lugares do mercado em que os elefantes estão deixando marcas de pegada, uma maneira de se referir às ondas de smart money, aos pioneiros, às pilhas de capital conduzidas por alguns dos mais perspicazes administradores de carteiras do mundo. É a eles que qualquer investidor deve se atentar para estar sempre um passo à frente. Os indicadores costumam permanecer bem tranquilos durante a maior parte do tempo, a não ser por uma ou outra preocupaçãozinha momentânea.

No fim de janeiro de 2020, porém, vários dos nossos indicadores de risco sistêmico estavam apitando para alertar que nos encontrávamos às vésperas de um pesadelo internacional. Embora na superfície os mercados ainda não houvessem reagido, um rumor abafado se fazia perceber nas profundezas – algo grande estava tomando corpo.

O ruído era mais forte nas partes mais economicamente sensíveis do mercado, que vendiam desenfreadamente tanto commodities quanto valores mobiliários. O cobre estava em queda livre, os títulos de dívida apresentavam alta súbita (era o capital avesso a risco substituindo as ações voláteis) e as ações do setor de transporte (companhias aéreas, locadoras de veículos, hotéis, UPS e FedEx) enfrentavam um *sell-off* por dia em busca de ofertas, mas sem sucesso. Era como estar no parque Masai Mara, no Quênia, onde florescem as gramíneas de aveia vermelha, e de repente uma nuvem de poeira surge na base do Kilimanjaro e percorre rapidamente a Savana africana: são os elefantes fugindo em bloco da floresta. A pergunta é: o que os assustou?

Em nosso escritório, que estava em alerta máximo, implorávamos aos investidores que cortassem o risco. Já tínhamos visto aquilo nas semanas que antecederam o dia 15 de setembro de 2008;

era evidente a mudança no sentimento do mercado, como se nuvens negras se aglomerassem sobre ele novamente. O dinheiro parecia vazar dos títulos de alta rentabilidade; o capital estava se escondendo na Nasdaq. De fato, em fevereiro de 2020, o Nasdaq 100 teve altas quase que diárias: 8% em menos de três semanas. Dia após dia, cresciam as evidências da ameaça representada pela pandemia. A atenção dedicada aos casos de Covid-19 surgidos na Ásia se intensificava a cada noticiário que repercutia a notícia ao redor do mundo.

Conforme o risco de um choque deflacionário aumenta, a primeira coisa que se pode observar nos mercados de ações é um movimento em busca de ações de crescimento de longa duração. Da mesma maneira, os alocadores de capital passam a buscar lugares considerados seguros. É por isso que ações de empresas de tecnologia com megacapitalização de mercado, como Apple, Microsoft e Google, são requisitadas – é uma forma de se preparar para a tempestade iminente.

Mais ou menos no dia 20 de fevereiro, nossa equipe notou uma grande aceleração no fluxo de capital, que estava entrando no ETF de consumo não cíclico, o XLP, e saindo do ETF de bens e serviços não essenciais, o XLY. O ETF XLP é composto de nomes como Procter & Gamble, General Mills, Coca-Cola e Hershey, empresas americanas que têm ótimo desempenho em períodos de recessão. Normalmente, os fluxos de capital em direção ao setor de consumo não cíclico se dão na enfadonha velocidade de uma lesma, porém naquela semana nosso modelo identificou uma debandada, a princípio a 10 quilômetros por hora, depois a 20, até que de repente disparou a 90 quilômetros por hora – é o que se chama de "taxa de variação". Os investidores estavam se atropelando para pôr as mãos nessas ações.

Em choque – como todos no pregão – com o volume de capital que corria para as ações mais brochantes dos Estados Unidos, gritei: "Chris, dê uma olhada nisso, por favor!". Compartilhávamos o espaço com o brilhante Chris Brighton, nosso sócio no Astor Ridge, renomada firma de classificação de corretoras especializadas. Chris entende como ninguém dos meandros dos derivativos de juros. Trabalhar no mesmo escritório que ele era como trabalhar ao lado de Paul Tudor Jones.

Chris, que vinha tendo um ótimo mês posicionando seus clientes em títulos de longa duração do Tesouro, entrou na sala e avistou os gráficos dos dois ETFs que piscavam diante de nós. Seu rosto assumiu uma rara expressão soturna.

"Caramba", falou. "Estamos vendo a mesma dinâmica nas taxas [de juros]. As pessoas estão se acotovelando no título de 30 anos do Tesouro." Havia começado em 8 de janeiro. No mês seguinte, os juros foram de 2,36% para 2%, o equivalente a uma valorização de 7% no título. "Houve uma oferta de compra intensa e incessante, dia sim, outro também", comentou Chris. Nem todo mundo tem a exata noção da importância dos mercados e títulos do Tesouro, mas eles quase sempre funcionam como um dos principais indicadores de mercado. A renda fixa tem o melhor faro do mundo; quando o risco de uma recessão aumenta, os títulos de dívida sentem o cheiro muito antes das ações.

"Vamos fazer o modelo das taxas [de juros]", vociferou Chris. "Cobre, petróleo, consumo não cíclico *versus* bens e serviços não essenciais, e não esqueça dos transportes. Precisamos calcular a sincronização e a taxa de variação."

Em outras palavras: quantos setores estavam mudando de estratégia e a que velocidade estavam fazendo isso? Quantos elefantes estavam se locomovendo, e em que ritmo?

Quando rodamos os dados, o resultado que vimos foi de gelar o sangue. Ninguém, nem mesmo Chris, um veterano dos mercados de renda fixa – e de Nova York, ainda por cima –, vira algo parecido. Ao menos não desde a crise do Lehman.

A mensagem que os mercados estavam emitindo era clara.

"Meu bom Jesus", falou Chris. "Se isso piorar tanto quanto eu acho que pode, nós provavelmente vamos ter que fechar as portas."

Foi só aí que realmente compreendi. "Puta merda", falei para ninguém específico.

Peguei o telefone e, sem qualquer hesitação, digitei dez números para me conectar direto com a mesa de Gillian Tett, editora-chefe do *Financial Times* nos Estados Unidos. Ela é uma das maiores jornalistas financeiras do mundo e tem uma rede de contatos que a conecta aos principais atores das finanças estadunidenses. Sua caneta é movida por um cérebro cultivado na Clare College, uma das mais antigas faculdades de Cambridge. Gillian é inglesa e foi agraciada com um sotaque refinado e sereno; reconheci a voz assim que ela atendeu.

É sempre uma honra ser citado em um dos jornais de finanças mais estimados do mundo, então expliquei em detalhes as descobertas do dia anterior a respeito das taxas de variação, da sincronia em que certos ativos estavam se movendo (ou seja, o nível de alinhamento entre as negociações de tais ativos) e da espiral de morte que pairava sobre os mercados. Ela não me interrompeu durante a fala; quando terminei, tudo o que ouvi foi o eco indistinto de minha própria voz. Esperei alguma reação, porém só havia silêncio e o som distante de rabiscos. Gillian então me fez uma única pergunta, em um tom que não revelava nada: "Qual é o nível de gravidade?".

"Grave", falei. "Nossos indicadores mostram algo muito próximo de uma queda parecida com a do Lehman."

Em 21 de fevereiro, a Nasdaq derreteu 4%, maior queda em catorze meses. Após um longo período de mercado com volatilidade baixa e tranquila, os primeiros 3% de queda nas ações muitas vezes indica que alguma dificuldade se anuncia no curto prazo. No dia 23, foram exatamente essas as palavras que Gillian Tett publicou no *Financial Times*. Naquela semana, o S&P caiu 12%. No dia 16 de março, o mercado afundou 12%, a maior queda percentual em um único dia após a Segunda-Feira Negra de 1987. No fim de março, o S&P 500 havia sofrido um colapso de 35%. Caso você esteja curioso, o nome técnico disso é banho de sangue. Os mercados estavam se comportando como um touro selvagem, feroz, impossível de domar – um sobre o qual nem mesmo Tuff Hedeman, três vezes campeão mundial de montaria em touro, conseguiria permanecer. Os montadores eram lançados em todas as direções, esquerda, direita, por cima da cabeça da fera.

Passados dez dias, o Fed reduziu os juros a zero e deu início à implementação de um programa sem igual de QE e empréstimo emergencial. Era uma repetição de 2008, só que mais rápida, maior e mais intensa. Ben Bernanke provavelmente teria desfalecido. Já o novo presidente era um assassino frio e calculista: Jerome Powell, formado em ciências políticas por Princeton e em direito pela Universidade Georgetown Law, idealizou um programa de QE que colocava no chinelo os programas anteriores somados. Ele anunciou um cardápio de novos programas para amparar todas as partes mais influentes do mercado de crédito, desde o mercado monetário até os títulos de alto risco. Em junho, o balanço patrimonial do Fed tinha se expandido em 3 trilhões de dólares; dali a um ano, em março de 2021, a expansão chegaria a 5 trilhões de dólares, fazendo o balanço patrimonial de ativos em posse do Fed chegar a incríveis 9 trilhões de dólares. Se no lugar de uma tela de computador esse número estivesse em cédulas, a pilha delas teria quase 1 milhão de quilômetros de altura, 2,5 vezes a distância entre a Terra e a Lua.

O governo dos Estados Unidos abriu as porteiras dos gastos simultaneamente. O mundo estava prestes a acabar, e a única salvação era uma mangueira de dinheiro conectada diretamente às torneiras de Washington. A gestão Trump largou mão de qualquer aparência de cautela, ancorou um tijolo no acelerador e impulsionou a dívida a níveis que ninguém jamais ousara imaginar. Em março, republicanos e democratas se aliaram no Congresso para aprovar o maior pacote de resgate financeiro da história do país, a Lei Cares, de 2,2 trilhões de dólares.

O gigantesco projeto de lei, aprovado em velocidade recorde, distribuía os gastos por toda a economia nacional: amparava os governos locais e estaduais que estavam mal das pernas, financiava programas de empréstimos voltados a pequenos empresários e inclusive chegava a enviar dinheiro para cada família americana, sem quaisquer contrapartidas. Os analistas podem tergiversar quanto quiserem a respeito dos efeitos da Lei Cares na economia dos Estados Unidos, mas o fato é que ela permitiu ao país evitar uma recessão durante o caótico ano de 2020 – como é fato que ela adicionou trilhões à dívida nacional e gerou uma ameaça no horizonte: a inflação. De uma ponta a outra, os ativos começaram a se recuperar a partir da última semana de março, quando ficou evidente que o Fed implementaria um programa de compra de ativos de 6 trilhões de dólares e que a Lei Cares seria aprovada. Em meados de abril, porém, eles se prostraram, já que não estava claro se o que viria a seguir seria um período prolongado de alta ou algo mais espasmódico.

Lembra que nosso índice de 21 indicadores de risco sistêmico grau Lehman identifica eventos de *risk-off*? Pois ele também é ótimo para reconhecer o oposto, ou seja, eventos de *risk-on*, que ocorrem quando os investidores, antevendo um horizonte ensolarado, decidem aumentar seu nível de risco e compram ações, títulos de dívida e outros ativos. Com isso, os preços obviamente disparam.

Embora as ações ainda tateassem para encontrar um caminho mais consistente, nossos 21 indicadores de risco sistêmico grau Lehman alertavam para uma maior exposição ao risco. E o sinal vinha dos mercados de crédito. Ao longo dos anos, este tem se mostrado um dos melhores indicadores que conhecemos. Ao investir no mercado de ações, muitos investidores profissionais ou institucionais buscam a confirmação ou o veto dos mercados de alta rentabilidade, ou seja, dos mercados de crédito. E a pergunta mais importante a fazer aqui é bastante simples: os mercados acionários estão a fim de festejar até altas horas, ok, mas e os mercados de crédito, eles querem a mesma coisa? Muitas vezes, a resposta a essa pergunta é a única de que você vai precisar.

Os traders de títulos costumam ser excepcionais em estimar o risco. De fato, são os caras mais sagazes nas finanças, não raro eles enxergam o futuro muito antes de qualquer outra pessoa. Sendo assim, quando investem forte no mercado de alta rentabilidade, é porque estão confiantes.

Durante os primórdios da era do trabalho virtual, nossa equipe fez uma reunião pelo Zoom com Brian Maggio, gerente de fundo de hedge e um negociante espetacular. Mais de uma década antes, ele comandava a mesa de crédito financeiro do Lehman Brothers, onde nos ajudara a entrar nos CDS da Countrywide – uma aposta na inadimplência da gigante das hipotecas. Contudo, no segundo trimestre de 2020, próximo do auge da pressão econômica causada pela Covid, ainda havia muitas ações que apostavam contra uma recuperação.

Naquele dia, Brian nos fez uma grave advertência: "Larry, pelo amor do santo Deus, não fique descoberto aqui. As ações vão entrar em turbilhão". Pelo seu tom, parecia que sua vida inteira estava em jogo. Brian repetia sem parar: "Quando títulos com classificação de risco CCC começam a superar nesse tanto as ações, é sinal de grande otimismo no mercado acionário. Escute o que estou falando: compre, compre muito!".

Créditos com classificação CCC são os piores e mais espinhosos dentre os títulos de alto risco. No entanto, Brian estava jogando em casa; a arte de negociar corre em seu sangue. E o homem estava certíssimo.

Os títulos CCC saíram de seu ponto mais baixo, no dia 23 de março de 2020, para uma rentabilidade máxima de 19% – ela costuma ser de 11%. Em 17 de abril, eles caíram para 14,4% e, em 5 de junho, bateram 10%. Nesse ínterim, entre 17 de abril e 17 de maio, as ações permaneceram numa faixa de negociação estreita, ao passo que o crédito de alto risco e alta rentabilidade encurtou 2%, o que é bastante quando estamos falando de títulos. Entretanto, a partir de meados de maio, as ações, tais qual uma alcateia de cães de caça, farejaram o cheiro e entraram em um período de aumento ininterrupto que foi até o começo de setembro. Com o tempo, se escutar os mercados, você vai perceber que movimentos sugestivos nos mercados de crédito (títulos) costumam preceder movimentos importantes no mercado de ações.

O segredo para obter as melhores informações e assim revelar os mistérios que se escondem sob a superfície dos mercados é cultivar relacionamentos. (Melhor ainda se eles estiverem espalhados por diversas classes de ativos.) Se souber como e o que perguntar, você consegue juntar as peças do quebra-cabeça. Como dizia o lendário Jim Rohn: "Não é o trabalho duro que leva ao sucesso. Quase todo mundo é capaz de trabalhar duro. O que leva ao sucesso é a capacidade de fazer ótimas perguntas".

Foi assim que conhecemos Boaz Weinstein, renomadíssimo no universo dos multiativos – ou seja, ele analisa diferentes classes de ativos em busca de valor e de oportunidades. Boaz, um exímio estrategista, começou a trabalhar em Wall Street aos 15 anos e atualmente comanda o fundo de hedge Saba Capital, onde ele e sua equipe estão atentos a deslocamentos, sempre fazendo perguntas: como está o rendimento dos títulos garantidos por empréstimo no mercado de títulos privados em comparação aos títulos de alta rentabilidade? Excessivamente baixo? Excessivamente alto? Como está o preço dos títulos de alta rentabilidade em relação à volatilidade das ações? O VIX está sendo negociado a preços mais caros do que o mercado de alta rentabilidade?

"Larry, os mercados se comunicam conosco por meio de divergências marcantes", falou Boaz, mestre em perceber tais sinais.

Quando se trata do mercado acionário, há ações que, no balanço patrimonial, estão carregadas de alavancagem. Investidores de crédito veteranos, como Boaz, nos advertem a sempre olhar para a estrutura inteira do capital. Imagine que uma empresa é uma torta de maçã cortada em dez fatias. Se oito das fatias forem dívida e apenas duas representarem participação acionária, os investidores estarão em grande desvantagem. O valor total do empreendimento engloba o valor de capitalização no mercado acionário mais o valor nominal da dívida menos o caixa que consta no balanço patrimonial da empresa. Há muitos investidores de ações que olham para uma e não compreendem que ela pode ser um pequeno fragmento de um cenário mais amplo.

No caso de uma empresa fortemente alavancada, se os títulos estão em alta ao passo que as ações permanecem numa faixa específica, é sinal de uma perspectiva otimista para os investidores de ações. Por outro lado, se os títulos de dívida estão sendo vendidos e tendo desempenho pior, é um notável indicativo de pessimismo. Em uma empresa muito alavancada, cuja estrutura de capital é composta predominantemente por dívida, os credores exercem influência maior do que os proprietários de ações.

Moral da história? Dê ouvidos aos mercados de crédito. Isso vai livrá-lo de muitos perigos ou, melhor ainda, vai colocá-lo em ótima posição para realizar excelentes negócios.

Ações com melhor desempenho em 2020		
Nome	Setor	Variação
Tesla	VE	750%
Enphase	Energia solar	591%
Moderna	Vacinas	448%
Etsy	Varejo	300%
Solaredge Tech	Energia solar	239%
Carrier Global	Ar-condicionado	217%
Nvidia	Semicondutores	125%
Generac	Geradores	125%
Paypal	Pagamentos	117%
Albermarle	Lítio	108%

Ações com melhor desempenho em 2021		
Nome	Setor	Variação
Devon	Petróleo & gás	189%
Marathon	Petróleo & gás	145%
Fortinet	Software	143%
Ford	Autos	136%
Bath & Body Works	Varejo	129%
Moderna	Vacinas	128%
Nvidia	Semicondutores	124%
Diamondback	Petróleo & gás	123%
Nucor	Aço	120%
Gartner	Software	110%

Ações com melhor desempenho em 2022		
Nome	Setor	Variação
Occidental	Petróleo & gás	119%
Constellation Energy	Petróleo & gás	107%
Hess	Petróleo & gás	94%
Exxon	Petróleo & gás	89%
Marathon	Petróleo & gás	88%
Schlumberger	Serviços de petróleo	82%
Valero	Refino	77%
Apa	Petróleo & gás	75%
Halliburton	Serviços de petróleo	75%
ConocoPhillips	Serviços de petróleo	72%

A abominável inflação desperta de sua hibernação

No fim de 2020, o S&P 500 apresentava uma recuperação de 70% em relação às mínimas de março. O Nasdaq, com muitos gigantes da tecnologia, tivera um aumento de 90%, puxado especialmente pelas empresas que mais se beneficiaram do *lockdown*, como Amazon, Netflix, Facebook e Apple. Uma vez que os investidores acreditavam que a deflação tinha vindo para ficar, as ações de crescimento das empresas com megacapitalização de mercado terminaram o ano com um crescimento de 120%, ao passo que suas ações de valor apresentavam queda de 1%, a maior divergência no período de um ano registrada fora da era do pontocom.

Em novembro, Trump perdeu o cargo. Durante os quatro anos de seu governo, o Nasdaq subira 172% e o S&P tivera uma recuperação de 83%; o balanço patrimonial do Fed havia dobrado, para 8,5 trilhões de dólares, e a dívida pública dos Estados Unidos atingira 7,8 trilhões de dólares. E, apesar dos diálogos, das novas amizades e das constantes viagens de avião entre China e Estados Unidos, o déficit comercial anual continuava muito acima de 300 bilhões de dólares.

Déficit mensal no orçamento dos Estados Unidos (1980-2023)

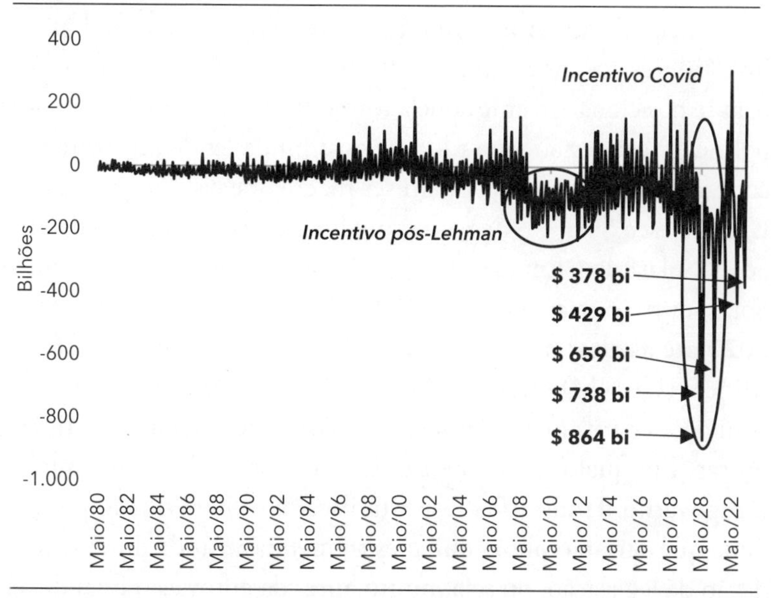

O novo presidente, Joe Biden, não perdeu tempo: em uma declaração publicada em 31 de março de 2021, ele prometeu "reimaginar e reconstruir uma nova economia". Ou seja, mais gastos. Muito mais. Gastos que, supostamente, seriam pagos com o aumento da carga tributária empresarial para 28% e, claro, com mais dívida. Na declaração do dia 31, Biden também aventou a proposta de utilizar a autoridade federal para revisar as leis estaduais de "direito ao trabalho", o que impulsionaria fortemente o poder sindical no país. O Plano Americano de Empregos era apenas uma parte do que Biden chamou de "Build Back Better", algo como "Reconstruir melhor", o carro-chefe de sua campanha, que previa gastos colossais contínuos em infraestrutura visando à transição da economia dos Estados Unidos para a neutralidade em carbono.

Qualquer que seja o partido, esse tipo de incentivo pode ser uma verdadeira dádiva para investidores. No fim de 2020 e ao longo de 2021, nossa equipe fez diversas conferências virtuais com nossos maiores clientes para tratar especificamente desse tema, nas quais contamos com a companhia de David Metzner e sua inigualável empresa de consultoria política, a ACG Analytics, situada em Washington. Em nosso entendimento, era vital que os investidores comprassem ações do setor de urânio e energia solar para se posicionarem ante aquela reação fiscal e monetária. Sob uma política fiscal dessa magnitude, as possibilidades de investimentos com lucros inesperados podem ser inacreditáveis. Por exemplo, o ETF Invesco Solar (TAN), que contém uma cesta de ações da First Solar, SolarEdge, Enphase Energy, Array Technologies e Canadian Solar, entre outras, cresceu 490% desde as baixas de março de 2020 até as altas de outubro de 2021. O ETF Sprott Uranium Miners (URNM) cresceu 570% de 2020 a 2021; o fundo conta com ações da Cameco, NexGen, Energy Fuels, Denison Mines e outras. Em qualquer momento de sua existência, sempre que vir um governo dando uma resposta fiscal e monetária tão grande, saiba que surgirão oportunidades tremendas. Ainda durante a redação da legislação, ou seja, muito antes da aprovação final da lei, os mercados já vão começar a determinar os preços de cima para baixo. Durante uma crise, sempre fique atento à resposta política; o investidor precisa ser proativo, e não reativo. Nas palavras do ex-prefeito de Chicago Rahm Emanuel: "Jamais desperdice uma boa crise". O aumento nos incentivos e nos gastos produz ganhadores e perdedores. Como investidor, você deve estar preparado para momentos assim.

Da resposta de Trump à crise da Covid-19 às diversas leis que constituíram o Build Back Better de Biden, o período entre 2020 e 2022 foi uma orgia de gastos públicos. Em dezembro de 2020, às vésperas de deixar o cargo, Trump assinou mais um pacote de ajuda, este no valor de 900 bilhões de dólares, que incluía cheques para cada família americana. Em março de 2021, após assumir o comando, Biden aprovou mais 1,9 trilhão de dólares em incentivos por meio do Plano Americano de Resgate Econômico, que também incluía cheques. Em novembro do mesmo ano, ele assinou a Lei de Empregos e Investimento em Infraestrutura, no valor de 1,2 trilhão de dólares. No ano seguinte, o Congresso americano aprovou outra chuva de gastos chamada Lei de Redução da Inflação, com quase 500 bilhões de dólares em subsídios para promover a adoção de carros elétricos e de energia solar. Ao fim e ao cabo, 44% de todos os dólares americanos da história foram emitidos em 2020 e 2021. Aos 7,5 trilhões de dólares de Trump, Biden acresceu à dívida nacional outros 5 trilhões durante seu mandato. Em sete anos, os dois juntos a aumentaram em 50%.

Dívida pública total dos Estados Unidos

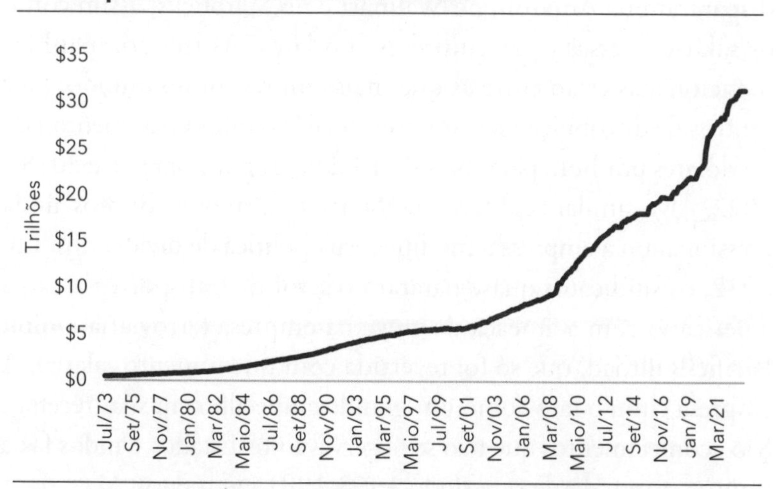

A inflação se origina do aumento tanto na oferta quanto na velocidade do dinheiro, ou seja, se o governo imprime 1 trilhão de dólares e o mantém dentro de um cofre por uma década, esse dinheiro não vai ter nenhum efeito sobre a inflação. Boa parte dos incentivos governamentais tiveram como objetivo o restabelecimento dos balanços patrimoniais dos bancos durante a Grande Recessão de 2008 e 2009. Por outro lado, se a gente pegar aquele trilhão, ou mesmo uma quantia maior, e o depositar diretamente na conta de milhões de cidadãos estadunidenses, a inflação vai disparar. Foi exatamente o que ocorreu de 2020 a 2022.

Nos Estados Unidos, a pandemia de Covid-19 também provocou uma mudança na balança de poder dos negócios, que passou a pender mais para o trabalho do que para a propriedade. A fim de apoiar os trabalhadores durante os *lockdowns*, o governo federal aprovou um seguro-desemprego emergencial que vigorou até setembro de 2021, dividido em três parcelas de incentivos na forma de pagamento direto. Isso não só deu um empurrãozinho para os trabalhadores do país como aumentou seu poder de barganha nas negociações coletivas; muitos deixaram de maneira permanente a força de trabalho, principalmente via aposentadoria antecipada, e outros muitos permaneceram em casa, gerando uma escassez de mão de obra. Nos últimos anos, os pedidos de filiação sindical dispararam na Amazon, no Walmart e no Starbucks, assim como os salários nessas e em empresas similares. As três companhias mencionadas estão entre as que mais empregam no mundo. Nos centros de distribuição da Amazon, o salário mínimo aumentou de 15 dólares por hora para mais de 19 dólares por hora entre 2018 e 2022. Algo similar aconteceu no Starbucks, cujos sindicatos ainda pressionaram a empresa a modificar sua política de dividendos. Em 2022, os sindicatos quase pararam o setor de transporte de carga americano com a ameaça de greve na empresa ferroviária Union Pacific Railroad, que só foi revertida com um aumento salarial. A empresa citou o fato como um grande empecilho em suas receitas. São acontecimentos que não se observava nos Estados Unidos fazia muito tempo, desde o período 1968-1981, ao menos.

Agregado monetário M2
(inclui caixa, contas-correntes, fundos de mercado monetário, depósitos à vista e depósitos de poupança)

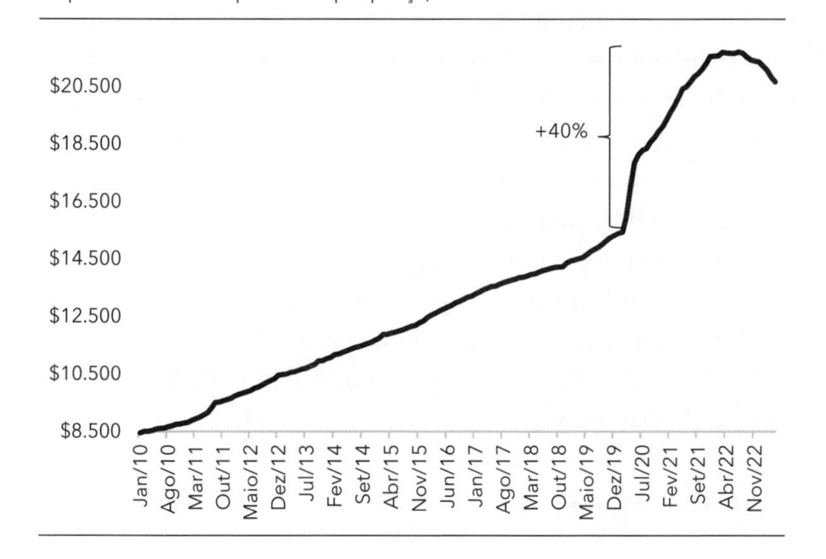

Ao longo das três últimas décadas, a terceirização e a legislação trabalhista reduziram o poder dos sindicatos e a pressão deflacionária prejudicou a capacidade dos trabalhadores de reivindicar maiores salários. A inflação aumenta o poder dos sindicatos trabalhistas porque um número crescente de trabalhadores, lesados pelo poder de compra cada vez menor, se associam a eles. Por sua vez, os salários mais altos conquistados pelos sindicatos trabalhistas provocam um aumento ainda maior na inflação, em um ciclo de autorreforço. Assim, a inflação se faz presente por longos períodos, um cenário que não há como reprimir facilmente. O observatório de salário do Fed de Atlanta mostra que, mesmo com a queda da inflação em 2022 e 2023, o aumento salarial se manteve alto. A ampliação do poder dos sindicatos está começando a dar as caras na política estadunidense. A taxa de aprovação dos sindicatos trabalhistas cresceu da mínima histórica de 48%, em 2010, para 71% em 2022, perto da máxima, e a maior parte do crescimento se deu na pandemia.

O antigo consenso de Washington era completamente deflacionário: abertura dos mercados internacionais, terceirização da produção para países em desenvolvimento, só interferir no setor privado se necessário – princípios políticos que ajudaram a reduzir os custos de mão de obra, de commodities e de transporte de bens pelo globo e, assim, provocaram quedas gerais nos preços. Já o novo consenso de Washington é inflacionário em sua maior parte: guerras comerciais, relocalização da capacidade industrial, tudo pago com custos deficitários estupendos (pensemos na Lei dos Chips, de 280 bilhões de dólares). Ao mesmo tempo, os Estados Unidos têm imposto pesadas sanções internacionais. Estamos em um mundo multipolar, com possíveis conflitos globais onerosos em diversas frentes. Acrescente aí o ressurgimento do poder trabalhista e está dada a receita para um longo período de preços crescentes. Prepare-se!

Núcleo do CPI (a. a.)

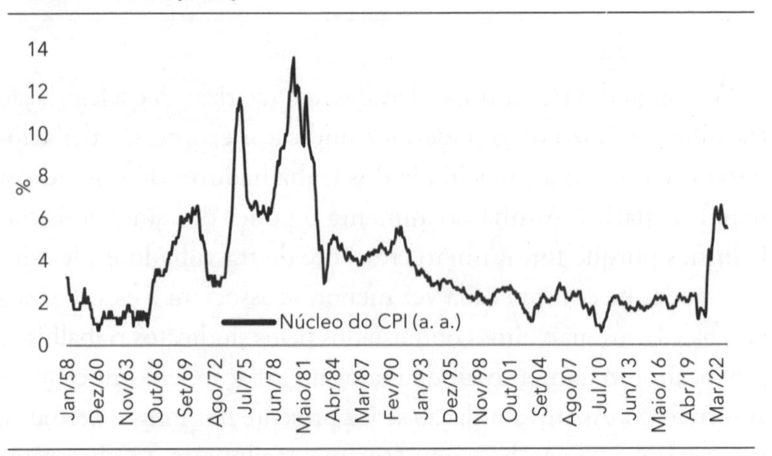

5

OS COMBUSTÍVEIS FÓSSEIS PAVIMENTAM A ESTRADA PARA PRADOS VERDEJANTES

Os cabelos grisalhos de Aubrey McClendon estavam repuxados para trás e os nós dos dedos, pálidos. Os dois botões de cima da camisa se achavam abertos. Ele estava sem paletó e sem gravata. Sobre a ponte do nariz se equilibravam os óculos sem aro, através dos quais dois pungentes olhos azuis miravam a estrada. O homem chorava. Repassava mentalmente as últimas 24 horas de sua vida. Vida esta que tinha acabado – ao menos a vida tal como a conhecia. Tinha caído em desgraça de maneira espetacular. Antes um dos homens mais ricos de Oklahoma, ex-presidente da Chesapeake Energy, maior nome do setor de gás natural, com amigos em cada canto do mundo, alguns dos quais ocupantes de tronos, no comando de governos, ele agora era um homem falido, prestes a passar dez anos atrás das grades.

Trinta anos antes, percorrendo o terreno coberto de poeira no Texas, cercado por bombas de vareta que sugavam petróleo e gás do solo, ele tinha enxergado o futuro, claro como o dia. A seu lado, provavelmente estava Tom Ward, amigo de longa data e cofundador da Chesapeake Energy, ambos com chapéus e botas de caubói. Eles iriam pôr fim à perfuração vertical, livrando o gás natural daquelas formações argilosas íngremes, pouco confiáveis, e fazer pilhas e mais pilhas de dinheiro com a perfuração lateral – fraturamento hidráulico.

De fato, os homens criaram um colosso dos mercados de energia – aumentaram o valor de mercado da Chesapeake para 37 bilhões de dólares, uma quantia obscena de dinheiro.

Até que a crise do Lehman os atingiu em cheio, justamente quando seu balanço patrimonial estava tão esticado que parecia uma corda elástica esticada do Texas até Oklahoma, prestes a rebentar. Os preços de energia atingiram poços tão fundos quanto os cavados por suas brocas de fraturamento hidráulico. O gás natural caiu de 15 para 4 dólares. De uma hora para outra, toda aquela alavancagem, os enormes montantes de dinheiro emprestados para explorar e arrendar terras, se voltou contra eles como uma alcateia de lobos famintos. Ao fim de 2008, a dívida da Chesapeake atingiu 21 bilhões de dólares, e a empresa queimava 5 bilhões de dólares de caixa por ano. O preço de suas ações caiu de 62 para 12 dólares em questão de semanas, e o valor de mercado derreteu para 115 milhões de dólares. Contudo, a quebra de 2008 não foi o fim da linha.

Como sabemos, o governo americano salvou todo mundo e amparou o sistema financeiro, exacerbando a ferida aberta da intervenção governamental legada pelo colapso do LTCM. Mexer com os mercados é uma brincadeira perigosa. Eles são sistemas delicados, com incontáveis sutilezas, enormes organismos vivos com milhões de componentes minuciosamente balanceados que interagem entre si. Cada um deles é uma espécie de dente de engrenagem feito de ouro branco pelas mãos de um mestre relojoeiro. Mercados saudáveis são máquinas resilientes, capazes de curar a si mesmos, com sua própria marca de amortecedores. Alguns anos atrás, o brilhante Nassim Nicholas Taleb, autor do best-seller *A lógica do Cisne Negro: o impacto do altamente improvável*, deu uma palestra maravilhosa em que tratou do conceito de "antifrágil". O termo não tem o significado de inquebrável, nem mesmo de forte ou capaz de suportar enormes pressões; ele designa algo que, a cada vez que sofre um golpe, retorna mais forte. Taleb faz uma analogia com os músculos humanos, que, quando submetidos a esforço intenso, se restauram de modo a se fortalecerem. Essa é a base de todo treinamento com pesos, e é provavelmente por isso que Taleb é um levantador de pesos tão ávido. Anos atrás, nos encontramos para tomar alguns drinques em Mônaco, durante uma viagem para participar de uma palestra sobre macroeconomia global. Para mim, foi uma honra conversar com uma lenda do gerenciamento de risco, cuja teoria que versa sobre resiliência e antifragilidade continua fascinante. É uma teoria na qual os funcionários do governo não creem, não mais. Estes tratam os mercados como bebês, mimam-nos, cedem a seus caprichos, criando uma economia que já não é mais capaz de parar em pé sem ajuda.

Nos anos de juros baixos que se seguiram à crise do Lehman, após duas rodadas de QE, os mercados voltaram a patinar. Estavam viciados nos incentivos e o comportamento que resultou daí ficou explícito no começo dos anos 2010. Os mercados simplesmente não conseguiam se recuperar sem a ajuda do Fed. E foi exatamente o que receberam, desde a Operação Twist (que controlou as taxas de juros de longo prazo por meio da compra de títulos de longo prazo do Tesouro e da venda de títulos e notas do governo dos Estados Unidos) até o 1,7 trilhão de dólares adicional na QE3, a terceira rodada da flexibilização quantitativa – o medicamento experimental que o próprio Ben Bernanke confessa que não funciona na teoria, mas por algum milagre funciona na prática. Assim, logo após adentrar a segunda década do novo século, o Fed

Dispêndio de capital do governo dos Estados Unidos com petróleo e gás

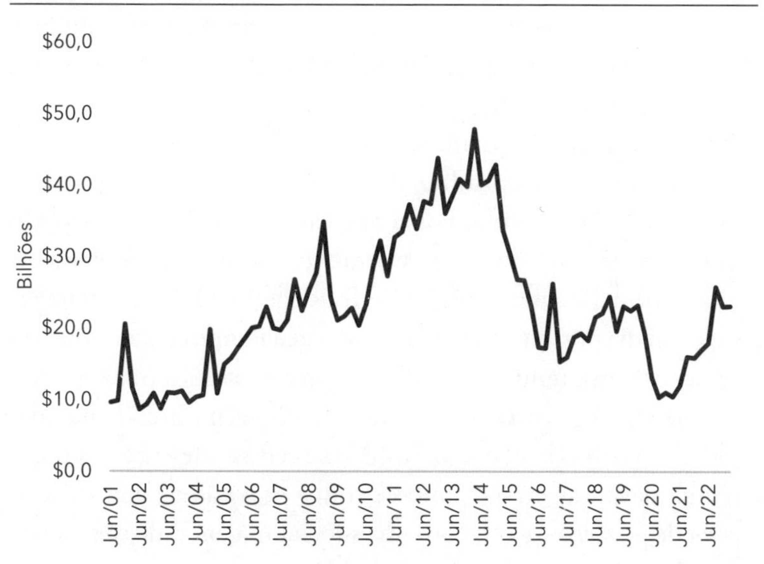

continuou fazendo aquilo que sabia: suprimir taxas de juros. Foi o que sustentou as altas progressivas dos mercados. Os preços de energia também retornaram aos trilhos: o barril de petróleo cru subiu de 35 dólares no fim de 2008 para 125 dólares em 2011, nível suficiente para alimentar um novo *boom* de petróleo e gás.

As baixas taxas de empréstimo bastaram para criar uma nova onda de exploração, na medida em que abriram as porteiras para perfuradores aventureiros e trambiqueiros da exploração de petróleo e gás, o que gerou uma concorrência brutal. A produção de petróleo dos Estados Unidos dobrou entre 2009 e 2015, chegando a dez milhões de barris por dia. Companhias como Apache, Devon Energy e Southwestern Energy estavam no meio disso. Em 2019, ganhou destaque a compra da perfuradora de xisto XTO Energy pela Exxon por 41 bilhões de dólares. Outras perfuradoras de xisto, como Range Resources, EOG Resources, Diamondback Energy e Pioneer Natural Resources, gastaram bilhões em compra de hectares na bacia do Permiano e nos mais de 500 mil quilômetros quadrados da formação Bakken, nas áridas terras da Dakota do Norte, obtendo acesso a bilhões de barris de petróleo cru e gás natural.

A Chesapeake já não era a força dominante. Os diretores financeiros daquelas companhias de energia avançavam com o ímpeto dos touros de Pamplona. As maiores empresas iam acumulando dívidas; elas tomavam empréstimos baratos e simplesmente jogavam dinheiro na perfuração e exploração. A alavancagem no setor era desnorteadora, e com a operação da Chesapeake não era diferente.

Tom Ward havia se mandado muito tempo antes. Sem a companhia do velho amigo, Aubrey McClendon estava completamente sozinho, em certo sentido. Foi aí que ele cruzou o limite ético: deu lances por terras em leilões previamente combinados, cujas ofertas ganhadoras planejara com semanas de antecedência. Já sem a vantagem que ele um dia possuíra, devorada pelos exércitos de concorrentes que aos poucos iam tirando lascas de seus lucros, a única maneira de se manter competitivo era conseguir bons negócios no arrendamento de terras. Caso contrário, seria o fim. Nesse cenário desesperador, com tamanha alavancagem nas contas e com a profusão de perfuradores, o *boom* de petróleo e gás gerou uma superabundância de suprimento que acabou por derrubar os preços de energia.

Todo fundo do poço do mercado tem seu momento definidor. Em geral, ele se apresenta a nós na forma de um preço aterrador. Contudo, há algo além do preço que costuma se fazer presente nesses momentos. Pode ser a quebra de um fundo enorme, o colapso de um banco, uma empresa gigante jogando a toalha, se livrando dos principais diretores executivos, recebendo a visita dos advogados de falência. Em 10 de fevereiro de 2016, o preço do barril de petróleo atingiu 27 dólares, seu nível mais baixo até então. Um mês depois, ele decidiu retestar esse nível. No dia 2 de março, os mercados de petróleo e gás se encontravam em baixa novamente; no dia seguinte, todos os jornais noticiavam o suicídio de Aubrey McClendon, que colidira com o carro contra um muro. No mesmo dia, o barril de petróleo chegou a 34 dólares enquanto a grande celebridade do setor de energia era levada a um necrotério. Esse foi o fundo do poço.

O dinheiro então parou de jorrar no setor, devido à hesitação das empresas de petróleo, especialmente por causa do aumento das regulações e burocracias governamentais. Com a redução das reservas, o preço subiu gradativamente. Em 2018, o preço da iguaria texana atingiu 77,41 dólares o barril.

Posicionamento dos especuladores nos futuros WTI

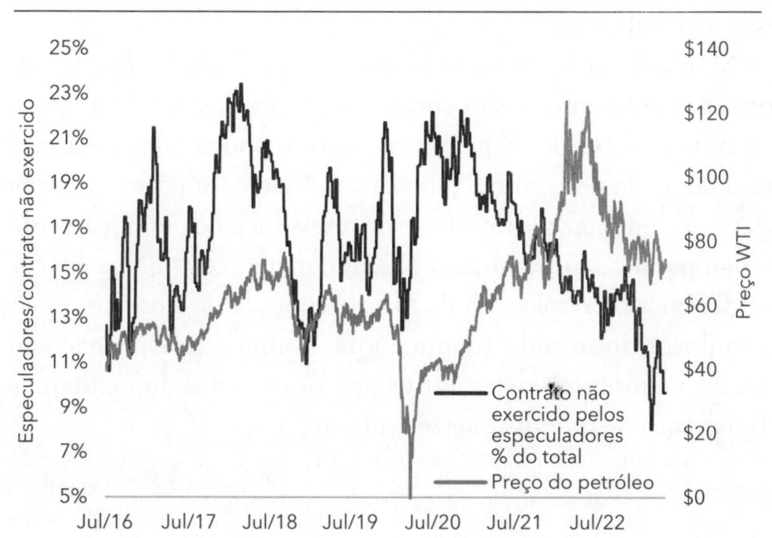

Com a trajetória ascendente da população global, nos próximos anos haverá no planeta Terra uma inesgotável demanda por energia. Ao mesmo tempo, o crescimento da oferta está sob custódia, problema que vamos explorar nas páginas a seguir. Isso cria um enorme abismo entre a quantidade de energia e de recursos cruciais necessários para continuar elevando o padrão de vida global e a quantidade deles que temos à mão. Tal abismo fatalmente ficará maior pelas próximas décadas.

Os políticos ocidentais estão investindo com tudo em fontes alternativas de energia; é só alguém sugerir continuar perfurando, cavando ou minando que eles se afastam correndo. Veja, eu sou totalmente a favor da pressão pela adoção de energia verde, porém estamos fazendo isso com vinte anos de antecedência. Passei minha infância e adolescência indo para Cape Cod, velejando em Nantucket Sound, inalando ar puro, caminhando pela areia imaculada, comendo vieiras cruas coletadas no porto natural de Barnstable. O respeito pela natureza, pelo mundo natural, é parte integrante da minha alma, mas também sou um economista e, como tal, sei que alimentar, transportar e providenciar habitação para oito bilhões de pessoas tem um custo; o preço que se cobra das matrizes energéticas não é nada baixo. E fazendas de vento, painéis solares e energia hidrelétrica não dão conta, não chegam nem perto disso.

Manter as luzes acesas deveria ser a prioridade absoluta no presente momento, assim como manter a marcha da gigantesca economia global de maneira responsável, pouco inflacionária. E para tanto são necessários combustíveis fósseis; ironicamente, serão eles a pavimentar o caminho para a revolução da energia verde. Hoje, porém, é uma impossibilidade matemática que a energia verde vença o petróleo, ainda mais porque alguns dos países mais populosos do mundo (como Índia, China e Rússia) não têm nenhuma intenção de acatar os padrões de emissão ocidentais. Trataremos de tudo isso neste capítulo.

A necessidade nua e crua

"Se o [Justin] Trudeau estivesse aqui com a gente, eu falaria para ele que este café é feito de petróleo", comentou sarcasticamente Rafi Tahmazian, um dos mais brilhantes gerentes de ativos de energia do mundo, enquanto servia as duas xícaras. Era novembro de 2021, e eu tinha ido ao encontro de Rafi em seu escritório após palestrar no Calgary Petroleum Club. "Maquinário para cultivar e colher, veículos para transportar, mais maquinário para embalar, eletricidade para torrar e moer os grãos, fogo para ferver a água", continuou ele. "Nada disso acontece com pó de pirlimpimpim, meu chapa. É com petróleo cru mesmo."

Enquanto Rafi falava, eu ouvia os alertas de novas mensagens em sua caixa de e-mail. Ele comanda a divisão de investimento da Canoe Financial, uma empresa de gestão especializada em petróleo, minério e gás natural. Rafi podia não ser diplomático em suas opiniões, mas era firme em uma convicção específica, que defendia havia muitos anos: "O planeta inteiro funciona à base de petróleo cru. Está em cada coisa que a gente toca, em cada coisa que a gente consome. Não é uma questão de política, é uma questão de pragmatismo. Essa guerra no lado do suprimento de petróleo é a coisa mais estúpida que já vi. Aí o Trudeau assume o poder em 2015 e faz com que a área comercial inteira de Calgary praticamente colapse. Nunca vou perdoá-lo. A política energética está sendo comandada por um professor de teatro!".

Ao lado da janela, Rafi abarcou a vista panorâmica com um gesto. O grande conjunto de arranha-céus exibia as logomarcas dos gigantes da energia: Shell, Exxon, ConocoPhillips, Suncor – uma visão completamente diferente das catedrais financeiras de Manhattan. O frio também era diferente, duas vezes pior. "Está vendo esses escritórios? É assim que as pessoas do ramo sentenciam os altos e baixos do mercado." Alguns anos antes, em 2014, os caras mais inteligentes que Rafi conhecia identificaram rapidamente um pico de mercado. "Quando a grana de Nova York começa a vir pra cá – estou falando de bancos como Goldman ou Morgan Stanley e dos magnatas da energia –, é sinal de que estamos no meio de um *bull market*. No começo, a coisa é meio devagar, mas depois engrena. Quando o metro quadrado dos espaços comerciais aqui dobra ou triplica, é aí que aqueles especuladores mais tarimbados do Canadá, os veteranos de guerra, começam a desfazer suas posições e a diminuir a exposição comprada em petróleo e gás." No entanto, as dinâmicas se transformaram radicalmente desde então.

Consumo de energia e população

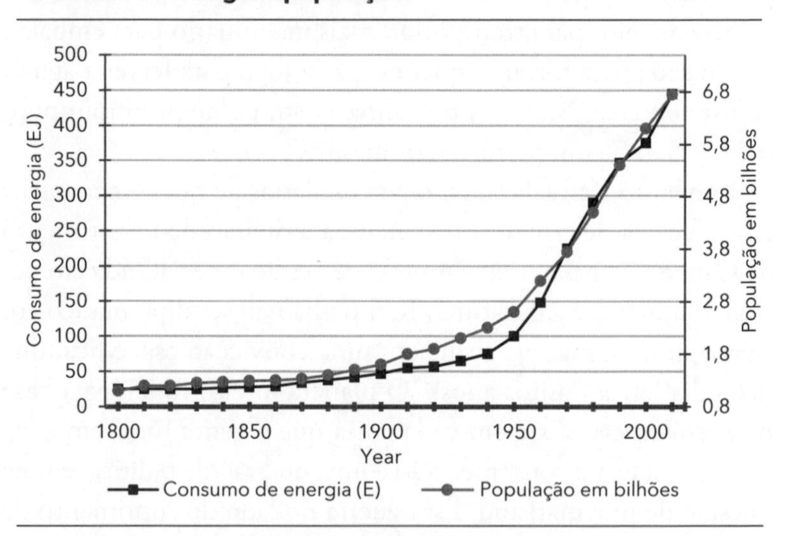

Rafi deu um gole no café e ficou em silêncio por um instante, organizando os pensamentos. "Em 1850, antes da descoberta do petróleo cru, 80% da população mundial ganhava menos de 1,50 dólar por dia; a maioria vivia da agricultura de subsistência. Em 1985, esse número ainda era de 50%, mas desde então passou a decair rapidamente. Pula para 2020, e ele caiu para apenas 10%. Praticamente sozinho, o petróleo tirou bilhões de pessoas da miséria, principalmente nas últimas três décadas, em que a produção saiu do Ocidente. Acima de tudo, o petróleo colocou essas pessoas o mais próximo possível de uma vida de classe média." Ele se recostou na poltrona. "O resultado disso, contudo, é um consumo cada vez maior no mundo em desenvolvimento, de tudo, roupas, televisores, carros, tudo! E vai continuar sendo assim, pelo menos até eles alcançarem os padrões de vida ocidentais."

Então, Rafi se inclinou à frente com uma expressão grave. "Larry, veja a Índia. A utilização de energia dobrou desde 2000 e vai crescer a um ritmo três vezes maior do que a média global por causa da rápida urbanização. Isso significa que entre 2021 e 2031 vai haver um surto colossal na demanda por ar-condicionado. Ou seja, em plena crise climática, a demanda mais urgente por energia no mundo vem de um contingente de 1,4 bilhão de pessoas. A demanda indiana cresce três ou quatro vezes mais rápido do que nos Estados Unidos, no Reino Unido, na Alemanha e no restante do mundo desenvolvido. A Índia é viciada em carvão barato e combustíveis fósseis. Há uma tese de investimento tomando forma aí. Dos mais ou menos 320 milhões de lares na índia, menos de 22 milhões têm ar-condicionado hoje."

Rafi passou a gesticular amplamente para expressar a gravidade da situação. "Estamos falando de um país cuja temperatura média durante o dia é algo em torno de 29 graus Celsius. À medida que a renda *per capita* aumenta na Índia e os padrões de vida se elevam, a primeira coisa que as famílias vão acrescentar no orçamento do mês é um ar-condicionado! Atingir a neutralidade em carbono em 2050 é uma fantasia completa; para os 4 bilhões de seres humanos do mundo em desenvolvimento, será em 2100 ou 2125, e, até lá, a lacuna terá de ser preenchida com petróleo, gás e energia nuclear. Exportar empregos mais bem remunerados para os quatro cantos do planeta Terra tem um preço, não é de graça."

Rafi, que crescera em Calgary e sempre estivera envolvido com investimentos em energia, agora ocupava um cargo importantíssimo em um enorme fundo que atuava bem no olho do furacão. Ele nasceu para negociar na montanha-russa do mercado de energia: tanto sua capacidade analítica quanto sua visão de mundo eram objetivas, lógicas e, mais importante, giravam em torno de uma tese central tão espantosamente simples que parecia escapar à totalidade dos governos contemporâneos.

"Larry, em última instância, aqui no Ocidente a escassez de energia se traduz num banho gelado, num café menos gostoso, talvez. Já nos mercados emergentes, é caos, carnificina, quiçá uma guerra civil." Ele me fitou com um sorriso torto. "Você sabe por que não temos um oleoduto para enviar petróleo daqui para o leste do Canadá? Porque o governo de Quebec bloqueou! Você acredita nisso? Eles preferem comprar petróleo saudita a destruir um gramado para fazer umas tubulações!"

Rafi ficou me olhando com uma expressão de zombaria.

Durante o retorno a Nova York, não parei de pensar a respeito da oferta, ou melhor, da ausência de oferta de energia no futuro próximo. Em minhas estimativas, o CapEx em combustíveis fósseis e metais sofreu um corte de 2,4 trilhões de dólares entre 2014 e 2020. CapEx (*capital expenditure*) é o custo dos investimentos, ou gasto de capital, e é uma palavra que o pessoal dos mercados de energia repete o dia inteiro. O setor energético é um dos que mais requerem capital no mundo – basta pensar nas sofisticadas máquinas de perfuração, nas dispendiosas estruturas de oleoduto, na avançada tecnologia de refinamento, nas plantas de produção etc. Às vezes, especialmente no setor de mineração, as empresas chegam a construir ferrovias para escoar a commodity. Construir uma ferrovia não é barato.

Pois bem, o corte de 2,4 trilhões de dólares se deveu a uma combinação de má disciplina de capital após a quebra de 2014, que provocou diversas falências e liquidações de ativos, e regulamentação governamental. Em outras palavras, os bons e velhos investimentos em carvão, petróleo, gás, urânio e na exploração de metais não chegam perto do suficiente, principalmente na América do Norte, sendo que nesse ínterim a população global cresceu 800 milhões. Agora, precisamos de uns 3 trilhões de dólares em gastos de capital adicionais apenas para compensar o atraso.

A pandemia de Covid-19 causou uma transformação no setor de petróleo que talvez dure pela próxima década. Logo após a chegada da doença, a demanda por todos os tipos de petróleo evaporou como gota d'água em frigideira quente. Os mercados de petróleo quebraram, a ponto de a cotação da West Texas Intermediate (WTI) chegar a 0 dólar o barril. Quase sem exceção, as empresas do setor interromperam o funcionamento dos poços, desligaram o maquinário e disseram aos funcionários para sacar o seguro-desemprego e voltar para casa. Todos nós temos viva na memória a monumental paralisação da economia. Até as estradas ficaram vazias. Em Manhattan, não se ouvia buzina em plena sexta-feira à noite; as vastas avenidas do bairro de Midtown, fantasmagóricas, pareciam saídas de um filme distópico. O novo mundo estava avançando para um futuro inspirado no metaverso, ou então em algum tipo de realidade aumentada. Os *millennials* e os membros da geração Z estavam convictos de que o futuro energético já não pertencia à indústria petroleira, que ele seria diferente de alguma maneira, livre de emissões de carbono, um mundo ligado na tomada, e que os carros beberrões de gasolina dos últimos cem anos finalmente encontrariam o caminho do ferro-velho da história. Não poderiam estar mais errados.

Quando o mundo reabriu as portas após os *lockdowns*, em 2021, a Organização dos Países Exportadores de Petróleo (Opep) impôs um rígido limite à oferta, enquanto que a recuperação da produção nos Estados Unidos se dava a passos lentos. Além disso, os debates do Partido Democrata de 2020 foram dominados por palavras de ordem contra o xisto, o que assustou muitos participantes, afastando-os do espaço, ainda mais depois que Biden venceu a disputa eleitoral. Oras, qual é o sentido de investir em uma zona de morte? O capital não apenas se afastou, ele debandou do setor.

Projeções da demanda global por energia: amplamente aceitas e... completamente erradas?

Sabe a visão da Agência Internacional de Energia (IEA, na sigla em inglês) de um cenário de crescimento sustentável em que as emissões de CO_2 sejam cortadas pela metade dentro dos próximos vinte anos? Improvável. E a projeção de que a demanda *per capita* de energia vai se reduzir em 25% até 2040? Chocante. A IEA prevê que a demanda se reduzirá até mesmo em mercados emergentes, o que é uma insanidade completa. É obrigatória a leitura dos trabalhos de Leigh Goehring e Adam Rozencwajg nessa área; a dupla defende o princípio segundo o qual, a partir do ponto em que o PIB *per capita* de um país excede 2.500 dólares por ano, o consumo de commodity passa a crescer exponencialmente. Então, quando o PIB *per capita* ultrapassa a fronteira dos 20 mil dólares por ano, esse consumo se estabiliza. Nesse ínterim, porém, as preferências de locomoção passarão da bicicleta para a scooter e da scooter para o carro. Quando a urbanização, a produtividade e a renda se elevam, as pessoas passam a querer ar-condicionado, aquecimento, iluminação, potência. Também passam a comer mais carne, cuja produção demanda mais energia do que a de verduras. Uma estimativa mais razoável seria a de que, ao longo dos próximos vinte anos, haverá um aumento de 10% na demanda global por energia.

De acordo com a Opep, em 2023 o mundo consumiu aproximadamente 102 milhões de barris de petróleo por dia. Se considerarmos que nas economias desenvolvidas (Estados Unidos, Europa Ocidental, Ásia desenvolvida etc.) a demanda por petróleo se manterá estagnada pelos próximos cinco a dez anos, dado que o crescimento populacional e do PIB é contrabalançado por uma contínua redução no consumo de energia *per capita*, o crescimento da demanda por petróleo só poderá vir dos mercados emergentes. Com base nas tendências de crescimento de demanda nesses países nos últimos cinco anos, estimamos que a demanda por petróleo vai aumentar de 56 milhões de barris por dia em 2023 para 65 milhões de barris em 2028 e 77 milhões de barris em 2033, o que significa que o mundo consumirá 123 milhões de barris naquele período de dez anos. Toda essa demanda extra virá das economias emergentes, e não estamos levando em consideração aqui uma potencial aceleração na demanda de regiões como África ou Índia quando sua renda *per capita* atingir os níveis que disparam um crescimento exponencial na demanda por petróleo. Por outro lado, o da oferta, a produção estadunidense está estagnada desde 2019; em 2022, foram produzidos mais ou menos doze milhões de barris. No caso da Venezuela, do Irã e da Rússia, submetidos a sanções internacionais, a capacidade produtiva está sofrendo com a falta de acesso a tecnologias mais avançadas de extração e ao capital ocidental, ou seja, a produção nesses países também continua estagnada. Arábia Saudita e Emirados Árabes Unidos são, entre os membros da Opep, aqueles com a maior capacidade excedente – 4 milhões de barris atualmente, muito menos do que os 21 milhões de barris extras necessários. Se não houver um maciço aumento de investimentos em nova capacidade produtiva, a indústria do petróleo não vai atender ao crescimento esperado da demanda, simples assim.

Dívida total do setor de petróleo e gás

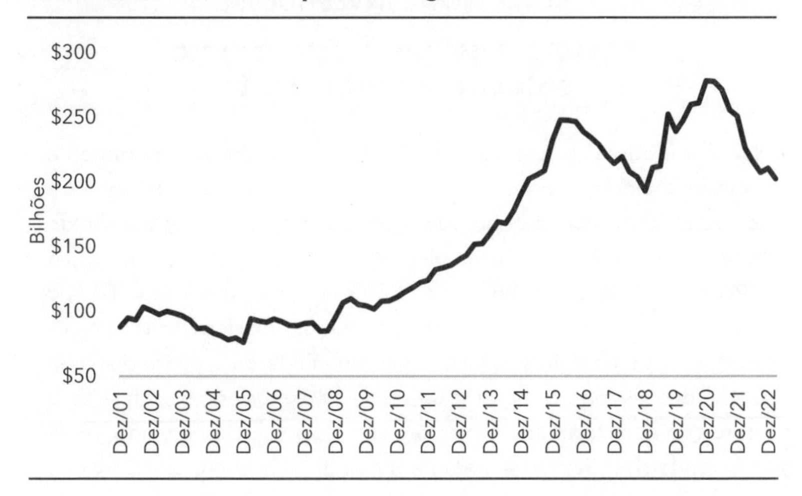

Reservas de petróleo: empresas de E&P de grande porte vs. empresas independentes

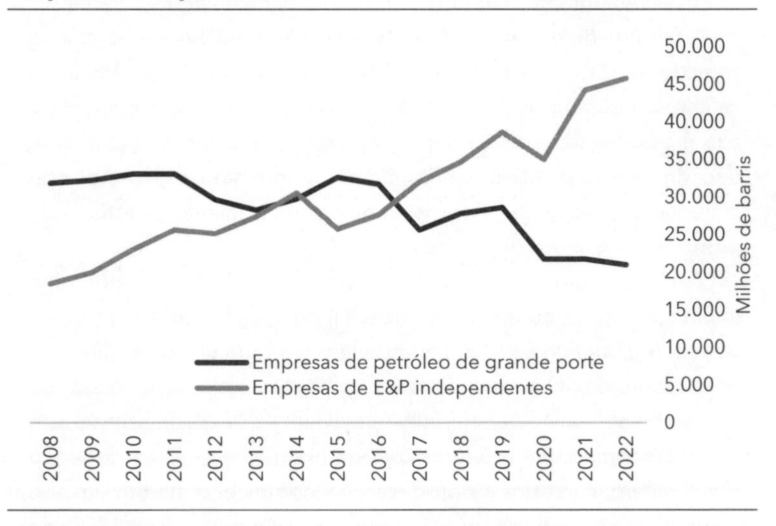

TOME NOTA, INVESTIDOR

Seria a energia nuclear uma solução temporária?

No mundo inteiro, cada vez mais ativistas verdes têm finalmente compreendido que a única estrada que leva a prados verdejantes e à neutralidade em carbono passa por um entreposto nuclear. Ainda assim, não é uma solução simples. Após o desastre de Chernobyl, na União Soviética, em 1986, e o de Fukushima, no Japão, em 2011, a mídia caiu em cima de qualquer coisa que se relacionasse a reatores nucleares ou energia nuclear. A Alemanha liderou a debandada do setor, desativando a maioria de suas usinas nucleares e fazendo a transição para fazendas de vento e energia solar. Desde então, ocorreu um terrível desinvestimento em energia nuclear, o que deixou o mercado de urânio em um estado tão desolador quanto uma vaga de estacionamento vazia num dia chuvoso. Os Estados Unidos possuem o equivalente a apenas dois anos de estoque de urânio para suas 54 usinas de energia nuclear em operação comercial.

A construção de um reator leva anos. Um tal desvio de rota seria como fazer três navios porta-aviões darem meia-volta. Contratar novos cérebros, encontrar os doutores certos para supervisionar as operações: são processos demasiadamente extensos, que levariam quase uma década – cinco a sete anos no mínimo. Enquanto isso, o setor está sofrendo uma fuga de cérebros, já que os mais talentosos estão indo para setores como o de criptos.

Em Washington, existe hoje um apoio bipartidário ao setor, algo impensável cinco ou dez anos atrás. Ainda mais importante, o pano de fundo global da oferta/demanda tem um forte efeito de otimismo para a commodity e para as ações como um todo. No Canadá, na Europa e na Ásia, há um importante movimento de mudança que está estimulando demandas futuras consideravelmente maiores. Segundo a *Bloomberg*, os custos de produção unitária de energia nuclear são os mais baratos entre todas as fontes energéticas: apenas 90% da hidrelétrica, 46% da eólica, 40% da solar e 27% do petróleo.

De acordo com Bill Gates, "A energia nuclear moderna, em termos de protocolos gerais de segurança, é melhor do que as demais". Como investimento, é um setor que nós adoramos. A população global cresceu em 800 milhões desde 2014 e vem crescendo dentro dessa margem a cada dez anos, o que consequentemente aumenta a demanda por combustíveis fósseis, energia e eletricidade. No presente momento, há uma enorme desconexão entre as demandas de energia e a capacidade nuclear das maiores economias do mundo, que são Estados Unidos e China. A energia nuclear fornece mais de 30% da eletricidade para titãs como França, Hungria e Suécia, porém há países maiores, como Estados Unidos, China, Brasil, Índia e Reino Unido, em que esse número é menor do que 20% – na China, é de apenas 5%.

Recentemente, Elon Musk se pronunciou abertamente a favor da expansão da capacidade nuclear: "A Alemanha não só não deveria fechar suas usinas nucleares, como deveria reabrir as que estão fechadas. É uma loucura. O mundo deveria estar aumentando o uso de energia nuclear!". Pelo lado da demanda, está crescendo o número de pessoas que, prevendo escassez num futuro próximo, reivindica aumento na capacidade de geração; elas temem que toda essa demanda em algum momento bata à porta do setor de energia nuclear e o encontre com estoques baixíssimos, o que poderia fazer o preço do urânio atingir picos.

Nosso consultor de longa data John Quakes, especialista no setor de urânio e pesquisador na área de geociências, nos inteirou de dezenas de desdobramentos ocorridos no setor nos últimos meses. "Estamos estupefatos", falou. "A narrativa da energia nuclear tem sido uma bola de neve de anúncios de construção, de projeto, de ampliação ou de reabertura de reatores, num ritmo que nunca vimos. A Alemanha parece ter sido o estopim. A maneira catastrófica como o país abandonou a energia nuclear, tornando-se dependente do gás russo e das dispendiosas fazendas de vento, tem funcionado para outras nações como um catalisador para fazer o exato oposto."

Deve-se isso ao fato de que a energia nuclear dá uma surra nas demais fontes energéticas qualquer que seja a métrica utilizada: emissão de carbono, custos, segurança, desperdício, a lista nunca termina. Ainda assim, nos jornais, só se escuta sobre resíduos radioativos ou sobre o doloroso fantasma de Fukushima e Chernobyl. Quase ninguém comenta sobre os resíduos da energia solar; de acordo com a *BloombergNEF*: "O volume de resíduos gerados anualmente pelos painéis solares aumentará de 30 mil toneladas métricas em 2021 para mais de 1 milhão de toneladas métricas em 2035 e para mais de 10 milhões de toneladas métricas em 2050" – ou seja, painéis velhos que serão descartados numa grande pilha de ferrugem e plástico. Tampouco vemos muitas notícias sobre as montanhas de resíduo tóxico geradas no refinamento de terras raras, matéria-prima indispensável para o funcionamento das turbinas eólicas.

Poucos anos atrás, para surpresa geral, o setor de urânio se viu sob um grave risco de déficit na oferta devido à mera manutenção da operação da frota existente de reatores, antes de passar por uma nova ressurreição no fim de 2022. As cadeias de fornecimento sofreram um grande baque com a pandemia de Covid-19, porém hoje a demanda não só foi retomada como está prestes a subir vertiginosamente.

No Capítulo 9, explicaremos como você pode se antecipar a essa tendência.

Sem surpresas, os preços do petróleo não pararam de escalar, já que ele simplesmente não existia em quantidade suficiente. A demanda rapidamente superou a oferta, e a inflação tomou conta dos mercados conforme as frotas de avião ligavam seus motores Turbofan ativados por querosene, os cruzeiros a diesel com três mil passageiros partiam dos portos e as ruas e estradas eram tomadas por carros, ônibus e caminhões movidos a gasolina. E isso no mundo inteiro, não apenas nos Estados Unidos.

Nos últimos três anos, vimos a luta do Ocidente contra os combustíveis fósseis se transformar numa verdadeira guerra. As restrições de ESG (do inglês *Environmental, Social and Governance*) só aumentam. O Ocidente estimula as empresas a agirem com responsabilidade, porém isso não passa de eufemismo; o que ele realmente quer dizer é: “Mantenha distância de qualquer um que esteja tentando poluir o planeta Terra, especialmente dos combustíveis fósseis”. A mensagem está em toda parte: nos noticiários, nas promessas de campanha, nas reuniões de diretoria. Essa postura matou os investimentos no setor de energia tradicional, incluindo petróleo, gás natural e carvão, e é um dos principais motivos por que a oferta anda baixa no mundo inteiro.

E um aumento na oferta de petróleo não ocorre num estalar de dedos; são necessários anos para retomar a operação das grandes produções. Em primeiro lugar, é preciso enfrentar as regulações plurianuais. Depois, os governos devem incentivar as companhias, mas, em vez disso, muitos deles aplicam impostos arbitrários às grandes empresas petrolíferas, o que é uma péssima conduta, pois os impostos são um obstáculo à produção (são e ponto-final). Na sequência, leva-se a cabo a fase de exploração, com a busca dos locais mais abundantes em petróleo, e isso custa muito dinheiro. A quarta etapa consiste em transportar o maquinário, um problema de muitos milhões. Depois, vem a contratação de pessoal qualificado, seguida da perfuração, da infraestrutura, do transporte e da logística. E assim por diante. Vai levar de sete a dez anos para que o mercado seja novamente inundado de petróleo e gás depois que a ESG fracassar – o que vai acontecer, basta ver os números.

TOME NOTA, INVESTIDOR

Vem aí uma onda de fusões e aquisições na indústria do petróleo

Até hoje, houve três ondas de fusões e aquisições no universo do petróleo e gás: uma no final dos anos 1990, quando a Exxon e a Mobil se uniram em meio a uma baixa histórica no preço do petróleo; uma entre 2004 e 2007, quando a revolução do xisto no mundo do gás natural estava apenas começando e os preços do petróleo estavam em alta; e uma entre 2015 e 2019, após o surto de investimentos das gigantes do petróleo, que varreu do mapa os atores mais frágeis.

Atualmente, a indústria se mostra estabilizada o bastante para viver outro período de fusões. Em sua maioria, as terras de xisto mais lucrativas já foram compradas e o ESG – um tipo de investimento que filtra as empresas aptas à concessão de crédito com base em critérios ambientais, sociais e de governança – e as restrições de exploração e capital tornam mais atraente para as maiores companhias petrolíferas fazer aquisições, em vez de investir no preparo dos terrenos. Em um mundo multipolar, a proximidade é um fator que aumenta o valor das reservas de combustíveis fósseis, uma vez que as mais distantes podem ser enredadas em alguma agitação geopolítica ou repatriadas por governos estrangeiros. Por exemplo: todas as *joint ventures* entre as gigantes do petróleo e o governo russo foram dissolvidas na esteira das sanções aplicadas pelos Estados Unidos e Europa em 2022. A British Petroleum (BP) tomou um prejuízo de 25 bilhões de dólares ao abandonar seus 25% de participação na empresa russa Rosneft, o que equivale a praticamente metade das reservas da BP. A Shell também teve prejuízo com sua saída da *joint venture* com a Gazprom para financiar o gasoduto Nord Stream 2.

O caixa da ExxonMobil, que em 2020 era de 4 bilhões de dólares, subiu para 33 bilhões em 2023, ao passo que seu fluxo de caixa livre cresceu ano após ano, passando de -2 bilhões de dólares para mais de 58 bilhões. As gigantes estão com dinheiro de sobra, a maior parte dele em busca de um novo lar, e hoje uma das maneiras mais simples de ampliar reservas reside na aquisição.

Se os governos quisessem realmente substituir o petróleo como fonte de energia no planeta Terra, teriam de construir uma fazenda de vento de 54 milhões de hectares, pouco maior do que a França. Uma fazenda solar capaz de substituir o petróleo teria que ter o tamanho da Espanha, quase 50 milhões de hectares, sem contar que teria de receber pelo menos 70% da luz solar durante oito horas por dia, *todos os dias, o ano inteiro*. Agora pense na quantidade de plástico que seria usada, de fibra de vidro, nos cabos de aço e nas turbinas, na manutenção que nunca acaba, nos milhões em baterias e cabeamento. É simplesmente impossível fazer isso sem levar o mundo à falência. Quem sabe um dia, daqui a muitas décadas, mas hoje não dá.

A burocracia do investimento ESG acarreta uma série de consequências não premeditadas, apartadas do mercado financeiro. Nos bastidores, ela está causando estragos. Nos últimos anos, a Califórnia testemunhou diversos incêndios devastadores; mais de sessenta mil construções viraram cinzas. Miley Cyrus, Neil Young e Gerard Butler perderam suas casas. No total, desde a virada do século, os incêndios florestais já queimaram 9 milhões de hectares de matas e pastos californianos, o equivalente ao estado inteiro do Maine. Somados, os incêndios geraram uma poluição de CO_2 igual à que seria produzida se 120 milhões de carros fossem deixados ligados por um ano.

Demanda africana por petróleo

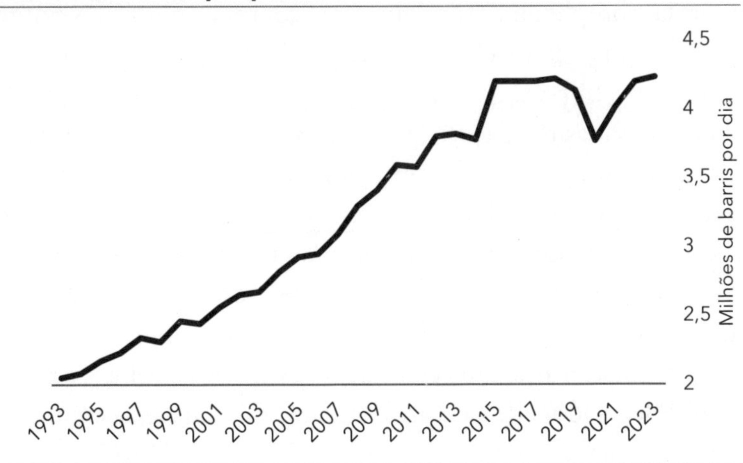

Demanda chinesa por petróleo

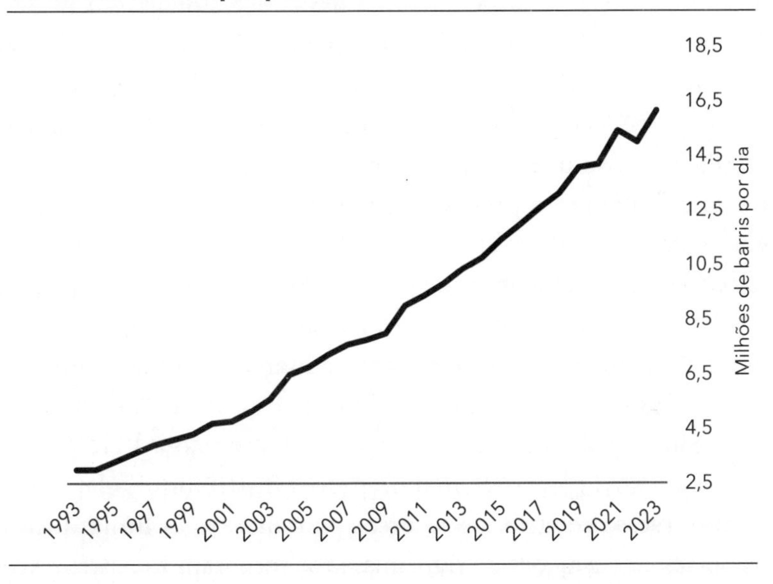

É fácil botar a culpa na mudança climática, mas tem muito mais coisa por trás. Na verdade, boa parte da causa reside no fervor californiano em utilizar energia renovável sem considerar todas as possíveis consequências, assim como na má administração da Pacific Gas & Electric (PG&E), distribuidora de energia elétrica.

As práticas de manutenção da infraestrutura de transmissão da empresa, completamente negligentes, foram responsáveis por começar dezenas de incêndios florestais desde 2000, com centenas de mortes e bilhões de dólares em prejuízos. Parte do problema está nas pesadas regulações que obrigaram prestadoras de serviços públicos como a PG&E a obterem energia renovável em locais distantes – por exemplo, energia hídrica do estado de Washington ou energia solar de Nevada. As conexões necessárias entre a rede da PG&E e as longínquas fontes renováveis custaram à distribuidora uma fortuna para construir linhas de energia interestaduais. O órgão regulador que aprovou tais investimentos foi a Comissão Federal Reguladora de Energia Elétrica (FERC, na sigla em inglês).

A Ferc e a Comissão de Concessionárias da Califórnia (CPUC, na sigla em inglês) – órgão regulador do estado da Califórnia – supervisionam as tarifas que a PG&E cobra dos consumidores pela eletricidade. Como a maioria das concessionárias, a PG&E precisa obter a aprovação dos órgãos reguladores para quaisquer aumentos nas tarifas, que são decididos com base nos investimentos feitos pela companhia. Bem, devido às várias determinações relativas ao uso de energias renováveis e à dispendiosa estrutura necessária para cumpri-las, a Califórnia passou a ter a tarifa de energia elétrica mais cara dos Estados Unidos, razão pela qual a CPUC frequentemente nega os pedidos de aumento de tarifa da PG&E, mesmo que sejam baseados em outros gastos propostos por esta, como simples gastos com a manutenção das linhas de distribuição que alimentam as cidades. Em outras palavras: são os órgãos reguladores de concessionárias, e não a PG&E, que decidem quais planos de manutenção a distribuidora deve levar a cabo. Nesse cenário, os recursos para manter as linhas locais, os postes e as estações de transmissão se tornaram inexistentes, e, com o tempo, as linhas começaram a cair aos pedaços e deixaram o estado em chamas.

O puro caldo da inflação

Em última instância, os preços de energia são a causa-raiz da inflação. Pense em cada gota de gasolina e energia que foi usada para fazer algo tão simples quanto a xícara de café que tomamos em Calgary. Se você incluir na soma os altos preços do petróleo, um café no Starbucks que saía por 4 dólares agora sai por 6.

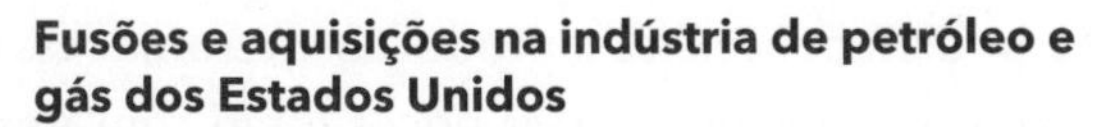

Fusões e aquisições na indústria de petróleo e gás dos Estados Unidos

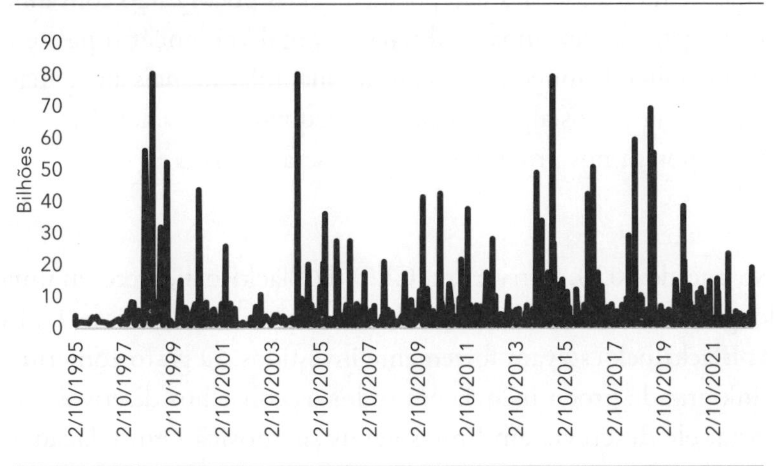

Contudo, há uma segunda camada na relação entre energia e inflação. Custos de energia mais altos não têm o efeito apenas de elevar outros custos consigo: eles também tornam a inflação mais difícil de combater. A frase a seguir pode muito bem ser a mais importante deste livro: se nesse ciclo a inflação se normaliza em 3% a 4%, em vez de 1% a 2% como nas décadas passadas, trilhões de dólares passam a estar mal alocados no ecossistema dos investimentos em ativos, já que a maioria das carteiras ainda se caracteriza por um enorme excesso de ações de crescimento.

Geralmente, durante um período de recessão, os preços de energia e petróleo caem brutalmente em decorrência da demanda mais baixa, que exerce uma enorme força deflacionária. Mas, daqui para a frente, o preço de energia tende a permanecer relativamente alto mesmo nas recessões. Como consequência do desinvestimento crônico nas indústrias de petróleo e gás, Estados Unidos e Canadá entregaram valiosas fatias de mercado de bandeja para sauditas, russos e a Opep, que passaram a deter maior controle sobre o preço global do petróleo. Em um mundo multipolar, esses atores nem tão amigáveis agora podem coordenar cortes na oferta em momentos de recessão, a fim de manter os preços elevados.

Se os Estados Unidos possuíssem oito mil poços perfurados, porém incompletos, poderiam acelerar a produção e retomar essas fatias de mercado. Mas não possuem: esses poços estão com uma defasagem de dez anos. A dinâmica atual vai lançar o país em uma batalha de longo prazo contra uma inflação mais alta e mais teimosa. Já vimos algo parecido na pequena crise energética em 2022, porém nos próximos anos essa será a norma.

No ano de 2020, Larry Fink, CEO da BlackRock, escreveu uma longa carta aos CEOs e diretores das empresas nas quais os ETFs da BlackRock estavam fortemente investidos. O gesto conferiu a Fink grande proeminência em todos os conselhos diretivos. Na carta, ele descrevia em linhas gerais sua posição em relação às políticas climáticas e a um futuro descarbonizado; tratava-se de uma dissertação clara e objetiva sobre a importância de se alcançar um mundo livre de carbono. Em 2022, ele outra vez tomou o assento para redigir uma nova carta; nesta, assumia uma posição que deixava pouco espaço para contestação. A posição de principal acionista da maioria daquelas empresas lhe permitia a petulância de escrever: "O deslocamento tectônico para um investimento sustentável continua a todo vapor [...]. Não há empresa ou setor que não será transformado pela transição para um mundo com zero emissão líquida de carbono. A questão que fica é: você vai liderar ou ser liderado?".

De cima a baixo, de Davos a climatologistas e jornalistas, passando pelas campanhas políticas, a discussão global gira em torno de dióxido de carbono e das empresas que mais emitem CO_2, ou seja, é basicamente uma ofensiva aos combustíveis fósseis (carvão, petróleo e gás natural), e os interessados não veem a hora de substituí-los por energia eólica, solar, hidrogênio, qualquer uma que não emita CO_2, ainda que não faça nenhum sentido matematicamente falando. Para eles, importa a oferta, não a demanda.

Dado que a matemática da energia verde é irrealista, forçar o caminho para um mundo com zero emissão líquida de carbono é impor o risco de uma reversão econômica global. Na visão de Fink, "Todos os setores, sem exceção, serão transformados por novas tecnologias sustentáveis". Essas pessoas ainda se pautam pelo bem comum, ou a meta de uma energia livre de carbono se metamorfoseou em fanatismo? Hoje, com base na quantidade de cobre utilizável que existe no mundo, o futuro elétrico é uma impossibilidade.

FIQUE ATENTO, INVESTIDOR!

Outras causas da inflação persistente

Considerações sociopolíticas à parte, em uma perspectiva estritamente econômica, é provável que a ampliação da rede de proteção social pós-Covid tenha estabelecido as bases para uma inflação normalizada muito mais alta do que nas últimas décadas. Lição básica de economia: o que acontece quando se subsidia a demanda ao passo que a oferta é reprimida? Para além do fortalecimento de Arábia Saudita, Rússia e Opep, há fatores da política interna norte-americana que aumentam a probabilidade de uma inflação persistente, ou mesmo de uma espiral inflacionária nos preços, em decorrência da alta nos valores da energia. Em 2022, em um movimento pouco ortodoxo, diversos governos ocidentais subsidiaram a demanda energética durante uma crise inflacionária. A Califórnia, por exemplo, distribuiu 23 bilhões de dólares em cheques de "alívio inflacionário", boa parte dos quais para cobrir o aumento nos custos de energia. A Itália gastou 14 bilhões de dólares para fazer o mesmo. O mais vultoso desses pagamentos para subsidiar a demanda por energia se deu nos Estados Unidos com o ajuste do custo de vida (Cola, na sigla em inglês) atrelado aos pagamentos de previdência social e aposentadoria pública; o ano de 2023 apresentou aumento de 8,7%, o maior no Cola em 40 anos. O cálculo do Cola leva em conta os números do Índice de Preços ao Consumidor (CPI), que estão profundamente atrelados ao custo de energia, uma vez que o petróleo cru está presente em tudo. Considerando apenas a previdência social, o governo federal dos Estados Unidos distribuiu aos aposentados 207 bilhões de dólares extras para compensar a queda no poder de compra em 2022 e 2023. O capital do Cola, usado para comprar comida e roupa, escoa pela economia e impede que a inflação vá embora.

Foi o que testemunhamos nos anos 1970: ainda que ocorra a normalização dos preços, eles estarão sustentados por uma trajetória inflacionária crescente. Uma vez que há um descompasso de um ano entre a reposição e o efetivo custo de vida, o ajuste empurra a inflação do último ano. Assim, as medidas de subsídio da demanda, tanto diretas quanto indiretas, provavelmente darão as caras na próxima crise energética, que se somará à carga inflacionária global.

No mundo pós-Covid, a rede de proteção social não apenas se tornou mais ampla como também consideravelmente mais presente. Não há nada mais revelador sobre a inflação persistente do que os benefícios do Programa de Assistência à Nutrição Suplementar (Snap, na sigla em inglês); durante os anos de pandemia, o número de beneficiários nos Estados Unidos chegou a 42 milhões, um aumento de 25%. Em 2001, esse número era de dezesseis milhões, ou 5,6% da população do país. Segundo a *Pew Research*, em abril de 2023, 41,9 milhões de cidadãos receberam benefícios por meio da Snap, ou seja, 12,5% da população.

Em 2020, o Walmart abocanhou quase 26% dos dólares do Snap para artigos de mercearia; hoje em dia, os ciclos de pagamento do benefício têm um grande efeito nos lucros da companhia, como declarado por ela própria em conferências. De acordo com o Departamento de Agricultura dos Estados Unidos, os gastos do setor com programas de assistência alimentícia ou nutricional totalizaram 182,5 bilhões de dólares no ano fiscal de 2021, 49% a mais do que os 122,8 bilhões de 2020, o recorde até então.

E estamos falando de uma economia que se encontra próxima do "pleno emprego", o que significa que praticamente qualquer pessoa que esteja em busca de um consegue encontrar. Com a próxima recessão apontando no horizonte, os Estados Unidos vão empilhar déficits orçamentários anuais de 5% a 7%, sendo que o gasto com previdência social já é 20% maior do que a média de vinte anos. Combater a inflação com o aumento dos juros, como fez o Fed, e então alimentar a inflação com déficits orçamentários cada vez maiores durante a Covid-19 foi uma conduta que provavelmente criou as bases para taxa de inflação normalizada muito mais alta daqui para a frente, em comparação com as décadas passadas.

No caso do cobre, espera-se que 40% do crescimento da demanda no futuro venha de aplicações elétricas em tecnologias verdes, como veículos elétricos (VE), turbinas eólicas e painéis solares. De acordo com a empresa de consultoria e pesquisa Wood Mackenzie, o crescimento da demanda, combinado à ausência de novos projetos de mineração de cobre, vai provocar um hiato de dez anos e até cinco milhões de toneladas na oferta. Segundo o Edison Electric Institute, a rede de transmissão elétrica estadunidense é composta por mais de 950 mil quilômetros de linhas de transmissão, dos quais 385 mil são de linhas consideradas de alta tensão (de 230 quilovolts ou mais). O cobre é um componente material essencial à transmissão, que consiste em sistemas estruturais, linhas de condução, cabos, transformadores, disjuntores e subestações. Para alcançar as metas de zero emissão líquida de carbono até 2050, seria necessária uma rede elétrica global de 152 milhões de quilômetros (a distância entre a Terra e o Sol), o dobro da atual. O Oregon Group, uma equipe de pesquisa em investimento, afirma que até 2050 a demanda por cobre será de 427 toneladas métricas, o que demandará 21 trilhões de dólares em gastos, o que, por sua vez, significa um aumento no investimento anual de 274 bilhões de dólares para 1 trilhão de dólares entre 2022 e 2050. Estamos falando das despesas de capital necessárias para encontrar o cobre e para reconstruir a rede e fazer os materiais chegarem aos devidos locais.

O lítio é outro mineral vital para a transição verde. Estima-se que em 2030 a demanda global de lítio para uso em veículos elétricos (VE) seja 23 vezes maior do que foi produzido em 2021. Sendo assim, é esperado que o déficit no fornecimento de lítio persista até ao menos 2030, uma vez que a demanda continue superando a oferta. O níquel também é considerado um metal verde; ele é usado em quase todas as baterias de lítio por sua capacidade de absorver e liberar os íons de lítio conforme estes se movem para fornecer ou acumular energia. Sua demanda deve dobrar até 2040 devido à expansão do uso dessas baterias em carros elétricos e seus sistemas de carregamento. A demanda por cobalto, minério de que falaremos melhor no Capítulo 9, deve dobrar até 2030, com um déficit na oferta estimado em 32%.

Encher as estradas norte-americanas com dez milhões de novos carros elétricos vai submeter a um estresse ainda maior a infraestrutura elétrica como um todo, que sabidamente já apresenta trechos falhos. Os últimos anos nos legaram diversos ensinamentos trágicos, desde os apagões no Texas até os furiosos incêndios na Califórnia. A rede de energia elétrica dos Estados Unidos já tem mais de meio século, e a crescente instabilidade e a falta de investimentos tornam-na incapaz de suportar a produção de VEs. Além disso, só nos Estados Unidos, os custos para modernizar a infraestrutura energética a fim de torná-la apta ao transporte descarbonizado seriam da ordem de 7 trilhões de dólares.

Recentemente, nossa equipe soube de uma história bizarra que se passou no outro lado do oceano Atlântico. Na Alemanha, as manchetes dos jornais só falavam da decepção que era o setor de energia eólica no país. Após acabar com o carvão e o gás natural, impor limitações ao petróleo e despejar bilhões em energia solar e eólica, os alemães efetivamente se achavam diante de uma crise. Pela primeira vez na história, a operadora da rede no estado federal de Baden-Württemberg enviou um alerta aos usuários: a rede ficaria sem energia por uma hora naquela tarde; a concessionária ainda solicitava aos consumidores que moderassem seu consumo energético. Estamos falando da Alemanha, a principal economia europeia, que de repente se viu à mercê das forças da natureza – um fenômeno climático conhecido como *Dunkelflaute* ("calmaria sombria" ou, em tradução mais livre, "falta de vento") estava gerando estragos. De forma inédita, a operadora da rede admitiu que, com as porções cada vez maiores de energias renováveis como a eólica e a solar, a rede de energia alemã havia se tornado "um desafio". Como será que se fala "eufemismo" em alemão?

Com tantas questões pairando sobre os mercados globais de energia, é possível que você esteja se perguntando como um investidor poderia capitalizar essas informações. Nosso conselho é bastante simples: construa uma posição comprada em petróleo; sua exposição nesses mercados precisa ser sólida. É um setor que promete pela próxima década. Os ETFs de energia XLE e XOP são ótimos lugares para começar, assim como Chevron, Shell e

Valor das empresas de E&P

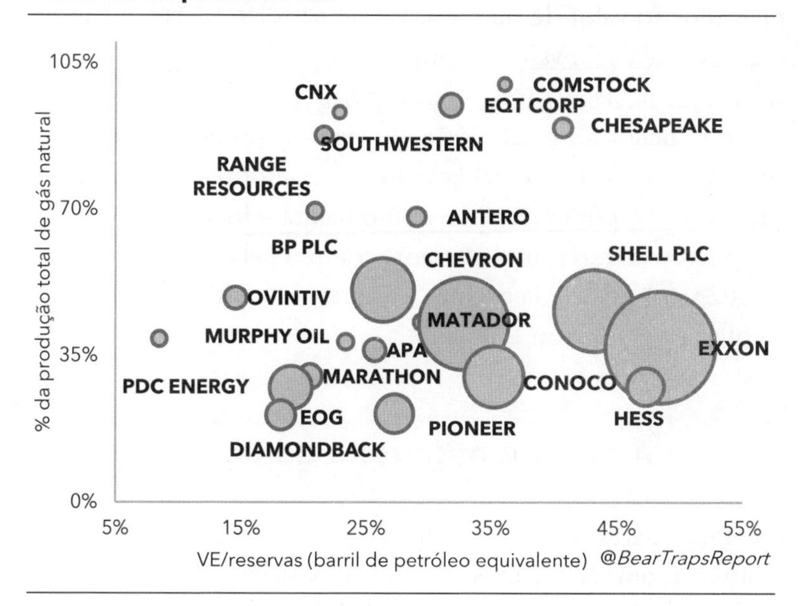

ExxonMobil. A Exxon é particularmente interessante devido às maciças reservas recém-descobertas na Guiana, país na costa nordeste da América do Sul. A companhia tem sede na capital guianense, Georgetown, de onde comanda diversas operações de exploração e desenvolvimento *offshore*. Em seu campo de petróleo Stabroek, ativo desde maio de 2015, fez descobertas significativas. A empresa espera elevar sua capacidade de produção para 1,2 milhão de barris por dia em 2027 – ela era de 375 mil barris em 2022, ou seja, em quatro anos a Guiana comporá 25% da produção mundial da empresa. É um investimento seguro para colocar os ativos. Nós sempre compramos ações da ExxonMobil (XOM) nas baixas. No gráfico anterior, destacamos diversos produtores menores de petróleo e gás que, por terem um valor atrativo, podem vir a ser adquiridos por alguma das gigantes do petróleo.

Como Wall Street estima o valor das companhias de petróleo e gás e o que os investidores podem aprender com a alta cúpula dos negócios a fim de lucrar também? Uma maneira de estimar o valor de uma empresa no setor de energia é comparar seu valor de empreendimento (a soma das dívidas e da capitalização de mercado) ao valor de suas reservas de petróleo e gás em subsolo; assim, estima-se o valor da empresa por "barril de petróleo equivalente" (petróleo e gás natural convertidos em barril de petróleo). Quanto menor for o valor de empreendimento da companhia em comparação a suas reservas em subsolo, menor será o valor dela. A PDC Energy, por exemplo, é muito barata – foi o que a Chevron considerou ao fazer uma oferta de compra pela empresa em maio de 2023. (O gráfico da página 147 apresenta o valor da PDC antes da oferta da Chevron.)

A grande migração de capital

Qualquer investidor deve estar sempre de olho nos gigantes da economia, pois eles se alternam de tempos em tempos. Há setores que ditam a moda por longos períodos, mas então retornam ao ostracismo. Se você conseguir se adiantar às tendências, se aprender a reconhecê-las, sua carteira de investimentos será enormemente beneficiada. Por exemplo, os setores de petróleo, gás, bens industriais e matérias-primas constituíam 49% do S&P 500 em 1981, porcentagem que derreteu para chocantes 12% em 2021, após uma década de deflação. A composição do S&P 500 se alterou em outros aspectos. Por quarenta anos desde então, até 2020-2021, testemunhamos uma overdose de ativos financeiros (ativos de longa duração representados por ações de crescimento e por títulos de dívida) que atingiu o clímax em janeiro de 2022, momento em que as ações de tecnologia compunham 43% do S&P 500. Foi o ponto de virada para os mercados e o princípio de um deslocamento tectônico, do tipo que ocorre a cada dez anos, e que, segundo nossas previsões, possivelmente durará até 2030.

Passamos de um regime quase que invariavelmente *deflacionário* para um *inflacionário*, e é em ocasiões assim que os componentes da alocação de ativos têm sua feição alterada na estrutura mais geral das carteiras de investimento. Nós acreditamos que os preços de energia e de metais se manterão altos pela próxima década, e eles já estão moldando a maior migração de capital que jamais presenciamos. Em 2022, os investidores estavam se retirando em bando das ações de tecnologia e de crescimento e passando para ativos mais fortes a fim de construir carteiras mais preparadas para enfrentar a permanente alta nos preços de energia e na inflação. Entre as mínimas provocadas pela Covid e o fim de 2022, período durante o qual a inflação sofreu violentas altas, o ETF Energy Select Sector SPDR (XLE) subiu 325%, o ETF Sprott Uranium Miners (URNM) subiu 318%, o ETF Global X Copper Miners (COPX) subiu 260% e o ETF SPDR S&P Metals and Mining (XME) subiu 260%. Na transição da era de deflação estável de 2010-2020 para um regime de inflação continuada, os ativos tangíveis passaram a ganhar corpo em relação aos ativos financeiros de longa duração.

As ações de petróleo estão apenas se aquecendo; acreditamos que nos próximos anos bilhões de dólares serão despejados nessas companhias, pois seus valores são baratos. Warren Buffett, o Oráculo de Omaha, é alguém que enxerga claramente as tendências; boa parte do capital que ele pôs para jogo nos anos recentes foi no setor energético. A Berkshire Hathaway hoje detém algo próximo de 25% da Occidental Petroleum (OXY) e 7% da Chevron (CVX). A produção de petróleo dos Estados Unidos tem decaído. Pouco antes da pandemia, o país produzia 13,1 milhões de barris por dia; passados três anos, a produção ainda estava em 13,3 milhões de barris por dia. De 2016 a 2019, num intervalo também de três anos, a produção norte-americana havia saltado de 8,4 para 12,9 milhões de barris por dia. Não são poucas as pessoas que afirmam ser este o ritmo necessário, considerando que pelos próximos anos espera-se um aumento na demanda para vinte milhões de barris por dia. A população está crescendo, assim como a demanda, ao passo que o crescimento da oferta está represado.

Em sua carta aos CEOs, Larry Fink escreveu sobre o dodô, ave incapaz de voar que foi extinta no século XVII, e sobre a fênix, a ave imortal da mitologia grega que ressurge das cinzas de sua antecessora. Os dodôs do futuro serão os que morrerão de mãos dadas com seus ativos de crescimento putrefatos; já as fênix estarão investidas em ativos tangíveis e nas ainda rejeitadas ações de energia. Os custos para tomar empréstimo serão altos, o buraco de 2 trilhões de dólares do CapEx vai levar anos para ser tampado e não tardará para que os baixos preços dos combustíveis fósseis (petróleo, gás e carvão) não passem de uma memória desbotada.

ESPECIALISTAS EM INVESTIMENTO DÃO A LETRA

Uma entrevista com David Tepper

Era o inverno de 2013 e eu estava percorrendo o asfalto cinza das estradas tingidas de sal rumo ao oeste do país. No retrovisor, os cumes assimétricos que recortavam o céu de Manhattan ficavam cada vez menores à medida que eu seguia pela I-78, rodovia que, cortando Nova Jersey, passa pelo Parque Weequahic com sua pista de atletismo de 3 quilômetros, o lago de 30 hectares abastecido por uma nascente natural e o campo público de golfe mais antigo dos Estados Unidos. Alguns quilômetros adiante, embiquei para a direita na avenida Millburn e segui pelos elegantes bairros-dormitórios; ao norte se situava Millburn, enquanto ao sudoeste estava Summit, uma das cidades mais prósperas do estado. Em meados do século XIX, Summit não passava de um acolhedor povoado rural, porém após a Guerra Civil transformou-se em um gentrificado balneário, graças ao límpido ar montanhesco e à pouca distância até a Big Apple. A cidade seguinte era Chatham, logo depois do exclusivo Canoe Brook Country Club, no qual estão dois dos melhores campos profissionais de golfe dos Estados Unidos. Em algum momento do passado, quando ainda me sobrava tempo, eu quase fizera o par em ambos, mas a verdade é que nunca tive a tacada necessária para entrar nos campeonatos de elite. Ao menos não naquele mundo.

Três minutos mais tarde, estacionei diante do meu destino. Para mim, aquele encontro não era apenas o resultado de dezessete e-mails e doze telefonemas, mas, de certa forma, era a conquista de uma vida inteira, e eu estava ali, a poucos metros da entrada. O Appaloosa Management, fundo de hedge especializado em títulos de dívida, é comandado por David Tepper, nascido em Pittsburgh e dono de uma memória fotográfica. Em 1987, Tepper foi o único negociante do Goldman Sachs que não perdeu dinheiro, mas não só: ele assumiu uma posição vendida na quebra que depois gerou fortunas para a firma. Na queda de 2009, teve a sagacidade de comprar blocos de vários dos bancos americanos – enquanto estes ardiam em chamas, lá estava Tepper comprando com tudo.

"Comprar as ações certas é algo que nunca, jamais vai dar prazer, Larry", ele me falou. O cara é uma figuraça.

A Appaloosa Management obteve um lucro de 7,5 bilhões de dólares quando o setor financeiro dos Estados Unidos se recuperou. Como nós, Tepper estava comprando medo enquanto o mundo entrava em pânico. Muitas das vezes – na maioria delas, na verdade – você deve receber a capitulação de braços abertos. E ninguém se compara a Tepper nesse quesito. Como bem dizia a lenda dos títulos de alto risco Larry McCarthy: "Quando o preço sobe, os compradores se revelam. Quando cai, revelam-se os vendedores. A verdade está na quantidade. O tempo é um matador de negociações. Se eles choram, você compra. Se eles berram, você vende. As pessoas levam anos para aprender essa lição básica, isso quando aprendem". Tepper tem nervos de aço, e sua carreira é uma materialização das palavras de McCarthy; sua voz transparece a firmeza que se costuma ouvir quando se está diante da grandiosidade em pessoa. No caso de Tepper, não há nenhum exagero no uso da palavra "grandiosidade"; veja, quem investiu 1 milhão de dólares na Appaloosa Management em 1993 teria, em 2013, 149 milhões de dólares. Sob qualquer critério, é um fato sensacional.

Na sala de reuniões, havia um capacete do Pittsburgh Steelers, equipe de futebol americano da cidade de Tepper. Eu, que nunca havia visto nada parecido nos aposentos de um fundo de hedge, troquei algumas palavras sobre a NFL com o homem, que manifestou grande animação com a ideia de comprar uma parte minoritária do time. (Em 2018, ele comprou o Carolina Panthers em um negócio de 2,3 bilhões de dólares.)

"Cada cor do famoso símbolo", explicou ele, "representa um material usado na produção de aço. O amarelo é o carvão. O laranja é o minério de ferro. E o azul são os resíduos de aço." No começo dos anos 1960, para criar seu escudo, o Steelers precisou entrar com um pedido no Instituto de Aço e Ferro dos Estados Unidos para alterar a palavra "Steel" [aço] presente na logomarca deste (um círculo com três símbolos em forma de estrela nas cores amarelo, laranja e azul) por "Steelers" [soldados do aço].

Tepper poderia ter continuado o papo sobre futebol americano por horas, assim como poderíamos ter entrado em uma conversa interminável sobre títulos de dívida. Quanto se trata de negociação, tanto eu quanto ele somos verdadeiros abutres, sempre em busca do obscuro, da mentira que se esconde sob o balanço patrimonial, do fantasma que paira sobre os mercados – da armadilha que as altas escondem. No entanto, Tepper é um espírito elevado; um dos mais respeitados nomes na indústria do gerenciamento de ativos, ele deixou o Goldman Sachs quando lhe pediram que sacrificasse sua integridade (não a do banco, mas a dele, Tepper). Era o começo dos anos 1990, e ele atravessou a porta e criou a Appaloosa Management. Seus investidores agradecem até hoje.

"David", falei, "eu fico abismado com o tanto de dinheiro que você gerencia e o tanto de risco que corre. Como você sabe quando deve operar comprado e quando deve operar vendido? Como funciona seu sistema de gerenciamento de risco?"

Tepper se acomodou na cadeira e refletiu por alguns instantes. "Veja, Larry, eu tento não complicar o que é simples."

Fitei-o e abri um sorriso; havia em seu tom de voz uma franqueza muito bem-vinda.

"Eu vejo da seguinte maneira", continuou ele. "Se tem uma ou duas coisas me deixando com a pulga atrás da orelha no mercado, seja uma alta repentina, seja uma rentabilidade perigosa, talvez até um pequeno conflito no Oriente Médio, eu mantenho minhas posições compradas em uma delas ou mesmo nas duas. Quando esse número passa de quatro, é aí que começo a abrir mão e me desfaço da maioria das posições compradas e aumento as posições vendidas. É assim que fujo dos problemas."

Ele pegou uma caneta que estava sobre a mesa e começou a rodá-la graciosamente com a mão esquerda. "Em geral, é melhor estar comprado, já que o mercado sobe com muito mais frequência do que o contrário. E o melhor momento para comprar é quando o mercado atinge o nível mais baixo. Evidentemente, o timing é tudo."

Tepper é mestre em estimar o sofrimento e a capitulação. Existem alguns sinais que são consideravelmente seguros. Um deles é a quantidade de ações que vem batendo na mínima de 52 semanas. Se você olhar os últimos quarenta anos, verá que, quando há oitocentas novas mínimas, mas especialmente quando há mais de mil, é sinal de que em praticamente todos os locais se atingiu o nível mínimo de sustentação dos preços. Agora, claro, a política acomodativa do banco central tem tudo a ver com níveis mínimos de sustentação dos preços. A maioria das reversões após um evento extremo de venda por capitulação está ligada a alguma reversão na política do Fed. É nosso papel escutar o que os mercados estão comunicando. Outro indicativo sólido de compra é a quantidade de ações que estão fechando acima de sua média móvel de duzentos dias; quanto mais baixa ela for, melhor será a oportunidade de compra. Desde a década de 1990, todos os grandes fundos negociáveis ocorreram com menos de 17% das ações da NYSE acima de sua média móvel de duzentos dias. Em março de 2020, apenas 4% das ações estavam acima de sua média móvel de duzentos dias – alerta de compra total.

Em 2009, ocorreu algo parecido enquanto Tepper fazia a negociação mais importante de sua carreira.

"Por mais de um mês em 2009", contou, "eu diariamente deixava o escritório e ia para o pregão com a minha equipe. O Fed estava comunicando aos investidores que iria financiar a ajuda, e um monte de gente não acreditou, mas nós, sim, e nos demos muito bem."

"Isso é fascinante", falei. "E faz total sentido."

"Veja, eu não esquento tanto a cabeça com algoritmos e *quants*. Em várias das minhas posições, simplesmente sigo meus instintos. O longo tempo que passei na Republic Steel me ensinou quase tudo o que sei sobre balanços patrimoniais. O Goldman me recusou num primeiro momento, precisei de alguns anos e um MBA para conseguir o emprego lá, então acabei ficando em Ohio após a graduação."

"É verdade que você foi recusado pelo McDonald's na época da faculdade?", perguntei, com um sorriso brincalhão. Não consegui me segurar.

"Vejo que você veio preparado! Mas eu dei a volta por cima. E você?"

"As minhas raízes? Costeletas de porco. Depois, não sei como, entrei no Merrill Lynch e depois no Lehman Brothers, como negociante de títulos de dívida."

"Uma trajetória mais tradicional, então", comentou sarcasticamente Tepper, e ambos rimos.

"David, quando a sorte fecha a porta, é preciso entrar pela janela", completei citando o maioral do pôquer Doyle Brunson.

Estava falando sobre o desejo de derrubar os muros de resistência que se erguem diante de nós durante a vida. Tanto Tepper quanto eu subimos em Wall Street pelas beiradas, e a duras penas. Ele possuía uma grande experiência, ainda mais para alguém que vinha da faculdade. Tepper era da opinião de que a coisa mais importante era aprender, especialmente para quem estava começando.

"Não mire o dinheiro. Ele vem com o tempo. Ganhar experiência e conhecimento, esse deve ser o objetivo", falou ele.

"Me diga, qual é a sua opinião sobre os mercados de petróleo?", perguntei para retomar a conversa. "Eles estão com tudo."

"Essa história vai terminar em lágrimas, e vai ser ao fim deste ano." (Lembre-se: a conversa se deu em 2013.) "A contagem de poços de petróleo e gás nos Estados Unidos está em 1,8 mil, o dobro de 2009. Esse número pode cair a menos de mil em poucos anos. As taxas de ocupação hoteleira na Bacia do Permiano, no Texas e na região Sudoeste do Novo México têm batido perto de 75% nos últimos anos, devido à explosão na demanda de mão de obra no setor de petróleo e gás. Os planos de CapEx da indústria para os próximos anos estão em 800 bilhões de dólares, ou seja, 300 bilhões de dólares a mais do que em 2010. Estão perfurando poços em tudo quanto é lugar. Se há um sinal de venda, é este. Na Appaloosa, nós gostamos de ser a vanguarda, os primeiros a sair dos arbustos, gostamos de liderar a alcateia. Achamos ótimo quando olhamos para trás e vemos que estão nos seguindo. Mas os mercados de petróleo estão completamente fora de controle. Tem gente demais querendo pular no meio da ação. O mais provável é que o custo do petróleo caia e leve muitos investidores junto."

"Você acha que os CFOs estão sob muita pressão para gastar?"

"Sim. Eles não têm permissão para fazer caixa. Se continuarem fazendo CapEx, a coisa vai inflamar de vez."

Devo fazer uma importante ressalva sobre David Tepper: ele é especialista em enxergar bolhas tanto quanto em evitá-las. Sua previsão a respeito dos mercados de petróleo se comprovou perfeitamente.

Tepper passou um dedo pela testa e me encarou com uma expressão curiosa. "Se arrefecermos a produção nos Estados Unidos, ela vai para as mãos da Opep. Já se abrirmos demais as torneiras, vai haver uma quebra no preço da energia, o que poderia pôr abaixo os mercados. É um equilíbrio delicado. É esperar para ver. Só sei de uma coisa: neste momento, os CFOs estão um tanto fora de controle. Não estou nada confiante."

"Concordo. Penso exatamente assim. Tenho conversado com bastante gente do setor de energia, e o sentimento é quase unânime."

"Só saberemos mesmo no fim da história. Os mercados de energia não me agradam no curto prazo, mas se tem uma coisa que eu sei sobre petróleo e gás natural é que, não importa se o presidente eleito odeia ou ama os combustíveis fósseis, o fato é que eles não vão a lugar nenhum. O que quer que aconteça, vamos precisar cada vez mais deles conforme o mundo demande redes elétricas estáveis em cada canto."

Meia hora mais tarde, me levantei e cumprimentei David Tepper com um aperto de mão. Ele me acompanhou até o estacionamento. Sua disposição era inesgotável – era alguém que obviamente tinha feito uma ou duas coisas certas na vida, o que lhe permitia dormir o sono dos justos todas as noites. E isso graças à bússola interna que guiava sua conduta moral. Além de ser um excelente pai, ele sempre retribuiu à comunidade e aos lugares que tanto amava.

"Lembre-se, Larry: esteja sempre vigilante aos riscos do mercado. Preste atenção a qualquer atividade anormal, este é sempre um indicador importante. Foi um prazer recebê-lo, obrigado pela visita."

Nós nos cumprimentamos mais uma vez, e entrei no carro. Enquanto Tepper acenava, comecei meu trajeto de volta à cidade, ainda um tanto fascinado. Eu tinha acabado de conversar com um dos maiores gerentes de fundo de hedge do mundo.

TOME NOTA, INVESTIDOR

A importância das máximas de 52 semanas e das mínimas de 52 semanas

Grandes quantidades de ações sendo negociadas nas mínimas de 52 semanas e poucas quantidades de ações fechando acima da média móvel de duzentos dias (estatística que capta a alteração média em uma série de dados ao longo dos últimos duzentos dias): essa configuração na alta de mercado é sinal de que haverá um clímax de vendas, evento também conhecido como capitulação. Existem 2.800 grupos de ações listados na Bolsa de Valores de Nova York. O gráfico a seguir mostra que os dias com números extremos de mínimas de 52 semanas, como os ocorridos em outubro de 2008, março de 2020, janeiro de 2016 e agosto de 1998 e de 2015, teriam sido excelentes para comprar praticamente qualquer grupo de ações.

O mesmo sinal pode ser depreendido se as ações da NYSE fechassem acima da média móvel de duzentos dias. Até hoje, a menor porcentagem de ações fechando acima desse importante referencial foi 1,1%, em março de 2009, seguida de 3,8%, em março de 2020; 6,7%, em agosto de 2011; 7,9%, em dezembro de 2018; 12,1%, em janeiro de 2016; e 15,2%, em agosto de 1998. Se você comprasse exclusivamente quando houvesse mais de 1.200 ações sendo negociadas nas mínimas de 52 semanas, seu retorno seria pelo menos duas ou três vezes maior que o do mercado. Da mesma forma, se só investisse quando menos de 5% das ações estivessem sendo negociadas acima da média móvel de duzentos dias, seus retornos seriam estupendos.

No entanto, é muito mais fácil falar do que fazer. David Tepper tem o dom de sempre estar preparado para agir, como um leão que espera pacientemente o momento de atacar. No primeiro trimestre de 2009, ele apostou grande: enquanto um número recorde de ações atingia a mínima de 52 semanas, Tepper e sua equipe estavam distribuindo capital pelo setor mais feio de todos: o dos bancos americanos.

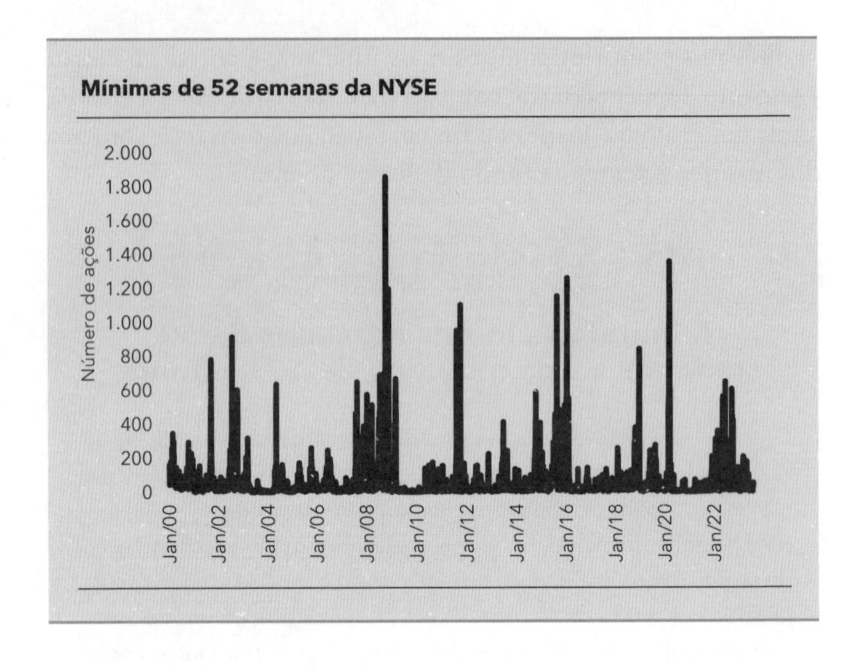
Mínimas de 52 semanas da NYSE
Número de ações
2.000
1.800
1.600
1.400
1.200
1.000
800
600
400
200
0
Jan/00
Jan/02
Jan/04
Jan/06
Jan/08
Jan/10
Jan/12
Jan/14
Jan/16
Jan/18
Jan/20
Jan/22

6

O LADO OBSCURO DO INVESTIMENTO PASSIVO

Não são apenas os erros cometidos por nós mesmos,
mas também aquelas desventuras, as mais involuntárias,
que acabam por nos corromper moralmente.
- HENRY JAMES

O que faz o mercado quebrar são vendas forçadas. Ponto-final. A causa de uma correria desenfreada em direção às saídas não é, nunca, a fragilidade econômica em si; esta faz o mercado se mover lentamente, como um ônibus com o freio de mão mal puxado que range pela Fillmore Street em São Francisco até parar no gramado da Marina Green, com os faróis apontados para a ponte Golden Gate. Já a venda forçada seria um elevador cujos cabos de aço se romperam e que agora despenca a mais de 300 quilômetros por hora. Foi o que aconteceu no Lehman Brothers quando o setor de prime se viu obrigado a leiloar suas ações diariamente, e foi assim no Volmageddon, em fevereiro de 2018.

Foi o que aconteceu também na Sexta-Feira Negra, em 1929, quando a base do mercado despencou e permaneceu no fundo do poço por uma década, e na Segunda-Feira Negra, em outubro de 1987, incontestavelmente o pior dia de vendas na história de Wall Street. Eu me achava nas trincheiras nesse fatídico dia, já que trabalhava na firma de corretagem do meu pai. Por volta do meio-dia, telefonei para um negociante:

"Preciso vender cem ações da IBM", falei.

"Compro a 98 dólares", respondeu secamente ele.

"Mas, mas, mas... minha máquina está dizendo 119", protestei.

"Então venda para ela, ora", ele retorquiu prontamente.

E foi assim. Os mercados estavam caindo tão rápido que, em meio ao caos, gerou-se uma enorme desconexão entre os preços de compra e venda. Por trás da venda forçada estavam os suspeitos de sempre: margem. Alavancagem.

E também certa incompreensão dos avanços tecnológicos na negociação. Atualmente, a negociação computadorizada encerra uma ameaça parecida em relação aos Planos 401(K) e às contas de aposentadoria (IRA, do inglês Individual Retirement Account). Ao longo da última década, Wall Street passou a ser dominada pelos investidores passivos, que, projeta-se, terão 36,6 trilhões de dólares em ativos sob gerenciamento (AuM, na sigla em inglês) em 2025. Estamos falando de imensos conjuntos de capital que são geridos sem a participação de gerentes ativos; os exemplos mais conhecidos são os ETFs, que investem mecanicamente em índices ou em setores dos mercados. Além deles, há grupos de investimento passivo que utilizam sofisticados modelos computadorizados para alocar capital com base em conjuntos de dados e algoritmos. O que pouca gente enxerga é que o domínio dos investidores passivos gerou uma terrível distorção no risco de mercado, que pode futuramente ocasionar uma quebra semelhante às ocorridas na pandemia de Covid, no Lehman ou no Volmageddon, como mostraremos neste capítulo.

Constantemente chacoalhados pelos novos ciclos, os investidores pessoas físicas costumam investir dentro de sua zona de conforto. Quando o mercado vai para o buraco, eles se escondem debaixo da cama para se proteger caso o teto desabe; quando o mercado irrompe, eles o perseguem, não raro com um fervor inabalável. Se algum dos traders em nossa mesa do Lehman agisse assim, seria demitido. Nós só comprávamos se as carteiras daqueles investidores estivessem em chamas (medo) e só assumíamos posições vendidas nas empresas se o que estivesse regendo o mercado fosse uma exuberância desmedida (ganância). Nossos analistas não paravam de vasculhar os mercados em busca de valores ou de ações de primeira linha que ninguém havia descoberto ainda, sempre de olho no próximo Cisne Negro.*

Em 2008, o Cisne Negro estava escondido nos mercados imobiliários e quase causou o colapso do sistema financeiro. Contudo, a parte interessante da história é outra. Em decorrência de tamanha alavancagem tóxica, o público investidor passou a morrer de medo dos mercados financeiros; muitas pessoas empalideciam só de pensar em voltar a comprar ações. Seus 401(K) e IRAs haviam sido dizimados e, até onde elas enxergavam, os culpados nunca viram a cor das grades. Assim, na busca de estratégias de baixo risco, elas se voltaram em bandos para o investimento passivo e para o produto financeiro que nos últimos anos tem se mostrado um perigo, o ETF.

O ETF é sucessor de algo que foi criado na década de 1970 por uma lenda do investimento moderno. Seu nome era John "Jack" Bogle, nascido em Montclair, Nova Jersey, em 1929, filho de pais que perderam tudo na Grande Depressão.

Em 1976, dois anos após fundar o Vanguard Group, Jack Bogle, dono de um cérebro incrivelmente analítico, criou o primeiro fundo de índice. Como a maioria das invenções mais brilhantes, a ideia era simples: o Vanguard First Index Investment Trust apenas monitorava o desempenho do S&P 500. Foi o primeiro fundo de índice norte-americano a ser disponibilizado aos investidores de varejo a taxas de administração muito reduzidas; até então, esses fundos se destinavam exclusivamente aos endinheirados. O timing de Bogle foi impecável: em 1976, os *baby boomers* mais velhos, prestes a acumular fortunas, estavam fazendo 31 anos.

A ideia se mostrou maravilhosa, revolucionária. De maneira inédita, cidadãos americanos comuns passaram a poder comprar no mercado, voltar para a casa de praia, deitar na rede e abrir sua leitura de verão enquanto o dinheiro rendia. Esse método de investimento durou por quase vinte anos. Os ativos do Vanguard disparavam com os milhões de investidores que Bogle atraía para seus distintos fundos de índice, que não paravam de crescer.

---

* Criado pelo escritor e matemático Nassim Taleb, o conceito de Cisne Negro se refere a eventos financeiros difíceis de prever e que podem trazer grandes consequências, boas ou ruins. [N. E.]

O modelo de negócio de fundos mútuos funcionava de modo simples: você contratava uma equipe de profissionais para gerenciar a grana (isto é, analisar e selecionar as ações) e colocava um monte de dinheiro sob a responsabilidade dela. A equipe, então, tentava superar o desempenho de algum referencial, que poderia ser o S&P 500, um país específico ou um índice setorial; as taxas de administração pagavam o salário dos analistas e da equipe de marketing, encarregada de fazer com que os ativos não parassem de crescer. Tudo muito claro e objetivo.

Normalmente, os fundos se especializavam em um estilo de investimento, mais do que em alocações de ações ou de commodities. Por exemplo: um fundo mútuo de primeira linha não compraria ações da Dona Maria Tapeçaria S.A., tampouco estava restrito a um grupo particular de ações de primeira linha; os administradores do fundo poderiam, digamos, vender Boeing após um grande revigoramento e transferir os recursos para a Apple, caso esta apresentasse maior potencial de aumento. Havia fundos mútuos que se concentravam em gigantes da energia que pagavam dividendos enormes, ou em empresas de pequena capitalização do setor de biotecnologia espacial, de maior risco, ou em empresas americanas seguras, e assim por diante. Contudo, o grande público só ficava sabendo o que exatamente os administradores haviam colocado no fundo ao fim de cada trimestre, quando o extrato trimestral chegava pelo correio. Outra característica bastante importante do fundo mútuo era o procedimento de compra e venda a que os investidores estavam sujeitos: eles não podiam simplesmente ligar para o corretor e vender suas posses de uma hora para outra; era preciso comunicar com antecedência. Em geral, o fundo se desfaria das posições do vendedor ao longo do dia e lhe daria o preço no fechamento do pregão. O dinheiro era controlado por profissionais, e era o juízo destes que determinava a alocação de capitais dentro do fundo.

Até que em 1993 surgiu o ETF. Foi um acontecimento muito semelhante ao ocorrido nos mares do Caribe em 1985 com a chegada do peixe-leão, um lindo peixe rajado com barbatanas que lembram flores. Contudo, o peixe-leão acabou se mostrando hostil, já que se alimentava de importantes espécies nativas. Hoje, ele é uma ameaça às estruturas de recife como um todo. Por sua vez, os ETFs, embora aleguem fazer a mesma coisa que os fundos mútuos, são diferentes e têm um potencial muito destrutivo.*

A primeira diferença importante entre um fundo mútuo e um ETF está na forma como os investidores compram ou vendem os fundos. Os ETFs são negociados na bolsa exatamente como se faz com uma ação, ou seja, qualquer um pode comprá-los ou vendê-los em um milésimo de segundo, por intermédio de uma conta de corretagem virtual. A facilidade para entrar ou sair dos ETFs sem ter de pagar enormes taxas é uma das características que os tornam tão atrativos. No entanto, quanto maior é a fortuna que se acumula em seu interior, mais eles passam a se comportar como uma planta carnívora que emana um perfume inebriante para atrair as presas para sua armadilha mortal.

A segunda diferença é que 95% dos ETFs no mundo inteiro não são geridos de maneira ativa; os fundos apenas monitoram um índice ou uma carteira de investimentos cujos resultados são anunciados publicamente. Basta um investidor pessoa física abrir uma conta de corretagem e comprar um ou vários ETFs e ele saberá exatamente no que seu dinheiro está investido, até o último centavo. À primeira vista, isso *parece* ser uma grande vantagem, porém, como veremos ao longo do capítulo, é uma fonte de riscos.

A Bolsa de Valores de Nova York, construída em 1903 com uma grandiosa fachada de mármore georgiano e colunas coríntias, é a maior relíquia financeira dos Estados Unidos, um monumento a tempos passados. Eu tenho boas lembranças da NYSE entre 2013 e 2020; por muitas tardes estive no pregão como comentarista do *Closing Bell*, programa da CNBC com Maria Bartiromo, Sara Eisen e Kelly Evans. Nos últimos anos, porém, o lugar tem se tornado cada vez mais silencioso, quase um museu.

Os poucos especialistas que restaram estão ali apenas para o caso de emergência; muitos passam o dia assistindo a filmes! O mercado de balcão se metamorfoseou em algo de outra espécie; hoje se parece

---

* Veja a entrevista com David Einhorn no final deste capítulo para entender melhor os problemas de precificação e alocação de capital nos ETFs.

mais com física nuclear do que com aquilo que as feras do pregão faziam antigamente. O universo do mercado de balcão é regido por algoritmos de negociação de alta frequência que o fazem em uma velocidade estonteante, coisa de milissegundo, nanossegundo. Neste submundo incrivelmente rápido, a corrida para superar os rivais é incessante; as companhias gastam bilhões para obter qualquer milésimo a mais, ou o que for necessário para estar sempre um passo à frente dos implacáveis exércitos de concorrentes.

TOME NOTA, INVESTIDOR

Como funciona um ETF?

Uma característica fascinante do ETF é o fato de que o gerenciador pode vender um número ilimitado de ações. Isso ocorre porque ETFs não são os negócios propriamente. A fita de teleinformação das ações de um ETF é apenas a porta de entrada para o fundo; o ETF é imune à diluição. Se a Apple subitamente emitisse um trilhão de novas ações, a empresa em si continuaria valendo a mesma coisa, porém suas ações passariam a valer uma pequena fração do preço de antes, já que se diluiriam. Imagine que você dê a sua filha e a uma amiguinha 10 dólares para as duas gastarem numa loja de doces; cada uma ficaria com 5 dólares, certo? Agora, se ela aparecesse com 99 amiguinhas, cada uma ficaria com apenas 10 centavos.

Uma diluição assim tão abrupta e tão maciça geraria a revolta dos acionistas, motivo pelo qual as empresas não se comportam dessa maneira. Já no mundo do ETF, novas ações são emitidas quase que diariamente, pois o preço do ETF acompanha o valor subjacente do índice e não está atrelado à oferta/demanda do fundo. Por exemplo, o ETF S&P, que exibe o símbolo SPY e é mais conhecido como Spider, acompanha o índice do S&P 500. Se o S&P 500 estiver sendo negociado a 4 mil, o Spider será negociado a 400 dólares (exatamente um décimo do preço do índice). Se o índice derreter para 3 mil, o Spider o acompanhará *pari passu* e será negociado a 300 dólares. Não importa que haja 100 bilhões de dólares em compras no fundo, seu preço não se alterará; a única coisa que o afeta é o preço do S&P 500. O mesmo vale para o contrário: se as pessoas saírem vendendo o ETF, o preço deste não será afetado diretamente; o que acontece é uma redução nas ações do fundo.

Entretanto, a realidade é que garantir liquidez é apenas uma parte, pequena, do que fazem as novas gerações de traders. Os novos formadores de mercado são traders de alta frequência (HTF, na sigla em inglês) que estão constantemente explorando ínfimas discrepâncias de preço. Não é muito diferente do que o LTCM fazia, a não ser pelo fato de que os negociadores atuais não têm o menor interesse por praticamente nada que leve mais de um segundo.

É até difícil de acreditar, não é? Como pode uma negociação durar um segundo apenas? Às vezes, dura muito menos, meio segundo, um décimo de segundo. Os mercados já não são feitos por seres humanos; as transações estão a cargo de sistemas pré-programados. A cada manhã, depois que os sinos badalam em memória de outros tempos, os algoritmos são abastecidos com milhões de negociações.

Pois olhemos mais detidamente para este veículo moderno de investimento, o ETF. Todas as holdings que ele contém, sejam ações, títulos, opções do tipo derivativas ou Credit Default Swaps, possuem valor. Para facilitar a compreensão do tema, que é complicado, vamos nos ater ao exemplo das ações. Digamos que o ETF contenha uma cesta com vinte ações, ponderadas da maior à menor. Fazendo uso de uma calculadora, você chegaria facilmente ao valor exato de cada uma. No jargão wallstreetiano, é o que se chama de valor líquido do ativo (NAV, na sigla em inglês).

O preço do ETF é negociado em conjunto com o NAV. Mas é tão em conjunto assim? A cada milissegundo de cada dia? Jamais há um desvio? Bem, há desvios, sim, que na maioria das vezes não duram mais do que uma parcela infinitesimal de tempo, e geralmente são diferenças que não seriam percebidas por um ser humano comum. No entanto, os traders de alta frequência criaram uma maneira não apenas de distinguir tais diferenças momentâneas no preço (algumas das quais ocorrem por uma fração de segundo), mas de ganhar bilhões de dólares com elas.

Para entendermos melhor, vamos imaginar dois trilhos de trem lado a lado, ambos com 1 quilômetro de distância; um representa o preço do ETF e o outro, o NAV. Você está em um helicóptero a 1,5 metro acima dos trilhos. Agora vamos retirar cinco dormentes de uma das pontas e devolvê-los ao lugar meio segundo depois. Você notaria o sumiço dos cinco dormentes se eles ressurgissem meio segundo mais tarde? Claro que não. Bem, ocorre constantemente um processo análogo com os preços dos ETFs e do NAV – discrepâncias fracionárias, indistinguíveis, microscópicas, cada uma com duração de um mero milissegundo.

Da mesma forma que as páginas deste livro se apresentam suaves a olho nu, mas parecem um redemoinho de atividade atômica se vistas em um microscópio eletrônico, assim acontece com as diferenças entre os preços do ETF e do NAV que são esmiuçadas pelos traders que utilizam métodos quantitativos (conhecidos como *quants*). Eles realizam apostas de arbitragem, cientes de que elas inevitavelmente vão se nivelar. É como a maré do oceano. Se você soubesse que a maré está baixa, apostaria um bilhão que a água se elevaria de novo? Claro que apostaria. Pois os algoritmos, esses engenhosos papiros de códigos informatizados, passam o dia fazendo isso, em busca de potenciais negociações de arbitragem. Eles apostam na única certeza inabalável, qual seja: o ETF pode ser vendido para o – ou recebido pelo – patrocinador do ETF ao preço do NAV.

Ao ajudar os investidores passivos a dominarem o mercado, que papel estão cumprindo esses novos e inovadores traders de mercado de balcão? Está se formando um coquetel tóxico, e você precisa ficar de olhos atentos à construção da sua carteira.

Com os milhões de transações entre o NAV subjacente do ETF e o preço do ETF, ocorre um aumento abrupto em volume. Talvez tenha lhe passado pela mente que esse grau de atividade forneça aos mercados quantias enormes de liquidez; no entanto, o volume está concentrado nas ações megacapitalizadas, já que as vinte maiores ações do S&P 500 são responsáveis por mais de 40% do valor médio negociado diariamente no índice. Já as quatrocentas ações menores representam menos de 30% do volume médio diário. Em outras palavras, o grosso do volume reside nas grandes ações: Apple, Microsoft, Amazon, Google, Meta (Facebook), Nvidia e, principalmente, Tesla.

Por que os negociadores do mercado de balcão se concentram nessas marcas? Um dos motivos é a onipresença delas, uma vez que constam em incontáveis ETFs. Elas perfazem praticamente 50% dos ETFs da Nasdaq, tais como o QQQ, e 30% dos ETFs do S&P, tais como o SPY e o ETF Vanguard S&P (VOO). A Amazon e a Tesla, juntas, compõem 40% do ETF de bens e serviços não essenciais (XLY), ao passo que Meta e Google computam mais de 50% do ETF de comunicações (XLC). Há muitos outros exemplos, mas você certamente já entendeu. Igualmente importante é o fato de que um trader do mercado de balcão pode criar ou resgatar ações de um ETF com o patrocinador deste, como o iShares ou o State Street, ou mesmo com bancos como o Banco de Nova York. Por exemplo, os formadores de mercado podem comprar diversas ações grandes, completá-las com algumas menores (desde que respeitem as regras de criação do banco) e então trocar sua cesta por ações de um ETF ao preço do NAV. Ou ele pode fazer o oposto: trocar o ETF por algumas das ações presentes no ETF. Essa possibilidade de troca permanente é fundamental para o funcionamento do ETF, pois é o que mantém seu preço mais ou menos alinhado com o do respectivo NAV. Não houvesse a possibilidade de converter a cesta de ações em ETF, o fundo poderia negociar por um período maior com um desconto mais amplo no NAV. Está aí a principal diferença dos ETFs para os fundos de capital aberto, como os fundos mútuos – estes frequentemente negociam com descontos consideráveis e por longos períodos.

Para vencer, os formadores de mercado precisam ser rápidos, isto é, seu algoritmo precisa receber a informação do preço antes dos demais para que a negociação tenha início antes e a venda aconteça antes. Ora, mas a informação não chega ao mesmo tempo para todos? A resposta é sim, ela de certa forma chega ao mesmo tempo, mas no jogo em questão o tempo não é como o conhecemos, dividido em horas, minutos e segundos; aqui estamos lidando com o tempo microscópico, e nesse contexto a informação chega em momentos amplamente diferentes, que às vezes atingem meio segundo, sendo que uma diferença de meros milissegundos pode dar início a uma negociação de arbitragem.

Traders de alta frequência gastam tubos de dinheiro para obter uma vantagem de um milissegundo ou mesmo de alguns nanossegundos (bilhões de segundo) sobre a concorrência. Pegue o caso de Dan Spivey, um figurão da Bolsa de Opções de Chicago. Com ombros largos, espessos cabelos castanhos e um maxilar que aguentaria um soco de Sugar Ray Leonard, Spivey tinha o aspecto de alguém que passara a vida puxando redes de pesca no Velho, como é conhecido o rio Mississipi, onde nasceu. Em 2009, ele tramou um plano engenhoso para fazer arbitragem de ações contra seus contratos futuros e assim obter minúsculos lucros em cima de discrepâncias exatamente iguais àquelas entre ETFs e seus NAVs. O único problema residia no fato de que os contratos futuros eram negociados em Chicago e o ETF Spider, em Nova York. Embora as duas cidades estivessem conectadas por um cabo de fibra ótica, este percorria um caminho sinuoso no meio dos montes Allegheny. Spivey estava ciente da existência de uma ineficiência aí, que poderia lhe render uma bolada. Ele então instalou um cabo em linha reta entre a Chicago Mercantile Exchange e o centro de processamento de dados da Nasdaq, em Nova Jersey, o que lhe fez ganhar três milissegundos – o equivalente a umas cinco horas no mundo *quant*. O cabo de fibra ótica de mais de 1,3 mil quilômetros proporcionou a Spivey milhões de dólares depois que ele o arrendou a diversas firmas de negociação de arbitragem.

Essa se tornou a nova mentalidade das firmas de corretagem de Wall Street, e esse é o motivo pelo qual as reuniões para falar dos rendimentos corporativos – aquelas conversas trimestrais em que os CEOs e CFOs são duramente inquiridos sobre os lucros – são cada vez mais parecidas com salas de espera desertas. Os traders já não precisam saber os fundamentos, como lucros e prejuízos, projeções bianuais etc. Para eles, não faz a menor diferença se a companhia estiver no caminho da falência. Hoje, estão completamente consumidos pelas oportunidades de arbitragem que podem ser arrancadas de um nanossegundo. Não se trata de rendimentos aqui, já que sempre haverá pequenas diferenças de preço – ou o que quer que seja – que ensejarão a arbitragem. Por fim, se o tempo da negociação é da ordem do infinitésimo, então os lucros são ilimitados. *Fundamentos? Quem precisa de fundamentos?!*

* * *

Como explicamos nos capítulos anteriores, do início da crise do Lehman até o fim de 2021, o Fed injetou 9 trilhões de dólares de capital nos mercados, inflando os valores dos ativos de maneira geral, desde ações até imóveis. O visionário Josh Brown, que atende pela alcunha de "Corretor Regenerado", descreveu o fenômeno "oferta interminável" no inovador blog *2012*. Assim denominou a situação em que os investidores institucionais estão constantemente comprando e mantendo ações. Com o Fed afogando o mercado em liquidez excessiva, eram essas instituições, em última análise, que estavam realizando a "oferta interminável" pelos ativos financeiros, fazendo com que o dinheiro dos 401(K) afluísse para os ETFs e outros produtos de investimento passivo. Os investidores individuais então pensaram: se o mercado está sendo continuamente inflado pelo Fed, qual é o sentido de selecionar ações? Ora, a maioria dos selecionadores não consegue superar o desempenho do S&P mesmo, e os rendimentos passivos são a maneira mais barata de dominar o mercado.

Levas e mais levas de dinheiro foram despejadas em produtos de investimento passivo, que passaram a dominar o mundo dos investimentos. O cidadão e a cidadã médios não fazem a menor ideia de que seus 401(K) estão sendo sequestrados pelas quinze maiores ações do S&P, aquelas que todos os investimentos passivos detêm.

Mas qual é o momento crítico, a porcentagem crítica a partir da qual a participação do investimento passivo no mercado passa a ser perigosa? Hoje, os investidores passivos controlam pelo menos 50% de todos os ativos em fundos nos Estados Unidos, porcentagem que era de apenas 25% em 2012 e que não passava de um dígito no começo do século XXI. E essa prevalência implica um risco muito mal compreendido, porém extremamente grave para os investidores em geral. São poucos os que estão dando a devida atenção aos alertas de indivíduos como David Einhorn. A maioria absoluta dos investidores está dormindo ao volante.

O grosso dos investidores passivos, que costumam apenas comprar o índice, seja o S&P ou o Nasdaq, compra com um preço médio ponderado por volume (VWAP, na sigla em inglês) ao longo do dia. Uma vez que o volume se dá na primeira e na última hora de negociação, os fluxos de ação passiva também se concentram nessas horas. A liquidez é essencial para esses investidores gigantescos, que necessitam dela para reduzir tanto os custos de transação quanto os perfis de risco. Em um dia comum, as negociações das ações da Tesla atingem 28 bilhões de dólares e as da Apple, 10 bilhões de dólares; em comparação, as ações da Las Vegas Sands são negociadas a um volume de meros 268 milhões de dólares. Até mesmo as ações do Walmart se aproximam de 1 bilhão de dólares em negociações diariamente. A título de comparação, o valor diário comercializado das maiores ações europeias, como a SAP, empresa alemã que é considerada um indicador de tendência no mercado dos softwares, ou a francesa TotalEnergies, gigante do setor energético, é de somente 300 milhões de dólares. Isso mostra a quantidade de liquidez que existe nas ações megacapitalizadas, e é ela que os investidores passivos buscam tão avidamente. Se estão precisando vender, eles podem simplesmente sair da Apple ou da Microsoft em questão de minutos, ao passo que, para sair de uma posição grande na Las Vegas Sands, por exemplo, leva dias.

Porcentagem de investimento passivo em relação ao total de ativos sob gerenciamento de fundos mútuos e em ETFs

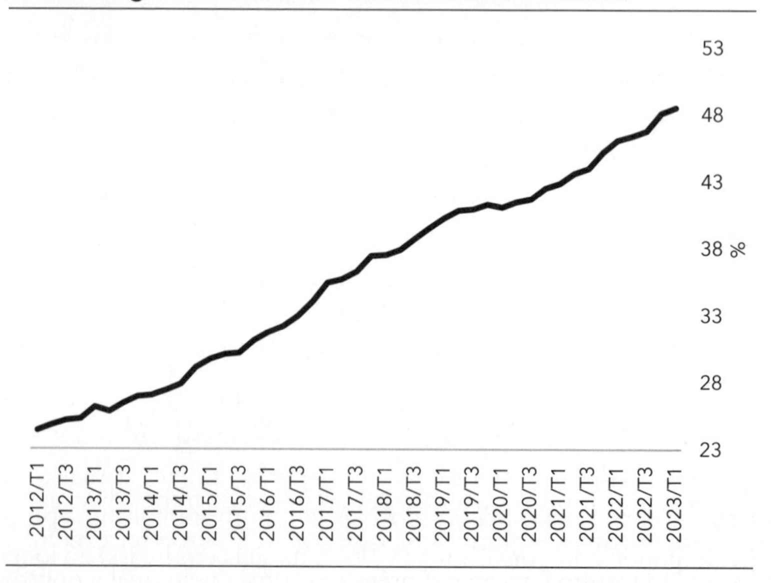

Na maioria dos dias, o fluxo líquido é de compra, que acaba suprimindo a volatilidade. Quando um fundo surge na última hora e faz uma grande aquisição no mercado, a medida de volatilidade, mais conhecida como VIX, cai. Se isso ocorre dia sim, dia não, a volatilidade realizada se amortece. Isso atrai um grupo diferente de investidores passivos, os chamados fundos de volatilidade pretendida e de paridade de risco (os quais compram um misto de ações, em geral um índice, e títulos do Tesouro), cuja exposição é aumentada de forma mecânica à medida que o grau de volatilidade realizada decai. Com os bancos centrais comprando centenas de bilhões de dólares em ativos e mantendo os juros zerados por anos, a volatilidade é completamente esmagada. É aí que os investidores passivos que monitoram índices entram em cena com suas compras mecânicas.

Isso atrai mais um grupo de investidores passivos chamados consultores de negociação de commodities (CTAs, na sigla em inglês), assim como outros com estratégias de acompanhamento de tendências. Os CTAs costumam realizar negociações com base em indicadores técnicos, ou seja, eles compram quando os mercados caem a determinados níveis, que podem ser níveis de volatilidade ou médias móveis. Para ilustrar: se o S&P ultrapassa a média móvel de duzentos dias, os CTAs mecanicamente aumentam sua exposição; se o VIX cai abaixo de certo limiar, digamos que 15, os CTAs promovem mais alavancagem e compram mais ações. O mesmo vale para situações opostas: se, por exemplo, o S&P cai abaixo da média móvel de cinquenta dias, os algoritmos de CTA diminuem sua exposição. No entanto, durante os períodos em que há uma "oferta interminável" no mercado, CTAs e monitoradores de tendências são compradores poderosíssimos.

Se persistir por um tempo longo, esse processo de retroalimentação dá vazão a vendedores de opções que desejam receber prêmios. Eles vendem opções de compra ou de venda que estejam muito fora do preço (isto é, opções cujo preço de exercício seja muito superior ou muito inferior ao preço corrente da ação ou do índice) com a esperança de que não venham a ser exercidas. Seu único intuito é receber o prêmio (o preço pelo qual a opção é negociada) e esperar até que a opção expire e assim se torne inútil, para então embolsar os recursos. Esse tipo de atividade das opções aumenta ainda mais a pressão sobre a volatilidade, pois os dealers acabam vendendo volatilidade no índice ou nas ações subjacentes a fim de fazer hedge. Assim, temos um processo perverso que se retroalimenta e termina por causar uma terrível deturpação do risco. Os investidores ativos, sejam investidores individuais ou gerentes de carteiras, ao se depararem com os indicadores de baixa volatilidade e com o revigoramento do mercado, são acometidos por um intenso receio de estar perdendo algo importante, o chamado "Fomo" (do inglês *fear of missing out*), a enfermidade financeira mais letal do século XXI. Assim, eles se lançam a comprar mais ações, convencidos de que estão em posição de suportar o risco. No entanto, os investidores passivos já não estimaram de forma adequada e abrangente os riscos de mercado, uma vez que compram mecanicamente com base em modelos quantitativos.

Com o tempo, o capital especulativo vai se acumulando, na medida em que hordas de investidores ativos compram na esteira de múltiplas camadas de investidores passivos. Geram-se assim bolhas especulativas dos mais diversos tipos nas ações e demais ativos. É o que explica por que alguns investidores compram ações "meme" (ações que ganham tração artificialmente na dinâmica das redes sociais) ou perseguem ações de tecnologia até múltiplos estratosféricos. Também é o que explica por que a GameStop subiu 2.400% em um período de um mês em 2021; por que a Rivian foi avaliada em 86 bilhões de dólares em seu IPO, muito embora nunca houvesse fabricado um carro sequer; ou, ainda, por que tem gente que cai no conto de Dogecoins ou de tokens não fungíveis (NFTs, na sigla em inglês) como o Bored Ape, que não passa de um desenho de macaco que custa 70 mil dólares.

Alimentando-se desse ciclo perverso que nunca para de suprimir a volatilidade, o capital especulativo se acumula ao longo do tempo. Tudo vai bem até o momento em que há uma quebra. Em 2018, o posicionamento especulativo fez com que o VIX sofresse um aumento violento, o que, por sua vez, disparou um tsunami de programas de venda. Os mesmos investidores passivos que por meses haviam se apinhado continuamente sobre as ações de repente passaram a vendê-las indiscriminadamente. A questão é que a aparente liquidez também evapora em um clique. Aqueles incontáveis negociadores do mercado de balcão que exploram freneticamente cada ínfimo desvio de ETF em relação ao NAV simplesmente desaparecem quando a volatilidade sofre um aumento desses. Uma vez que o mercado está em queda livre, a liquidez subjacente à maior oferta de compra e à menor oferta de venda se torna mais seca do que o deserto do Atacama, cuja precipitação média anual é de míseros 3 milímetros cúbicos. É uma serpente sendo gestada no interior do mercado, e é importante que os investidores a vejam pelo que ela é.

Não há exemplo melhor para ilustrar os perigos de que estamos falando do que o *sell-off* que ocorreu em março de 2020 devido à Covid. De acordo com o CME Group, de Chicago, sede do poderoso futuro S&P, a profundidade do livro de ordens (o número de níveis de preço que consta no livro de ordens num dado momento) sofreu um colapso de 90% naquele mês. Embora o mercado de futuros E-mini S&P seja avaliado em 200 bilhões de dólares, a liquidez evaporou justamente quando os investidores mais precisaram dela. Os compradores sumiram. O VIX saltou de 12 para 85 em menos de um mês, um crescimento de 600%. De cima a baixo, o S&P sofreu queda de 35% em apenas trinta dias. O mês de março, sozinho, viu duas segundas-feiras e uma quinta-feira negras. Para efeito de comparação, no decorrer da crise do Lehman, levou três meses para o mercado cair o mesmo tanto.

Até o mercado de títulos do Tesouro dos Estados Unidos, normalmente tão líquido quanto o oceano, foi dilacerado. Correu à boca pequena que alguns dos maiores fundos de hedge de valor relativo, ou seja, aqueles que promovem alavancagem em enormes quantias para negociar diferenciais de rendimento no mercado de títulos públicos, ficaram às vésperas de implodir. Ao que parece, eles foram diretamente ao presidente do Fed, Jerome Powell, e o pressionaram a agir com rapidez, caso não quisesse ter em seu currículo o equivalente a dez LTCMs. Eis um dos motivos fundamentais pela qual a deterioração da liquidez no Tesouro, tal como estimada pelo spread dos preços de oferta de compra e de venda, foi muito mais pronunciada para o Tesouro americano do que para os títulos soberanos de Alemanha, Reino Unido ou Japão, países em que a presença de fundos de hedge de valor relativo era muito menor. Para conter a queda, o Fed cortou os juros a zero, mas com pouco sucesso; o mercado só parou de despencar mesmo quando o banco anunciou a QE e um alfabeto de facilidades de crédito no valor de 1 trilhão de dólares com o objetivo de descongelar os mercados financeiros.

Embora o exemplo da Covid-19 seja ilustrativo do que acontece quando os investidores passivos correm desabaladamente em direção à mesma saída, o problema potencialmente se agravou desde então. Na primavera de 2022, a Bolsa de Opções de Chicago introduziu nos índices do mercado de ações as opções de zero dia para o vencimento (0DTE, na sigla em inglês, isto é, opções que são introduzidas e que expiram no mesmo dia), o que provocou uma explosão nos volumes de opções. No jargão da área, as 0DTEs são chamadas de "diárias" e não são raros os dias em que perfazem algo próximo de 50% do volume total de negociações.

Imagine que você tem um carrinho de brinquedo, que pode estacionar onde bem entender. Se estacioná-lo na encosta de um morro, ele, que não tem freio, vai rolar para baixo; quanto mais íngreme for o morro, mais veloz será a queda. O gama* das opções atua como a inclinação do morro; quanto mais alto for o gama, mais sensível o preço da opção será às alterações no preço do ativo subjacente. Os dealers utilizam o gama para administrar o risco em seu livro de opções; se o gama do dealer for positivo, o delta aumentará quando o ativo subjacente aumentar.

Lembre-se que o delta da opção estima a expectativa de variação no preço de uma opção para cada variação de 1 dólar no preço do ativo subjacente. Por exemplo, se eu tenho uma opção com um

* Gama é um termo usado no mercado de opções financeiras e representa a taxa de variação do preço de um contrato de opção quando o preço do ativo subjacente varia 1%. O Gama está relacionado a outra medida de risco chamada Delta, que estima as mudanças de preço de derivativos em termos absolutos. [N. E.]

delta de 0,7 e a ação sobe 1 dólar, o preço da minha opção sobe 70 centavos. O hedge de gama no mercado é feito principalmente pelos dealers de opções que operam como contraparte de todas as opções negociadas pelas grandes instituições e pelos traders do varejo. O objetivo dos dealers ao fazer hedge de delta é ser direcionalmente neutros, motivo pelo qual compensam posições compradas e vendidas.

Assim, quando o S&P experimenta alta, o delta do livro do dealer aumenta, de modo que, por causa da estratégia de hedging, ele deve vender mais do ativo subjacente – neste caso, futuros S&P ou, talvez, o ETF S&P (SPY). Já quando o S&P sofre queda, o delta negativo aumenta, e o dealer compra mais do índice a fim de permanecer neutro em delta. Portanto, o fluxo de ordens dos dealers age como uma força contrária, limitando a magnitude dos movimentos de preço iniciais. Quando o gama é negativo, eles fazem o oposto: vendem quando o mercado cai e compram quando o mercado sobe. Dessa forma, gera-se uma tendência de reforço que pode agravar a volatilidade.

Na maior parte do tempo, ainda que não sempre, o gama das opções tende a ser positivo, frequentemente ao custo de muitos bilhões de dólares. Com a explosão no volume de opções em decorrência da introdução das diárias, o tamanho do gama cresceu perigosamente. O tamanho do gama nos informa quanto os dealers devem vender caso o mercado suba e quanto devem vender caso o mercado caia. Tal atividade tem tido um forte efeito na volatilidade realizada. Sempre que o mercado dá um salto, os dealers aparecem para vender bilhões de dólares em ações e, quando o mercado sofre uma queda súbita, eles as compram aos montes. Devido à força contrária que o hedge dos dealers exerce, a volatilidade tem derretido como cubos de gelo sob o sol de verão, o que, como vimos, atrai investidores passivos de várias espécies que, de modo mecânico, aumentam sua exposição com base no ponto em que se encontra a volatilidade realizada.

O que eles perdem de vista é o seguinte: a volatilidade não está baixa porque os riscos macroeconômicos sumiram, mas porque há exércitos de investidores de opções vendendo diárias para receber pequenos prêmios. Com o tempo, forma-se para apenas um dos lados uma enorme bolha de ativos especulativos, na qual múltiplos grupos de investidores passivos vão empilhando posições compradas, com investidores ativos no meio da bagunça. No entanto, basta um acontecimento não calculado, não importa se grande ou pequeno, para fazer irromper um *sell-off* súbito e descontrolado. E, dado que os mercados financeiros hoje constituem o eixo da economia dos Estados Unidos, o Fed e os políticos são forçados a intervir quase que imediatamente para "resgatar o mercado", temerosos de que ocorra uma nova depressão. O próprio Ben Bernanke afirmou isso diante do Congresso norte-americano após o Lehman.

Embora já tenhamos visto que os políticos são compelidos a intervir com pacotes de resgate cada vez maiores, o que acontecerá se o Fed não puder pôr em prática uma QE aberta devido ao fato de a inflação estar muito alta? O que acontecerá se o Congresso não puder autorizar um novo pacote de estímulo de muitos trilhões de dólares devido ao fato de a dívida ter se tornado impagável e de os outros países não quererem mais comprar títulos do Tesouro americano?

Uma maciça distorção de capital nos mercados financeiros

No fim de 2021, havia 20 trilhões de dólares presos nas ações do Nasdaq 100 por meio do enorme ETF QQQ, que monitora as empresas aí listadas. Quarenta e oito por cento da própria Nasdaq se concentra nas oito principais holdings. Com o investimento passivo, os Estados Unidos sofreram uma overdose de ativos financeiros, mais especificamente títulos e ações de crescimento – que não passam de pedaços de papel; são notas promissórias de companhias que se baseiam em uma lucratividade futura não realizada em sua maior parte. Por sua vez, as ações no ETF de energia XLE têm um valor de mercado de apenas 1,6 trilhão de dólares. O valor de mercado dos componentes do ETF de produtores globais de minérios e metais, somados, é de 1,8 trilhão de dólares. Ou seja, havia pouco mais de 3 trilhões de dólares investidos em ativos tangíveis e mais de 20 trilhões de dólares em ações de crescimento. O problema é que, durante um regime de alta inflação como o vivenciado entre 1968 e 1980, os mercados tendem a fazer um importante giro na direção dos ativos tangíveis e das ações de valor, em detrimento das ações de crescimento. Como a carteira média dos Estados Unidos está sobrecarregada de ações de crescimento, um tal giro no período inflacionário que se seguirá poderá causar uma carnificina financeira devastadora.

A bomba-relógio demográfica

Um dos provérbios mais batidos nos investimentos é: "A sua idade é a porcentagem que você deveria investir em títulos". Em essência, quanto mais velha a pessoa fica, menos ações deve possuir.

Com isso, chegamos ao último ponto no tópico do investimento passivo: a transformação demográfica pela qual estão passando os Estados Unidos. Os *baby boomers* mais velhos entraram na casa dos 70 anos em 2022 e, graças à medicina moderna, às novas tecnologias e aos avanços nutricionais, muitos passarão dos 90. Já de um ponto de vista financeiro, eles carregam cicatrizes de guerra: Lehman Brothers, os *lockdowns* da Covid e, recentemente, em 2022, a quebra no setor de tecnologia; além disso, a inflação galopa, há a guerra na Ucrânia, a China aumenta a pressão sobre Taiwan e a União Europeia se vê às voltas com uma catastrófica crise energética. É um mundo volátil, e os mercados de ações já provaram ser uma aposta arriscada – ao menos no curto prazo. É possível que muitos *boomers* não suportem uma nova grande queda nos mercados, caso aconteça.

Ano após ano, nas últimas duas ou três décadas, as ações foram fortificadas com o dinheiro dos *baby boomers*, que se achavam no auge da capacidade produtiva. Somados, eles controlam 78 trilhões de dólares em fortunas, ao passo que os *millennials* têm apenas 7 trilhões de dólares. Contudo, atualmente os *boomers* estão se retirando das ações e depositando seu capital em fundos de títulos da dívida pública. Eles já passaram por muita coisa e agora só querem uma renda estável, com menos riscos, como aconselhou Martin

Zweig, e como nós mesmos aconselharíamos. Portanto, aquele dinheiro que hoje flui pelo mercado em veículos de investimento passivos vai acabar, ou pelo menos vai se dissipar drasticamente.

Acreditamos que, ao longo da próxima década, 10 trilhões de dólares serão transferidos de ações para títulos da dívida e ativos tangíveis (commodities). Daqui a dez anos, o mais velho dos *boomers* terá 88 e mesmo os mais novos estarão aposentados. Caso o Fed deixe de ser leniente e, ao contrário, combata a inflação, a pressão para mover as fortunas para a renda fixa será ainda maior. O pensamento arrepiante que não deixa dormir à noite é que ninguém na mídia financeira está preocupado com os retornos do mercado de ações em um mundo em que não existam juros baixos e flexibilização quantitativa.

O mercado de ações com que lidamos hoje em dia seria irreconhecível para Zweig. Com o grande deslocamento para o investimento passivo, há cada vez mais leigos tomando conta da própria carteira de investimentos. Ademais, não há limites para a quantidade de capital que pode desaguar nos ETFs. Quais serão as consequências quando o mercado sofrer o próximo grande impacto? Quais serão as consequências quando 25 trilhões de dólares estiverem à mercê de um pânico inconsequente, sem gerentes de carteira profissionais que os guiem em meio ao caos? Pode haver uma torrente descontrolada de vendas em proporções nunca vistas.

O que nos leva a uma das estatísticas mais importantes deste livro, uma que todos os investidores devem entender bem. Pensemos na riqueza doméstica americana e na alocação de capital dos investidores. De acordo com o Goldman Sachs, nesta década as ações atingiram quase 40% dos ativos financeiros domésticos nos Estados Unidos, um aumento considerável em relação aos 28% dos anos 2010, aos 18% dos anos 2000, aos 33% dos anos 1990, aos 17% dos anos 1980 e aos 11% dos inflacionários anos 1970. O comportamento de manada tomou conta.

Com a promessa de ser o salvador da pátria e de ir ao resgate dos mercados sempre que estes se vissem em apuros, o Fed possibilitou que o fluxo de dinheiro para as ações jamais cessasse. Basta olhar para seu comportamento nos últimos trinta anos, da falência do

LTCM, passando pela quebradeira pontocom até o colapso do Lehman e a Covid-19. Mas tem um problema: a acomodação financeira só funciona quando a inflação está baixa e o Fed pode gastar rios de dinheiro sem causar danos ao restante da economia. Se há inflação, ou risco de inflação, o Fed não pode nem cogitar resgatar o mercado de uma quebra, pois isso faria a inflação disparar para 20%, o que seria um ônus insuportável para os cidadãos dos Estados Unidos. A economia estadunidense se fundamenta no crédito, e a dívida total no país é hoje de 101 trilhões de dólares, a maior parte composta por dívida flutuante, o que significa que as taxas de juros sobem à medida que a taxa de inflação cresce. As consequências seriam inimagináveis.

Em crises passadas, a inflação se achava na faixa de 0% a 2% e o risco de uma espiral de preços era baixa. Contudo, com uma inflação teimosa, que se mantenha em torno de 5%, esse risco existe, e o Fed sabe bem.

Neste mundo multipolar, hostil, em que os *baby boomers* estão chegando na casa dos 80 anos e os títulos da dívida pública pagam muito mais do que na década anterior, a "oferta interminável" de Josh Brown se transformará em uma oferta interminável *de venda*, mais especificamente.

É provável que estejamos diante de uma violenta correnteza de capital em processo de inversão demográfica.

ESPECIALISTAS EM INVESTIMENTO DÃO A LETRA

Uma entrevista com David Einhorn

"Pegue a Rua 24. É melhor pegarmos a 24", falei ao taxista.

"A 24, tem certeza?", disse ele, me olhando de soslaio pelo retrovisor.

"Sim, entre na 24. Por aqui vai ser impossível."

Eram os primeiros dias de fevereiro de 2022, e eu tinha um compromisso marcado às 14h30: iria me encontrar com David Einhorn, fundador da Greenlight Capital, possivelmente o negociador mais sagaz de todos. Einhorn cruzara meu caminho pela primeira vez em 2008 com um comentário na *Bloomberg News* a respeito da locomotiva de dívidas que pesava sobre o balanço patrimonial do Lehman Brothers e das razões pelas quais assumiria uma posição vendida contra o banco. Jamais me esquecerei. Ele não apenas previu o que aconteceria como fez fortuna com o colapso da companhia. Seu livro *Fooling Some of the People All of the Time* é um clássico dos investimentos e um dos nossos favoritos no *The Bear Traps Report*.

Einhorn, cujos dias eram meticulosamente planejados, era conhecido pela pontualidade. Eu havia reservado uma hora para o trajeto de pouco mais de 3 quilômetros entre a Bolsa de Valores de Nova York e meu destino – trajeto que levaria sete minutos se fosse em qualquer outro lugar do mundo.

Quando o semáforo ficou verde, o taxista pisou fundo e costurou entre o pandemônio de ônibus, táxis e caminhões de entrega, que buzinavam com ódio enquanto o homem seguia falando em persa no celular, absolutamente indiferente, como se transitasse pelo campo. Poucos minutos mais tarde, desembarquei na frente da Grand Central Tower.

Às 14h25, saí do elevador e pisei no escritório de um dos fundos de hedge mais impressionantes dos Estados Unidos. Com o carpete imaculado e os arranjos de flores frescas no que me pareceram ser vasos Lalique, a sala de recepção era irretocável. Fui imediatamente levado a uma sala de reunião, onde me trouxeram uma xícara de chá. As estantes exibiam diversos troféus de IPOs e de transações no mercado de capitais – também conhecidas como ofertas de participação societária e de dívida – que a Greenlight tinha ajudado a levar a cabo, assim como outras provas das glórias que David Einhorn conquistara durante a vida, a começar pela Universidade de Cornell, onde se graduara em administração e para a qual doara 50 milhões de dólares para a criação de um programa de aprendizagem comunitária.

No mercado desde 1996, não é exagero dizer que ele havia contrariado as estatísticas; segundo um estudo da Capco, 50% dos fundos de hedge vão à falência pouco tempo após sua criação e aqueles que sobrevivem enfrentam um campo minado de obstáculos. É o desempenho que fala mais alto: se ele for opaco, ou se você estiver acumulando perdas, não tardará a ser expulso do negócio. A Greenlight não só tem um desempenho historicamente exemplar como também uma ética impecável; em seus dez primeiros anos, obteve retornos anuais de 20% a 30%. Warren Buffett certa vez indagou: "Você ficaria satisfeito se uma decisão de investimento sua saísse na primeira página do *The New York Times*?". A resposta de Einhorn seria um retumbante sim.

No entanto, o objetivo de minha visita não era falar dos investimentos de Einhorn. Tínhamos um tema muito mais premente a tratar, um tema que nos ocupava havia alguns anos: o negócio dos investimentos passivos e ETFs e os abalos sísmicos que eles estavam provocando na estrutura mais profunda do mercado. Embora passassem despercebidos aos investidores pessoas físicas, tais abalos tinham implicações chocantes.

Às 14h30 em ponto, David Einhorn adentrou a sala. Como sempre, tinha o cabelo perfeitamente cortado e trajava calças com vincos perfeitos e camisa social passada de maneira impecável. Era o mesmo homem que eu já conhecia, muito embora não nos víssemos desde antes dos *lockdowns* de 2020.

Nós nos cumprimentamos e nos sentamos. "Larry, como se chama a ação que caiu 90%?" Ele esperou um instante. "Uma ação que tinha caído 80% e então foi cortada ao meio."

Eu ri, mas logo me dei conta de que não era uma piada. A expressão de Einhorn às vezes é difícil de decifrar, como é típico de um grande jogador de pôquer – ele é especialista no estilo No Limit Hold'em, chegou a ser 18º no ranking mundial.

"O dobro do preço não significa necessariamente tolice em dobro", continuou, "mas, quando os preços caem, ninguém sabe o valor. Sabemos que ele caiu em relação a uma avaliação irrealista da empresa, mas, e agora, ela continua sendo irrealista? A relação preço/lucro está baixa o bastante ou pode cair ainda mais? Hoje em dia, ninguém sabe responder a essa pergunta; se os investidores de valor começam a comprar, quanto tempo vai levar até que o mercado se dê conta do desarranjo?"

Ele estava se referindo às muitas transformações que o mundo dos investimentos sofrera desde o Lehman, incluindo a enorme proliferação de ETFs. Em 2002, havia 102 deles, que passaram a mais de mil imediatamente após o colapso do banco. Em 2022, já eram 7.100. O ETF SPY continha uma fortuna (328 bilhões de dólares) capaz quase de manter a Marinha dos Estados Unidos. De fato, hoje existem mais ETFs do que ações. Alta capitalização, pequena capitalização, tecnologia, indústria, transportes, mercados emergentes, grandes bancos, alto risco, baixo risco: o cardápio é ilimitado. Com seus 25 trilhões de dólares, os ETFs comandam o mercado.

"Não há nada errado com o investimento passivo em si", falou Einhorn, "mas esses 4 a 5 trilhões de dólares que chegaram ao longo da última década fazem com que as BlackRocks e Vanguards da vida tenham um poder e uma influência muito maiores. É praticamente o ocaso para aqueles gerentes de fundos ativos que se valem da devida diligência corporativa para instigar as companhias a melhorar o valor das ações. Nas reuniões de rendimentos, é muito raro hoje que alguém no lado comprador pergunte qualquer coisa que seja." Ele se deteve por um instante. "Na maioria das empresas, os maiores acionistas são investidores passivos. Se você é dono do mercado inteiro e não precisa se preocupar com nenhuma ação específica, pode se dar ao luxo de brincar de militante: ESG, diversidade ou outra pauta dessas que não têm absolutamente nada a ver com tomar boas decisões de alocação de capital para empresas."

Aproveitei a deixa: "E como isso afetou o comportamento das ações e dos mercados?".

Einhorn deixou escapar um risinho. "Um dos principais problemas com os fundos passivos é que eles não respeitam mais a própria lógica. Eles só fazem sentido se sua filosofia for: 'O mercado é mais esperto do que eu e não estou a fim de quebrar a cabeça para ganhar de tanta gente que é paga para quebrar a cabeça'. Em outras palavras, se eu compro um índice de ações e essas ações são ponderadas pelo valor de mercado, vou me contentar em ser um seguidor dos preços do mercado, em vez de querer determiná-los. Entretanto, quando uma proporção tão grande dos fluxos de negociação e investimento se torna passiva, os fundos passivos deixam de apenas *seguir* os preços e passam a *fixá-los*. Ora, se a pessoa está fixando o preço, ela não pode chegar e dizer que o mercado é eficiente e que foi decifrado por todo mundo, essa análise não tem pé nem cabeça. No fim, o que provavelmente se tem é um substancial desvio de preço e de alocação de capital, e quem fica com o ônus são os investidores desses fundos passivos."

"Meu Jesus", exclamei para ninguém em específico. Meus pensamentos foram tomados por visões de bolhas em potencial e pelas catástrofes que ocorreriam se elas explodissem. Quantos daqueles trilhões de dólares em ETFs não eram resultantes de uma profecia autorrealizável, em que ativos eram valorizados justamente por fazerem parte de um ETF em particular? "Fico incrédulo de pensar no que deu o resgate do Long-Term Capital", comentei. "Era para o fundo ter implodido e pronto."

Einhorn se levantou, caminhou até a janela e observou a cidade. As buzinas eram audíveis mesmo ali, 24 andares acima da rua e atrás de janelas antirruído.

"Chega a ser inacreditável", falou. "Há uma completa bifurcação no destino do dinheiro dos investidores. Aqueles que não querem colocá-lo em fundos de índice vão colocá-lo nas principais ações de tecnologia, ou nas principais ações de valor, ou em grandes empresas pioneiras, ao passo que o investimento ou o interesse na indústria tradicional é mínimo. Com isso, as companhias tradicionais, embora tenham ótimos custos de empréstimos, acabam tendo altíssimos custos de capital próprio (custo relativo à emissão de novas ações para levantar capital). Daí que os acionistas dizem o seguinte: "Seu custo do capital próprio é alto demais; se você tem algum fluxo de caixa livre, dê-nos aqui que é melhor do que continuar produzindo isso aí que você produz'. Assim, há um desinvestimento contínuo na economia real, pois é uma parte do mercado que não conseguiu atrair capital".

Fiquei estarrecido. Einhorn não só ecoava as percepções que Rafi Tahmazian me revelara em Calgary, como era capaz até de traçar nos setores financeiros a origem das tendências que provocavam o baixo investimento nos ativos tangíveis. Decidi pressioná-lo: "Presumo que isso vale especialmente para a indústria do petróleo, certo?".

"Com certeza, Larry. Basta olhar para ver, embora agora os preços do petróleo estejam bem altos. Em outros tempos, haveria uma proliferação de CapEx e de explorações, mas você não os vê em lugar algum. O que você tem são acionistas dizendo: "Não, o que você deve fazer é distribuir altos dividendos e recomprar ações'. Eles já não querem nem descobrir mais petróleo, por causa da pressão política. O Grande Petróleo está trabalhando ativamente para se transformar no Pequeno Petróleo! Ao mesmo tempo, não há o investimento de capital necessário para abastecer o mercado, o que pode resultar em preços ainda mais altos por um longo período, que é, em parte, o que está acontecendo com a inflação". O argumento de Einhorn era de que aqueles negócios eram tediosos, é verdade, mas também fundamentais, desde cimento até remessa de carga, haviam sido privados de capital, enquanto os investimentos no setor de tecnologia estavam transbordando.

Uma parte da mensagem de Einhorn é clara: se o capital está sendo mal destinado e um país como os Estados Unidos está produzindo cada vez menos dentro de seu território, mas isso se dá em um mundo unipolar com comércio ótimo e uma cadeia de fornecimento eficiente, o cenário não é necessariamente inflacionário;

por outro lado, em um mundo multipolar, tal dinâmica pode servir de combustível para tendências inflacionárias a longo prazo, ainda mais porque boa parte dos recursos mais importantes está em locais do planeta pouco atraentes politicamente.

Tentei organizar as informações enquanto terminava meu chá. "Vou acompanhá-lo até a saída", falou Einhorn. "Preciso me preparar para a reunião das 15h30."

Levantei-me enquanto ele segurava a porta para mim, e nos dirigimos à recepção. Essa parte do escritório era totalmente separada, distante do pregão, distante dos segredos bem guardados de um fundo de hedge. Todas os escritórios da empresa tinham o mesmo formato. Os clientes e visitantes jamais pisavam no pregão nem presenciavam a atividade diária que transcorria por trás dos bilhões de dólares sob controle do fundo. Havia no lugar uma atmosfera de mistério, de inequívoco respeito. Senti o impulso de saber como os cérebros espetaculares da Greenlight – David Einhorn e seu time – estavam se posicionando em relação ao futuro. Quando ele chamou o elevador, perguntei: "Além, talvez, de alguma exposição no setor energético, o que tem chamado a atenção de seus analistas? Tem algum ativo que possa se beneficiar de certas tendências do investimento passivo e que ainda assim esteja protegido caso tudo vá pelos ares?".

"Cobre e prata são bem interessantes. O dinheiro tomou um rumo verde e, se vamos entrar de cabeça nos carros elétricos, precisamos de muito cobre para os motores, para os carregadores e para lidar com a demanda adicional na rede elétrica. Contudo, a aversão à mineração se tornou tal que a quantidade de minas de cobre previstas para entrar em operação na próxima década é menos da metade do que havia dez ou quinze anos atrás, umas duas ou três. E preparar uma mina de cobre nova é algo que pode levar até uma década. A não ser que você esteja planejando abrir uma em breve, vai levar um tempo para as coisas mudarem."

O elevador anunciou sua chegada e as portas se abriram. Como estava vazio, Einhorn continuou o que estava dizendo enquanto descíamos para o saguão:

"Nessas circunstâncias, o preço do cobre vai continuar alto. O mesmo vale para a prata, que é cada vez mais utilizada como metal industrial graças à demanda crescente da fabricação de painéis solares. A médio prazo, é muito mais sensato investir em cobre ou em companhias que o extraem do que tentar prever qual fabricante de carros elétricos vai prevalecer em um setor que hoje tem muita gente."

"É como diz o velho ditado: 'Na corrida pelo ouro, fica rico quem vende pá'", brinquei.

"Sempre foi assim, sempre será."

As portas do elevador se abriram e nós seguimos pelo amplo átrio até a calçada.

"Foi uma verdadeira aula", falei enquanto nos cumprimentávamos. "E tudo começou com a terceirização da nossa produção industrial, sem falar na miopia dos mercados financeiros, que só conseguem enxergar um punhado de ganhadores."

"E os ETFs só exacerbam essa tendência", concordou ele. "Só o vencedor tem vez nesses mercados. Faça uma boa viagem, meu amigo."

Virei-me para acenar para um táxi e, quando retornei o olhar, Einhorn já havia sumido no interior de seu reino. Sempre que conversamos, saio com a sensação de que ele talvez seja a pessoa mais inteligente que já conheci. E o restante do ano de 2022 só confirmaria a sensação. Conforme o inverno virava primavera e a primavera virava outono, a inflação disparou, puxada pelos altos preços de energia, causados pela restrita oferta de petróleo. Para evitar uma espiral inflacionária, o Fed imediatamente adotara um tom mais agressivo com aumentos na taxa de juros, arruinando ações, especialmente aquelas mais vulneráveis aos altos juros. De ponta a ponta, o S&P 500 teve queda de 19,6%, o pior desempenho do mercado desde a falência do Lehman, em 2008. Para David Einhorn e sua Greenlight Capital, aconteceu o exato oposto. Em vez de seguir a manada em direção aos setores de tecnologia, financeiro e em fase de valorização, já carregados de capital, a Greenlight trilhou o próprio caminho e seu posicionamento se mostrou não apenas à prova de inflação mas também muito apto a prosperar no novo paradigma. Em 2022, os retornos gerais do fundo bateram em 36,6% – com um incrível alfa de 56,2% (o retorno excedente da ação ou do fundo em comparação ao retorno do mercado) em relação à S&P.

Trilhar o próprio caminho é louvável e tal, mas é evidente que existe uma razão para que tantos gerentes de fundo e participantes do mercado se acumulem nas mesmas negociações. Em certos momentos, a razão é que são essas as negociações que estão dando dinheiro; entretanto, elas provavelmente deixarão de fazê-lo em algum ponto do futuro, seja dali a dois meses, um ano, cinco anos. Uma das lições mais importantes que aprendi nos muitos anos de mercado financeiro tem a ver com isso. Digamos que um investidor que você respeita muito, e cuja filosofia conhece bem, reafirmou uma posição forte em algo, dobrou a aposta, e esta se mostre fraca num primeiro momento, com ganhos laterais ou mesmo perdas. Pois são investimentos assim que quase sempre se mostram os melhores; em geral, aquele investidor tem uma percepção ou uma ideia brilhante que apenas não se concretizou ainda. Já vi isso acontecer inúmeras vezes com os maiores gerentes de fundo que conheço.

Um de meus exemplos preferidos é a crença que David Einhorn depositou por anos na GRBK, ação da construtora norte-americana Green Brick Partners. Veja, lá em 2014, Einhorn percebeu corretamente que se estava criando o cenário para uma profunda escassez no setor habitacional dos Estados Unidos, devido, principalmente, à devastação econômica que assolara a construção civil após a crise imobiliária de 2008, às dificuldades de financiamento hipotecário e ao excesso de regulamentação de edificações pelos municípios. Tal cenário geraria um aumento nos preços e favoreceria as companhias que já ocupavam o espaço. Einhorn então adquiriu 24 milhões de ações da GRBK ainda no outono de 2014, fazendo da empreiteira o segundo maior componente de seu fundo. A ação teve aumentos excepcionais, de 900% no fim de 2015 e de 2.450% em 2021. Einhorn jamais se desfez de sua participação acionária e acabou obtendo enormes lucros para a Greenlight Capital; ele a manteve sempre entre suas principais posições, senão a principal, mesmo durante as oscilações. Entre a máxima de 2021 e a mínima de 2022, as ações da GRBK se desvalorizaram quase 40%; farejando a oportunidade, nós enviamos a nossos clientes um alerta de negociação recomendando que as comprassem. Moral da história: se a posição de um colosso como Einhorn ou Buffett está à venda, é bem possível que seja um ótimo ponto de entrada.

7

A PSICOLOGIA DAS BOLHAS E A OBSESSÃO COM AS CRIPTOS

Assim que vejo uma bolha, me apresso em comprá-la.
- GEORGE SOROS

Existe em Manhattan uma corretora bastante peculiar chamada Jane Street Group. É um dos mais astuciosos dentre aqueles negociadores do mercado de balcão em ETFs que comentamos no Capítulo 6. O Jane Street Group emprega dois mil cientistas da computação e é muito proeminente no universo das firmas de negociação quantitativa. Tanto assim que, em 2022, sua capitalização de mercado rivalizou com a da Citadel Securities, com aproximadamente 17 trilhões de dólares em valores mobiliários negociados no ano. No Jane Street, não é raro que novos contratados recebam um salário anual de 425 mil dólares. É o que a faz uma firma peculiar, assim como o fato de não possuir um conselho de administração. Aliás, ela não tem nem mesmo uma junta executiva; possui apenas uma equipe de liderança composta por trinta membros, cujas relações de autoridade são pouco claras, algo muito distante das tradições de Wall Street.

As palestras aos funcionários costumam girar em torno de programação computacional ou das diferenças entre as linguagens e paradigmas. Os espaços são ocupados por cientistas da computação das mais variadas origens, especialistas tanto nas linguagens de programação clássicas, como Perl, Haskell e JavaScript, quanto naquelas linguagens compiladas de alta velocidade, como C++. Mas no Jane Street usa-se quase que exclusivamente uma outra linguagem, chamada OCaml, com potencial industrial e ênfase na expressividade e na segurança. Para atuar no mais alto nível da negociação de arbitragem, é preciso aproveitar qualquer vantagem possível.

A sede – situada na parte baixa de Manhattan e que conta com academia novinha em folha, cafeterias, salas de cochilo, mesas de pingue-pongue, tabuleiros de xadrez, espaços de leitura – é uma torre de marfim em que se perpetua uma cultura de mistério. Aliás, é mais do que uma cultura: é um culto. Em 2014, um jovem de 22 anos de cabelos desgrenhados, vestido para um dia na praia, adentrou o escritório da firma na Rua Vesey para iniciar sua carreira. Nascido no campus da Universidade de Stanford, filho de dois professores da cátedra de direito, dono de um QI que rivalizava com o de Albert Einstein, ele acabara de se formar no Massachusetts Institute of Technology. Porém o novato não tinha a intenção de permanecer em Nova York por muito tempo; estava obcecado com a ideia de fazer dinheiro e suas ambições eram muito maiores do que ser funcionário de alguém. Eram tão grandes que, de fato, oito anos mais tarde, ele seria responsável pela perda de 40 bilhões de dólares na maior quebra das criptomoedas que o mundo jamais testemunhara. Seu nome era Sam Bankman-Fried.

A psicologia das bolhas

O professor Sigmund Freud achava-se tranquilamente acomodado em um dos sofás de seu café favorito; através da janela a suas costas, a luz da tarde incidia sobre o caderno de anotações e iluminava os filetes de fumaça branca. Ele baforou a fumaça mais uma vez, que envolveu completamente seu crânio em uma névoa abrilhantada pelos raios de Sol. Retomou as anotações, absorto em pensamentos. Sobre a mesa, repousavam uma xícara de café e um cinzeiro. O garçom se aproximou, Freud pagou a conta, vestiu o sobretudo e deixou o local levando na mão esquerda a bengala com punho de marfim. Sobre a entrada, o letreiro dizia: "Café Landtmann". Freud passou incontáveis tardes aí, onde costumava fazer suas reflexões ou jogar xadrez, porém, naquele dia de dezembro de 1920, ele estava concentrado na escrita de seu novo livro, *Psicologia das massas e análise do Eu*.

Já sentado à escrivaninha em seu escritório, o professor alcançou o estilógrafo, molhou a ponta na tinta preta e começou a escrever com sua intricada caligrafia: "Eis uma aptidão contrária à sua natureza, de que o homem só se torna capaz enquanto parte de uma massa". Seus olhos perscrutaram a folha e então se detiveram em um ponto na metade do texto. O professor mergulhou a caneta na tinta novamente e acrescentou: "A personalidade consciente se foi, a vontade e o discernimento sumiram. Sentimentos e pensamentos são então orientados no sentido determinado pelo hipnotizador".

Ele examinou a página. A tinta estava começando a secar. Freud releu as palavras uma vez mais, deitou o estilógrafo na mesa e pegou outro charuto. Caminhou até a janela e observou a rua serena, onde as árvores balançavam ao vento. A nuvem de fumaça que se formou quando ele acendeu o charuto envolveu seu tronco inteiro, enquanto os primeiros flocos de neve caíam sobre Viena. Apesar de todo o brilhantismo e da curiosidade incessante, Freud não tinha como saber então que aqueles papéis soltos sobre a mesa explicariam a gigantesca bolha imobiliária que assolou o Japão na década de 1980. Ou que ajudariam a compreender o frenesi que alimentou a bolha pontocom dos anos 2000. Ou, ainda, que esclareceriam os motivos por trás da bolha de ativos de mais de 2 trilhões de dólares – a maior e mais insana de todos os tempos –, criada por uma furtiva moeda digital gerada pela tecnologia de blockchain.

Há em Wall Street um ditado que já se tornou clichê: "O mercado é capaz de se manter irracional por muito mais tempo do que você é capaz de se manter solvente". É um chavão, mas também a mais pura verdade. O ser humano é uma criatura ambivalente em sua natureza: constitui-se de um eu racional, que tende a dominar o pensamento consciente, e de uma subestrutura pré-racional, ou mesmo irracional, o id, que controla o subconsciente. E é a este último que se subordina cada uma e todas as bolhas nos preços de ativos, sejam ações, títulos públicos, commodities, moedas etc. Há um ponto em que o comportamento financeiro dos participantes do mercado se deixa dominar pela ganância, pelo êxtase, pela hipnose, e eles passam a pagar o que for pelo objeto de desejo, o que leva a uma explosão liberadora, prazerosa, nos preços do mercado, à qual se segue uma queda igualmente dramática.

Os anais da economia estão abarrotados de bolhas em preços de ativos. Entre as mais famosas, estão a das tulipas holandesas do século XVII, a bolha da Companhia dos Mares do Sul de 1720 e a bolha dos mercados imobiliário e acionário japoneses do fim dos anos 1980, da qual tratamos no Capítulo 2. Além delas, há as enormes bolhas que ocorreram ao longo dos últimos trinta anos nos Estados Unidos, também comentadas anteriormente, como a bolha pontocom, a bolha habitacional que culminou na Grande Recessão, a bolha de commodities dos anos 2000 ou a bolha no setor de tecnologia e nas criptos logo após a Covid-19.

Cada uma dessas bolhas foi acompanhada de uma história que, pelo menos no início, justificava a valorização no preço dos ativos. A produção de petróleo convencional estava atingindo picos e o processo de industrialização da economia chinesa se achava a todo vapor: bolha das commodities. As moedas digitais prometiam ser o ouro digital, uma alternativa ao papel-moeda sem lastro (moeda que não se fundamenta em uma commodity, como o ouro, e ainda assim é usada como moeda corrente, casos do dólar, do euro, do iene etc.) e ao sistema de transação governamental: bolha das criptos. A internet tomaria conta do mundo e era preciso que todos adquirissem um novo computador pessoal antes da virada para os anos 2000: bolha pontocom. Em cada caso, porém, houve um momento em que os investidores passaram a agir como especuladores e os preços atribuídos ao respectivo ativo se descolaram completamente da realidade econômica. Quando uma bolha está na iminência de atingir seu ponto máximo, os participantes do mercado entram em um mundo de fantasia. Cegos pelas fortunas que os papéis lhes apresentam, tomam como novos paradigmas o que na verdade não passa de fenômenos temporários provocados pela mais inata irracionalidade humana. E aí o mundo desaba.

Porém, a irracionalidade da mente subconsciente não é a única coisa que explica a formação de uma bolha nos preços de ativos, que depende também do capital à disposição daquela mesma mente. Não houvesse dinheiro, os ingleses dos anos 1800 não teriam conseguido sobreprecificar estratosfericamente a Companhia dos Mares do Sul. A cobiça é inata ao ser humano, praticamente inalterável, uma força biológica que sempre fez parte de nós e sempre fará. Já as condições que determinam a condução do capital e a quantidade deste que espirra de um lado a outro nos mercados financeiros, essas sim são passíveis de mudança. Quando há um aumento repentino na oferta de dinheiro, bolhas são formadas com mais facilidade. Isso ocorre especialmente quando o crescimento da base monetária não é decorrente do crescimento da produtividade econômica de fato, mas de um decreto governamental: flexibilização excessiva por parte do banco central ou estímulos fiscais. É a mesma coisa que largar uma caixa cheia de facas em uma prisão onde só há os tipos criminosos mais durões e violentos; agora, além do próprio punho, eles têm lâminas para se mutilarem e se matarem. O "estímulo" aqui tem tanto um efeito real quanto psicológico: a severidade da violência praticada pelos prisioneiros vai se intensificar, assim como a propensão a cometê-la. Quanto mais armas existirem, maior será a propensão a usá-las.

Algo similar ocorre quando o Fed injeta trilhões nos mercados ou quando o Congresso autoriza um estímulo fiscal maciço. Sempre que um governo usa uma mangueira de incêndio para conter um desastre financeiro com capital artificialmente barato e juros baixos, intensifica a influência e a interferência que a natureza irracional das pessoas exerce sobre as economias de mercado. Como ocorreu no caso de Cape Cod, em que políticas públicas estimularam uma infestação de tubarões-brancos, mencionado no Capítulo 4, quando um governo poderoso passa a interferir demais nos mercados e na natureza, ou ele agrava os problemas já existentes ou cria novos. Seja como for, os problemas raramente são solucionados e sempre há consequências não premeditadas. Não podemos nos esquecer jamais que a inflação vem nas mais diversas cores e sabores. Nos últimos trinta anos, os governos que tentaram aplicar políticas para gerar desinflação acabaram, na maioria das vezes, fomentando inflação. Não o fizeram na economia concreta, constituída por negócios e consumidores, porém criaram uma inacreditável inflação nos ativos financeiros, repetidamente.

Quase de maneira imediata após o Fed resgatar o LTCM, surgiu a bolha pontocom. Com o corte dos juros depois do 11 de Setembro, ele alimentou a bolha habitacional especulativa que culminou na quebra do Lehman Brothers e na Grande Recessão. Com a manutenção da taxa zero de juros e a implementação da QE nos anos 2010, o Fed possibilitou ao investimento passivo a mais épica e mais apinhada negociação de ações de tecnologia e de ações de crescimento. Contudo, em termos de política acomodativa, nada se compara aos cortes nos juros e ao estímulo fiscal durante a pandemia de Covid-19, este sem precedentes tanto em forma quanto em volume; foram eles que ocasionaram as enormes bolhas das criptomoedas, das ações meme e das empresas de tecnologia não lucrativas.

Uma das maiores bolhas da história

A primeira vez que ouvimos falar de Bitcoin foi em 2009. A moeda foi criada pela perda de confiança da sociedade no sistema bancário e pelo ceticismo crescente na capacidade dos governos centrais de administrar o erário público. Na esteira da crise do Lehman, com a sufocante perda de riqueza ao redor do planeta, muitas pessoas passaram a desejar uma alternativa, uma nova forma de realizar pagamentos, uma nova reserva de valor (um ativo capaz de reter seu valor ao longo do tempo), para além das moedas tradicionais, regularizadas. As origens do Bitcoin ainda hoje são um mistério. Ele foi criado pelo enigmático "Satoshi Nakamoto", que foi uma pessoa ou um grupo de cientistas da computação que minerou moedas criptografadas em uma descomunal rede de computadores conhecida como "blockchain". É muito complicado explicar em termos simples o funcionamento de uma criptomoeda, pois de fato não há nada de simples: são linhas e mais linhas de código, múltiplos sistemas computadorizados, chaves públicas, chaves particulares, além de uma quantidade considerável de algoritmos. Some a isso uma pitada de física quântica e você tem o que se chama de Bitcoin – palavra criada pela fusão de "bit" (em computação, dígito binário, ou a menor parcela de informação) e "*coin*" (que em inglês significa "moeda"). E ele é impossível de hackear, pois as "chaves" são constituídas de uma sequência alfanumérica de 26 caracteres – há mais combinações possíveis do que areia na Terra. Com esse grau inimaginável de criptografia, a tecnologia de blockchain passou a ser implementada em diversos mercados verticais pelo mundo por sua capacidade de descentralizar transações.

Um terreno fértil para fraudadores

O mundo dos negócios e do dinheiro sofreu uma divisão muito clara após a crise do Lehman. Visualize mais uma vez o Muro de Berlim cortando a Alemanha ao meio. Agora imagine uma linha traçada através do ciberespaço e do mundo das transações; os dois hemisférios deste novo mundo são o *centralizado* e o *descentralizado*. Em 2009, o Ocidente atingiu o auge da centralização – estamos falando de muita interferência do governo, muita regulamentação e muito controle sobre o dinheiro dos contribuintes. Estamos falando também de uma ladainha de problemas, ou externalidades, decorrentes da centralização. A sociedade perdeu a confiança na indústria financeira. Assim, o surgimento do blockchain foi como se São Jorge desembainhasse a espada e matasse o dragão que o saqueava. Até então, as transações só podiam ocorrer dentro dos sistemas bancários ou de varejistas digitais estabelecidos ou, ainda, de instituições com longo histórico de intermediação comercial entre duas partes. A tecnologia de blockchain, sendo perfeitamente criptografada, inimitável, poderia dar origem a um mundo completamente novo e, quiçá, a uma moeda novinha em folha. Mas o blockchain seria mesmo capaz de resgatar o planeta das garras do poder centralizado e fazer surgir uma rede *peer-to-peer* descentralizada?

A resposta curta é: sim. No entanto, por trás da promessa de um futuro financeiro descentralizado, havia um frágil ecossistema comandado por alguns jovens e aventureiros empreendedores do Vale do Silício. A tese que sustentava o investimento em criptomoeda era bem atraente, pois falava em extinção dos papéis-moedas – citando a queda de 93% no valor do dólar americano desde 1900 – e nas absurdas dívidas que os governos ocidentais vinham acumulando. Graças a essa tese, as moedas digitais se tornaram o investimento mais desejado no mundo, e a bolha do Bitcoin avançou com tudo até 2017. No entanto, uma bolha sempre traz consigo um grupo de sujeitos tão astutos quanto imorais que se aproveitam dos investidores e da ignorância destes a respeito das tecnologias que propiciaram o *boom*. Nos anos 1990, empresas como Enron, WorldCom e Adelphia cometeram fraudes contábeis para inflar seus lucros. Nos anos 2000, tipos como Bernie Madoff e Allan Stanford e companhias como a Countrywide e o Lehman enganaram os investidores. Bem, a bolha cripto também tem sua cota de malvados.

TOME NOTA, INVESTIDOR

O que faz o Bitcoin tão especial – e como os investidores podem lucrar

Se o preço de um carro aumenta, as montadoras, com o tempo, vão produzir mais carros a fim de tirar proveito do preço mais alto; contudo, existem inúmeras montadoras no mundo e, se cada uma passa a fabricar mais carros, a oferta aumentada acaba por provocar queda nos preços. Se o preço de um mineral precioso – a platina, digamos – sofre queda, as mineradoras desacelerarão sua extração para que, com o tempo, o preço volte a subir.

O Bitcoin não segue a mesma lógica. Ele é minerado na rede, que lança um bloco de Bitcoin no "livro-razão" (no qual são registradas todas as transações que envolvem Bitcoins protegidos por criptografia) a cada dez minutos, mais ou menos. Não importa se há uma ou sete bilhões de pessoas minerando na rede, o lançamento de dez em dez minutos é fixo.

O processo de minerar Bitcoin consiste em gerar uma solução criptográfica que corresponda a determinados critérios com o objetivo de validar a informação contida em um bloco pertencente a uma cadeia de blocos (blockchain). Como recompensa, o minerador recebe um Bitcoin. O grau de dificuldade da mineração é, então, constantemente ajustado de modo que o tempo médio entre um lançamento e outro se mantenha na casa dos dez minutos; assim, quanto maior for a capacidade computacional dedicada à mineração de Bitcoins (no total), maior será a capacidade computacional necessária para minerar o próximo bloco.

O número total de Bitcoins que poderá ser criado é expressamente limitado. O protocolo do Bitcoin determina que a recompensa pela adição de um bloco seja reduzida a cada 210 mil blocos (a cada quatro anos, aproximadamente). Inicialmente, cada bloco continha cinquenta moedas, porém até o fim essa quantidade se reduzirá a zero e o limite de 21 milhões de Bitcoins será alcançado. Em meados de 2023, havia 19 milhões de Bitcoins a serem criados e a taxa de recompensa havia caído para 6,25 moedas por bloco. Como o protocolo reduz a recompensa pela metade de tempos em tempos, a mineração de Bitcoin só atingirá o limite de 21 milhões de moedas no próximo século; no entanto, muito antes disso, o consumo de energia necessário para tanto fará com que a mineração se torne inviável financeiramente.

A questão principal é a seguinte: se o preço do Bitcoin sobe, mais pessoas se lançam à rede para minerar moedas, ao passo que, para manter o intervalo de lançamento de dez minutos, os algoritmos se ajustam de sorte a tornar mais difícil a mineração da moeda. "Mais difícil" significa mais intensificado em termos de gasto energético, o que eleva o custo de minerar uma moeda. Se o custo se eleva, sobe também o ponto de equilíbrio no preço de um Bitcoin. Em outras palavras, para que a mineração se mantenha lucrativa, o Bitcoin precisa se valorizar. E, como dissemos, o preço maior atrai ainda mais mineradores, encarecendo a mineração. Gera-se assim um ciclo de aumentos no preço que pode perdurar por muitos meses. Entretanto, a lógica inversa também se aplica. Se o preço do Bitcoin se desvaloriza (o que sempre tenderá a acontecer, principalmente devido ao processo de reversão no excesso de liquidez espalhada pelo sistema financeiro), as pessoas param de minerar e o ponto de equilíbrio no preço da mineração de moeda se reduz, o que, por sua vez, provoca queda no preço do Bitcoin e faz com que ainda mais pessoas parem de minerar. Essa dinâmica é o que explica a volatilidade extrema no preço do Bitcoin e também o que faz dele único.

> As demais criptos, em sua absoluta maioria, têm uma oferta infinita, ainda que a produção diária possa ser limitada; contudo, quase todas guardam uma enorme correlação com o Bitcoin, ou seja, apesar da oferta infinita, o preço tende a subir e descer de acordo com a cripto de Satoshi Nakamoto. É importante que os investidores estejam conscientes do processo cíclico de elevação e *sell-off* que caracteriza o Bitcoin e demais criptos; ao se depararem com esses movimentos, que podem ser muito intensos e perdurar por semanas, até meses, não devem ter receio de participar.

Sam Bankman-Fried era o CEO de um fundo de arbitragem especializado em criptomoedas que havia experimentado um crescimento súbito. A Alameda Research, assim nomeada em homenagem a uma ilha próxima à Baía de São Francisco, possuía uma estratégia de investimento que supostamente era quase imune à queda no preço das criptomoedas. Como os *quants* da Citadel e do Jane Street, os traders da Alameda Research almejavam ardentemente a volatilidade – quanto maior a oportunidade de arbitragem, maior a grana. Eles não tinham o menor interesse em permanecer com qualquer ativo por mais do que uma ou duas horas. E Bankman-Fried nunca havia visto diferenças de preço tão emocionantes quanto aquelas entre as bolsas de criptos americanas e as asiáticas. Logo de cara, a companhia ganhou quase 20 milhões de dólares.

A despeito do precoce sucesso de Sam e das excelentes negociações de arbitragem realizadas pela Alameda Research, as flutuações no preço do Bitcoin prejudicaram este em sua qualidade de moeda. Originalmente, o que diferenciava o Bitcoin das demais criptomoedas era a limitação da oferta; haveria 21 milhões de moedas, nenhuma a mais. Aí residia sua reserva de valor, assim como sua proposição de valor para os investidores. Entretanto, em meados de 2018, ele se provou suscetível a flutuações de preço extremas, o que pôs abaixo toda aquela teoria de "reserva de valor". Foi isso, acima de qualquer coisa, que fez o jogo virar. Daí em diante, o Bitcoin se tornou especulativo, com todos os riscos atrelados a essa categoria de investimento. Ademais, passou a ser considerado um meio de troca, não mais uma moeda, e a avaliação de um meio de troca se dá por outros parâmetros. A grande águia que simboliza os Estados Unidos da América, com um ramo de oliveira em uma garra e flechas na outra, carrega as ideias de guerra e paz e está estampada em cada cédula impressa pelo país. Eis o poder do dólar americano. Um poder que nenhuma outra nação sequer ousou imaginar: doze esquadras de porta-aviões e cinco mil ogivas nucleares. É isso o que lastreia uma moeda de verdade. Talvez não seja necessário tanto poder bélico, mas é necessário, sim, que um governo administre, regulamente e imponha seu curso legal. Sob tais parâmetros, as criptomoedas estavam condenadas desde o primeiro momento. No entanto, o sonho de descentralizar as finanças não morreu em 2018, nada disso.

Na primavera de 2019, Sam Bankman-Fried lançou a FTX, uma bolsa de ativos digitais que negociava Bitcoin e outras criptomoedas, além de tokens não fungíveis (NFTs), e que teve um crescimento arrebatador. Como plataforma voltada aos traders de cripto, a FTX, como qualquer bolsa, ganhava com a cobrança de taxas de negociação, porém praticava preços muito abaixo do mercado e, no processo, ainda levantou milhões para publicidade. As agressivas campanhas publicitárias não só estampavam a logomarca da empresa em tudo quanto era lugar, inclusive no GP de Miami da Fórmula 1, como ainda contavam com fotos gigantescas de seu fundador com uma camiseta da FTX e, claro, o cabelo bagunçado, sua marca registrada. Não demorou para que ele se transformasse no garoto-propaganda das criptos e caísse nos braços das instituições. A FTX angariou recursos de um fundo de capital de risco sediado em Menlo Park, na Califórnia, chamado Sequoia Capital. A Sequoia, de excelente reputação, é especializada em empresas do setor de tecnologia que se acham em estágio inicial, em estágio intermediário ou em fase de valorização. Ao dar uma chance à FTX, ela lhe conferiu credibilidade imediata.

Com a marca da Sequoia na apresentação de venda, logo uma horda de figurões correu para a empresa mais quente do setor. Nem mesmo Sam Bankman-Fried imaginava que ganharia tanto dinheiro.

Aliás, ninguém poderia ter previsto o que aconteceu na sequência, até porque foi algo digno de uma passagem do Antigo Testamento. O mundo inteiro entrou em *lockdown* por causa da Covid-19, que, transmitindo-se de pessoa para pessoa, afetou absolutamente todas as cidades do planeta. De súbito, as companhias de e-commerce, as companhias de videoconferência e as fabricantes de software e hardware se tornaram as donas do pedaço. Com a tentativa do governo dos Estados Unidos de debelar o vírus com estímulos fiscais e monetários que ultrapassaram os 10 trilhões de dólares, todo mundo no país de repente se viu com dinheiro no bolso. O setor de cripto se levantou de um pulo da depressão em que se encontrava havia dois anos, de 2018 a 2020, e disparou. Mais do que o setor da vez, as criptomoedas se transformaram em verdadeira religião, em mais uma demonstração da teoria freudiana acerca da psicologia das massas escrita muitos anos antes em seu esfumaçado escritório em Viena. Desta vez, a massa – uma turba revoltosa, hipnotizada pela crença de estar diante de uma nova era monetária – foi conduzida à maior bolha de ativos desde a mania das tulipas no século XVII. Diversas pessoas acreditavam que Bankman-Fried, com suas ostensivas previsões sobre o mercado, seria um novo Warren Buffett. Nos dezoito meses seguintes, sua fortuna cresceu a quase 30 bilhões de dólares, o que solidificou essa impressão.

Mas havia um homem que não acreditava em uma palavra que saía da boca do garoto.

"Quem é esse paspalho?", murmurou para a tela do computador, na qual encarava a foto de perfil do LinkedIn de Sam Bankman-Fried.

Um sniper frio e calculista

O brilhante Marc Cohodes não confia em Wall Street, especialmente quando se depara com uma conta que não fecha, com algo que não faz sentido – qualquer coisa que gere uma pulga atrás da orelha. Ainda mais se for algo que pode proteger sua carteira de investimentos.

Um ano antes do colapso da FTX, a voz solitária de Marc já anunciava as falhas que ele havia farejado na gigante das criptos. Mas que tipo de coisa acende o sinal de alerta de Marc? São várias – em geral, detalhes que passam despercebidos pelas pessoas. Uma de nossas favoritas é seu Indicador "Peruca". Marc sempre dizia: "Larry, meu retrospecto contra perucas é muito positivo". Hilário, mas, quando se trata de executivos seniores, perucas de fato não cheiram nada bem. O CEO que não assume o próprio cabelo (ou a ausência deste) nos faz indagar o que mais pode estar escondendo. Nos anos que antecederam a falência do Lehman, sujeitos como Marc viviam contando as notas de rodapé nos formulários da Comissão de Valores Mobiliários (SEC, na sigla em inglês), os relatórios anuais e trimestrais que devem ser submetidos aos reguladores em Washington. "Larry", Marc me disse certa vez, "sempre fique de olho em aumentos sequenciais (trimestrais, acima de tudo) nas notas de rodapé, pois eles indicam uma grande probabilidade de ofuscação".

---

o·fus·ca·ção (substantivo): ação ou efeito de ofuscar(-se); impedir a vista de; ocultar, encobrir, obscurecer

Ex. quando confrontados com perguntas difíceis, eles recorrem à ofuscação

---

Marc é de uma estirpe tão rara quanto o urso-marsicano. Hoje em dia, não há mais do que algumas dezenas de espécimes da raça, as quais vivem nas profundezas dos Apeninos italianos com uma dieta à base de maçãs, peras, ameixas secas, cogumelos e frutas vermelhas. Já Marc não é vegetariano; ele se alimenta de vigaristas, canalhas e fraudadores. Não literalmente, claro. O que ele faz é criar uma posição vendida nas empresas de tais sujeitos e, quando um deles entra em sua mira, agarra-o com a força de um pit bull terrier e não o solta até que o mercado cuspa os ossos do meliante. É neste momento que Marc coleta seus lucros. Às vezes a jornada é tranquila, porém na maioria delas é uma luta sem luvas como as que aconteciam na Ponte dei Pugni, em Veneza, nos tempos do Renascimento, em que dois homens se esmurravam por mais de noventa rounds.

Graduado em gestão financeira no Babson College, nos arredores de Boston, Cohodes só foi se apaixonar pela venda a descoberto em meados dos anos 1980. Logo após sua primeira negociação, ele soube que tinha nascido para fazer aquilo. Tornou-se um caçador de recompensa nos mercados financeiros, abatendo quem quer que descobrisse estar adulterando a contabilidade ou enganando os investidores pessoas físicas. Fez sua a missão de expor os astuciosos manipuladores de balanços patrimoniais e não permitia que nada o impedisse de caçá-los. Foi Cohodes quem suspeitou de Sam Antar, da Crazy Eddie, que acabou na prisão, e também quem delatou a Valeant Pharmaceuticals, que implodiu em um escândalo multibilionário, e a NovaStar, umas das maiores ilusões de ótica do setor imobiliário, que colapsou pouco antes da queda do Lehman Brothers.

Em janeiro de 2022, 35 anos depois de sua primeira negociação bem-sucedida de venda a descoberto, Marc apontou o cano do seu temível rifle e avistou a maior recompensa que jamais vira. Sob o emaranhado de cabelos negros, estava aquele garoto desajeitado chamado Sam Bankman-Fried. Um péssimo lugar para se estar. O frio e calculista *sniper* só usava munição autoexplosiva de alta velocidade, capaz de fazer a vítima em pedacinhos. Marc Cohodes ajustou o foco do telescópio até o fundador da condenada FTX lhe surgir com nitidez.

Espantado, de imediato Marc se indagou como era possível que um moleque houvesse caído de paraquedas em Wall Street já como bilionário e fundador da segunda maior bolsa de criptomoedas do mundo. Ele jamais vira nada parecido; daí o motivo de seu espanto.

Marc comentou comigo pelo telefone: “Larry, você e eu jamais vimos alguém surgir tão do nada em Wall Street. Qualquer um que tenha feito um nome nas finanças saiu de algum lugar. Menos esse Sam Bankman-Fried, parece que o cara estava em Marte. Com quem ele aprendeu? Para quem ele trabalhou antes da FTX? Com quem eu falo para saber suas credenciais? Fiz diversas ligações no fim do ano passado e, sempre que eu fazia as perguntas que se deve fazer, tudo o que obtinha do outro lado da linha era o som de grilos. Minha impressão era que, debaixo das camadas daquele mistério, eu não encontraria nada além de uma caveira sobre dois ossos cruzados".

Era tudo muito desconcertante para o *sniper* das finanças, que olhou mais uma vez para o perfil do LinkedIn na tela do computador. A única informação que Marc encontrara além da formação acadêmica dizia respeito aos parcos três anos como trader de ações de mercados emergentes no Jane Street. Ele sabia bem que ninguém alcançava um patamar tão alto sem que possuísse aquele "fator uau", que Simon Cowell chama de "X factor", e que podemos perceber de modo mais evidente em jovens promessas dos esportes – os meninos e meninas que correm, lançam e rebatem muito melhor do que seus companheiros de time e os quais, só de olhar, sabemos que serão grandes profissionais. Já esse tal de Bankman-Fried estava deixando Marc completamente confuso: ele não tinha antecedentes, não tinha experiência, nenhum tempero especial. Aos olhos de Marc, só havia uma explicação possível: fraude.

Cohodes se debruçou sobre a FTX e as demais pessoas da equipe. A mais talentosa que encontrou tinha como maior feito profissional um estágio em uma firma do setor imobiliário. De resto, era um deserto de credibilidade. Até onde lhe era possível enxergar, até a "negociação kimchi", que tinha dado os primeiros grandes frutos à Alameda Research, era uma impossibilidade do ponto de vista da física. A negociação kimchi consistia em uma oportunidade de arbitragem (processo de comprar em um mercado e vender em um diferente a preço mais alto) que se beneficiava do prêmio estrutural no preço do Bitcoin principalmente na Coreia do Sul, daí o apelido de "kimchi". No entanto, as bolsas asiáticas exigem que, para realizar qualquer arbitragem de cripto, o indivíduo esteja lá de corpo presente e com a grana em mãos. Para fazê-lo, Bankman-Fried teria que ter se formado na Escola de Magia e Bruxaria de Hogwarts, o que não era o caso, ao menos de acordo com seu LinkedIn.

De uma hora para outra, o símbolo da FTX começou a aparecer em tudo quanto era canto. Tom Brady se tornou embaixador da marca, estrelas do tênis passaram a exibi-la na camiseta, a arena do Miami Heat passou a anunciá-la em letras garrafais no telhado. A Paradigm tinha colocado 238 milhões de dólares na FTX, o SoftBank, outros 100 milhões. A Sino Global Capital investiu 50 milhões. A grande mídia enaltecia tanto a FTX e seu fundador que parecia estar cobrindo a Segunda Vinda de Jesus Cristo. Marc estava cada vez mais incomodado com aquela brincadeira.

Era evidente que a FTX havia conseguido ludibriar a mídia. Bankman-Fried havia ludibriado os investidores. Os reguladores. Para Marc, a companhia não passava de um golpe avaliado em 40 bilhões de dólares. Sua conclusão era que, em 2022, os mercados vinham experimentando aumentos tão impressionantes por tanto tempo que simplesmente pararam de raciocinar, o que é uma característica marcante das grandes bolhas. As pessoas haviam perdido a capacidade de pensar criticamente e de fazer as perguntas necessárias a qualquer investimento; bastava ver grandes celebridades ou estrelas do esporte entrando em algo e pronto: diligência cumprida. Ninguém apurava os fatos mais. De parte a parte, o mundo dos investimentos passou a ser povoado de marias vão com as outras. Absolutamente ninguém colocou uma lupa sobre a FTX. E Marc, vendo que as pessoas pesquisavam mais para escolher um restaurante do que para escolher um investimento, estava convicto de que Sam Bankman-Fried não só sabia disso, como contava com esse fato em seu plano para passar a perna em todo mundo.

"É muito triste ver pessoas que suaram para ganhar seu dinheiro perdendo tudo nesses malditos golpes em que todo mundo parece estar com a cabeça na Lua", pensou Marc em voz alta.

Quando a bolha estoura

No ano de 2020, logo após o decreto das primeiras quarentenas, teve início o monumental revigoramento do Bitcoin. Em 12 de março, o Bitcoin tinha atingido o ponto mais baixo desde a alta de

2017: 4.826 dólares. Um ano e meio depois, em 8 de novembro de 2021, ele alcançou a espetacular marca de 68.789,63 dólares – em grande parte, graças aos créditos baratos do governo federal dos Estados Unidos e aos intermináveis cheques que foram enviados aos lares americanos a fim de estimular a economia, o que de fato desencadeou a obsessão digital durante a pandemia. Estávamos mesmo diante de um mundo novo, de uma nova era digital, ou era apenas mais uma demonstração do fenômeno freudiano da psicologia das massas? As criptomoedas atraíram bilhões de dólares, de modo que a bolha sugou praticamente qualquer um que acreditasse que o mundo estava passando por uma transformação fundamental em decorrência da pandemia.

Entretanto, em paralelo às moedas digitais, havia outro mercado que estava disparado: o das ações de crescimento, aquelas que indubitavelmente conduziriam a migração de capital rumo ao nirvana, ao novo mundo, à nova dimensão, escolha o jargão de sua preferência. Metade das pessoas do país se achava hipnotizada, e foi nesse estado de torpor que elas aplicaram seu dinheiro, fortalecendo a mais recente crença de que o mundo digital seria o futuro. Não havia o que discutir.

A figura mais proeminente desse movimento, heroína da vez, era Cathie Wood, a investidora de Wall Street nascida em Las Vegas. Depois da graduação em economia pela Universidade do Sul da Califórnia, ela trilhou uma carreira tradicional: do Jennison, foi para o fundo de hedge Tupelo Capital Management e então para o AllianceBernstein, onde trabalhou por catorze anos em um fundo que, em 2007, contava com quase 800 bilhões de dólares em ativos, dos quais 5 bilhões eram gerenciados por Cathie. Em 2014, ela propôs a criação de um ETF gerenciado ativamente que fosse voltado a inovações "disruptivas", porém o AllianceBernstein considerou arriscado demais. Cathie Wood então zarpou e abriu seu próprio fundo, ao qual deu o nome de ARK Invest. Os quatro primeiros ETFs a fazerem parte da ARK pertenciam a uma rara estirpe de ETFs gerenciados ativamente que fora fundada por Bill Hwang na Archegos Capital Management, firma que implodiu em março de 2021; o próprio Bill foi preso em uma investigação federal, sob a acusação de fraude e extorsão – atualmente, ele se encontra em liberdade após ter pagado uma fiança de 100 milhões de dólares.

Cathie acumulou sucesso após sucesso, mas foi durante as quarentenas da pandemia que marcou um verdadeiro golaço. Ela foi o xodó do ano de 2021, já que as ações de crescimento subiram sem parar graças aos estímulos pós-Covid, que jorravam em todas as áreas da economia. O ETF que era o carro-chefe de sua empresa, o ARKK, parecia destinado a quebrar todos os recordes de crescimento: valorizou 150% em 2020 e acumulava altas de 24% em meados de fevereiro de 2021. O total de ativos gerenciados pelo fundo estava próximo de 27 bilhões de dólares. A *Bloomberg* elegeu Cathie como a "Melhor selecionadora de ações do ano" em 2020 e, em março, dois de seus fundos entraram na lista dos "dez maiores fundos administrados por mulheres (em ativos líquidos)". Até mesmo a *Barron's*, uma publicação sempre tão contida, estava fazendo alarde da mulher com manchetes do tipo: "Os estupendos ETFs da ARK já somam 12,5 bilhões de dólares em dinheiro novo só em 2021".

O que o ARKK fazia era basicamente pegar as ações das companhias de tecnologia ou de "inovação" mais especulativas e jogá-las num único produto de investimento. Estou falando de Tesla, Coinbase, CRISPR Therapeutics, Robinhood, Roblox, qualquer uma. O exemplar mais bizarro talvez seja a Teladoc Health, cujos valores mobiliários são identificados na fita de teleinformação pelas letras TDOC. A companhia, que prometia conectar médicos e pacientes por meio de videoconferência, nunca teve lucro e provavelmente jamais terá; trata-se de uma clara tentativa de ganhar em cima de expectativas futuras – ou da esperança de que a dívida da empresa não a leve à falência antes de alcançar a lucratividade. Contudo, nada disso impediu que as ações da Teladoc crescessem entre 2020 e 2021, em meio ao estímulo financeiro do Fed; no período de um ano, seu valor de mercado passou de 3 bilhões para 42 bilhões de dólares, a ponto de se tornar a terceira maior holding do maciço ETF ARKK.

É claro que muito do que estamos falando tem a ver com os perigos do investimento em ETF discutidos no Capítulo 6.

À medida que o dinheiro fluía para o ARKK, este comprava mais ações da Teladoc e demais holdings, o que aumentava o preço delas e, num ciclo de retroalimentação positiva, atraía mais compradores ao ETF. Seja como for, a ação já caiu 90% em relação à máxima de 2021. A ação média do ETF ARKK se desvalorizou 60% desde as máximas de fevereiro de 2021. Ainda hoje, após tantos voos de galinha, mesmo as maiores holdings da ARK Invest, como a Roku, acumulam desvalorização de 80%. A lição a ser tirada daí é que: sempre que o mercado é inundado por liquidez, formam-se bolhas tão imensas que ativos dos mais variados tipos começam a se comportar como as criptos. As avaliações feitas pelo mercado se tornam descoladas da realidade, isto é, não há nada que sustente a ação – nada senão esperanças e sonhos.

Isso se passou no auge do frenesi de alta da Nasdaq, com suas ações de tecnologia. E momentos de pico assim mexem com a cabeça dos investidores, ainda mais quando todo mundo está enriquecendo. Como observou J.P. Morgan há mais de um século: "Não há nada mais prejudicial ao bom senso financeiro do que olhar para o lado e ver que seu vizinho está ficando rico". A racionalidade é jogada para escanteio, e decisões de investimento bem fundamentadas, maturadas, são substituídas por algo que, de lógica, só tem a aparência. Nessas ocasiões, as piores modalidades de títulos são criadas, as promessas são esquecidas e as empresas que se acham mal das pernas passam a emitir dívida conversível (o que nós de Wall Street chamamos de "bar da última chance"). Uma das melhores estratégias de gerenciamento de risco consiste em se precaver contra "emissores em série" de títulos conversíveis; empresas que estão sempre retornando ao mercado de títulos conversíveis em busca de financiamento não costumam ter vida longa neste mundo.

Esses são todos sinais claros de que vem problema pela frente. Entre os exemplos clássicos, temos a SunEdison, a Chesapeake Energy, a Molycorp e o Lehman Brothers e, nos anos 1990, a Enron, a Tyco, a Adelphia e a WorldCom; a maioria delas faliu. Mas não para por aí: os profissionais das finanças e os investidores pessoas físicas também sofrem uma pressão tremenda para ingressarem na bolha. Ora, o fato de bolsas de cripto terem celebridades como embaixadores de marca é um argumento bastante razoável para querer entrar no bolo. Foi assim que a Theranos, administrada pela picareta Elizabeth Holmes, atraiu enormes quantias de capital entre 2014 e 2017. O conselho de diretores era repleto de nomes dignos de confiança, sujeitos como os ex-secretários de Estado Henry Kissinger e George Schultz ou o general quatro estrelas Jim Mattis. Contava ainda com o insinuante Richard Kovacevich, ex-CEO da Wells Fargo, e William Perry, que foi secretário de Defesa de Clinton. Ainda assim, a Theranos era pura ilusão; não passava de mentira. É dever dos investidores esquadrinhar os livros contábeis e nunca acreditar de olhos fechados em nada. O mercado é um campo minado de operadores trapaceiros. Sempre tenha um pé atrás com objetos reluzentes, CEOs persuasivos, anúncios de rendimentos confusos, endossos de celebridades, especialmente quando o mercado está em alta, pois é quando as pessoas se descuidam.

Não sem alguma ironia, fevereiro de 2021 foi o pico de mercado para os ETFs ARKK. Ninguém sabe ao certo por que as mínimas e máximas ocorrem nos meses de fevereiro e março, mas o fato é que ocorrem; os principais pontos de inflexão parecem se dar no segundo e terceiro meses do ano. Foi em março de 2000 que se deu o começo do fim da bolha pontocom. Foi em março também, mas de 2009 e 2020, que o mercado atingiu seu menor nível de preços. É um mês estranho. Em março de 2021, ocorreu uma súbita debandada do ETF ARKK: uma fuga das voláveis ações de veículos elétricos e das ações supervalorizadas do Zoom e da Roku. Os investidores queriam nomes sólidos, ações de crescimento que haviam passado bem pela última década; assim, mergulharam de cabeça nas FAANGs (acrônimo para Facebook, Amazon, Apple, Netflix e Google), companhias robustas com enormes fluxos de caixa e excelentes históricos. O mundo estava prestes a reabrir, e o notável sonho de uma realidade plenamente digital perdia força a cada dia. Havia ainda outras razões. A inflação estava crescendo e, quando ela dá as caras, os juros *precisam* se elevar para diminuir a temperatura da situação. É aí que o valor presente líquido dos fluxos de caixa futuros se desintegra. Com isso, as avaliações vão para o buraco. Quando ações como as do Zoom e da Roku passaram a ser negociadas a um múltiplo de preço/lucro de 500, os investidores mais espertos ficaram temerosos acerca das avaliações futuras e abandonaram a ARKK e suas semelhantes e partiram para as FAANGs, que naquele contexto se afiguravam como um porto seguro. Em dezembro de 2021, os fundos de Cathie Wood, antes tidos como épicos, foram classificados entre as dez formas mais rápidas de destruir capital.

O *sell-off* foi cruel, ainda que os gigantes da tecnologia tenham continuado a apresentar ótimo desempenho. No universo das criptos, Dogecoin, Litecoin, XRP e Tron foram levadas ao depósito de lenha e transformadas em gravetos; já o Bitcoin seguiu avançando intrepidamente e atingiu sua máxima histórica em novembro de 2021.* Foi então que o presidente Biden reintegrou Jerome Powell à cadeira máxima do Eccles Building, em Washington, D.C., ao que os mercados imediatamente reagiram, receosos de que, agora que novamente tinha poder em suas mãos, o homem provindo da Universidade de Princeton desse um precipitado giro de 180 graus e assumisse um tom mais agressivo a fim de combater a inflação. Como resultado, o Bitcoin iniciou um *sell-off* que se arrastou longamente. Em janeiro de 2022, o setor de tecnologia inteiro seguiu o exemplo e, no fim do ano, a maioria das ações de crescimento havia se desvalorizado mais de 50%, algumas mais de 75%. A perda total em fortunas no ano de 2022, considerando somente a bolha das criptos e a queda do mercado de ações de crescimento, foi de 9 trilhões de dólares.

A despeito da bazófia sedutora das narrativas de apresentação de venda, no fim das contas, os investidores da ARK Innovation, das criptos e dos NFTs eram apenas uma decorrência do prolongado estímulo do banco central, que haviam prosperado com as

---

* A máxima histórica do Bitcoin se renovou em 14 de março de 2024, atingindo 73.755 dólares, conforme os dados do TradingView. Esse valor histórico superou em 7% o pico anterior de novembro de 2021, quando o Bitcoin alcançou 69 mil dólares. [N. E.]

montanhas de dinheiro que o Fed despejara no mercado a partir de 2020. No caso de diversas criptomoedas que desapareceram, os gráficos mostram forte correlação entre seu desempenho e os estímulos monetários que o governo federal americano enviou aos cidadãos. Em um mundo com baixa inflação, as negociações especulativas desse tipo apresentam ótimo desempenho por causa dos créditos baratos e das enormes bolhas de ativos que estes criam. Nas palavras do grande Robert Shiller: "Nós somos seres irracionalmente exuberantes". O otimismo é próprio da natureza humana, como Tali Sharot explorou belamente em seu livro *O viés otimista: por que somos programados para ver o mundo pelo lado positivo*, publicado originalmente em 2011. É o que explica a irracionalidade que tomou o mercado imobiliário na virada do século: os juros baixos e o otimismo desenfreado fizeram os preços do mercado explodirem, gerando mais uma enorme bolha na esteira do crédito barato.

É o clássico ditado "tempo é dinheiro". Qualquer investidor, empreendedor ou trabalhador sabe que é melhor ter 1 milhão de dólares na mão hoje do que ter a promessa, por mais firme que seja, de receber 1 milhão de dólares daqui a dez anos. Certo, mas quão mais valioso de fato é? E se fosse meio milhão de dólares hoje *versus* o milhão cheio daqui a dez anos? Para resolver a questão, analistas e investidores utilizam o método do fluxo de caixa descontado (FCD), uma fórmula para calcular o valor presente líquido (VPL) dos fluxos de caixa futuros, que então são descontados a fim de se estimar os custos de tempo, risco, oportunidade e inflação. Nesse modelo, a inflação tem importância crucial, na medida em que exerce influência direta sobre a taxa de desconto utilizada nos cálculos. A taxa de desconto consiste basicamente na rentabilidade dos títulos do governo (a taxa "livre de risco") acrescida de um prêmio de risco. Se a expectativa de inflação se eleva, aumenta a taxa livre de risco; sendo assim, uma taxa de inflação maior equivale a uma taxa de desconto aumentada. Em outras palavras, expectativas de inflação crescentes reduzem o VPL dos fluxos de caixa futuros, fazendo com que os preços das ações caiam e os múltiplos se contraiam.

TOME NOTA, INVESTIDOR

Para entender (e lucrar com) os modelos FCD

Uma das missões deste livro é ajudar você a ouvir, distinguir e ganhar dinheiro com os ruídos que nos chegam dos mercados e dos analistas. Ante os incessantes sinais emanados pelos mercados, quais são os mais determinantes para você e sua carteira de investimentos?

Ao longo dos anos, grande parte do ofício de análise de investimento em Wall Street se transformou em um exercício de autopreservação. Os analistas passaram a andar em bandos para evitar se responsabilizar ou se expor individualmente a riscos. Afinal, as pesadas hipotecas e mensalidades escolares em Connecticut demandam uma renda não apenas alta, mas também estável, segura. Se um divórcio entra em cena, então... Os fatos estão aí para qualquer um que queira vê-los. Assim, o comportamento de manada toma conta, com analistas constantemente melhorando a classificação de ações perto das máximas ou rebaixando-a nas mínimas. De 2021 a 2023, o cenário da análise de investimento foi crivado desse enigma.

No *The Bear Traps Report*, um de nossos jogos de adivinhação favoritos é o que chamamos de "miragem FCD". Em um mundo em que a certeza de deflação é alta, o analista de ações pode se dar ao luxo de situar a avaliação de uma ação de crescimento dentro de uma escala muito ampla. No regime que vigorou de 2020 a 2021, quando parecia que as taxas de juros permaneceriam próximas a zero para sempre, os analistas estavam melhorando a nota de companhias de software com múltiplo de trinta na esperança de que algum bobo se dispusesse a pagar por um múltiplo de quarenta. No mundo de que estamos falando, com alta certeza de deflação, isso maximiza o VPL de todos os fluxos de caixa futuros. Já em um mundo com expectativas crescentes de inflação, o VPL dos fluxos de caixa futuros pode valer muito menos, o que favorece as ações de valor em detrimento das ações de crescimento.

Permita-me explicar. O modelo FCD é o mais utilizado pelos gerentes de carteira com o objetivo de avaliar empresas, especialmente aquelas que geram grandes quantias de fluxo de caixa livre. A fórmula calcula a soma do fluxo de caixa em determinado período futuro. A premissa básica do método FCD é que, daqui a dez anos, ou daqui a cinco anos, 1 dólar valerá menos (terá menos poder de compra) do que hoje. Por exemplo: daqui a cinco anos, a uma taxa de desconto de 10%, 1 dólar valerá 62 centavos; daqui a dez anos, valerá apenas 40 centavos.

A razão para isso reside no fato de que o valor do dinheiro está em constante erosão devido à inflação, princípio conhecido como valor do dinheiro no tempo. Portanto, os dólares dos fluxos de caixa futuros devem ser descontados em relação ao presente. Então, o modelo utiliza uma taxa de desconto cujo componente principal é a taxa livre de risco (dada, por exemplo, pelo rendimento do Tesouro americano), além de outros fatores, entre os quais o risco representado pela empresa. A taxa de desconto utilizada para avaliar uma empresa por meio do método FCD é o custo médio ponderado de capital (WACC, na sigla em inglês), que inclui a taxa livre de risco e a taxa de juros adicional de que a empresa necessita para pagar para levantar capital, seja via emissão de dívida ou via participação acionária. Evidentemente, companhias de primeira linha, como Apple ou Microsoft, terão um custo médio ponderado de capital muito mais baixo do que, digamos, uma Roku ou uma GameStop.

Então, para obter a soma total dos fluxos de caixa descontados, os analistas somam os sucessivos fluxos de caixa de cada mês com os respectivos descontos relativos ao futuro. Após, eles acrescem ao total o valor terminal da companhia, isto é, o valor da empresa para além do período projetado dentro do qual os fluxos de caixa podem ser estimados. Como o valor terminal também consiste em uma situação futura, é preciso descontar o valor presente. A soma final é considerada o valor justo da companhia, ou o valor FCD; se este for maior do que o valor atual dela, analistas e investidores a consideram subavaliada.

O componente mais importante do custo de capital é a taxa livre de risco, ou seja, o rendimento do título da dívida pública dos Estados Unidos. Quanto menor for a taxa de desconto, maior será o VPL de um dólar no futuro. A título de exemplo: se a taxa de desconto for de 5%, daqui a cinco anos aquele nosso dólar da primeira hipótese valerá 78 centavos e, daqui a dez anos, 61 centavos; se a taxa de desconto for de 15%, tais dólares futuros valerão, respectivamente, meros 50 centavos e 25 centavos. Portanto, a taxa de desconto exerce forte influência sobre o VPL de uma série de fluxos de caixa. Com o aumento da taxa livre de risco, devido ao aumento da inflação, a série de fluxos de caixa futuros e o valor terminal sofrem redução. Retomando o exemplo anterior, a soma dos fluxos de caixa a uma taxa de juros de 5% é 8,7 dólares, ao passo que, a 10%, a soma é de apenas 7,1 dólares, ou 18% a menos. Em outras palavras, se as expectativas de inflação crescem, as séries de fluxos de caixa futuros passam a valer menos e o valor das empresas cai.

Peguemos a relação preço/lucro (P/L), que é o preço da ação de uma empresa dividido pelo lucro por ação e nos fornece uma visão simplificada de como o mercado avalia determinada ação num dado momento. Uma P/L alta geralmente indica que os investidores preveem lucros muito maiores no futuro, motivo pelo qual estão dispostos a pagar muito para ter a ação agora. Evidentemente, as ações não possuem todas o mesmo múltiplo; via de regra, as ações "de valor" tendem a ser negociadas com múltiplos mais baixos do que seu rendimento atual em comparação às ações "de crescimento", sobre as quais a esperança de rendimentos futuros exerce uma influência maior. As empresas que atuam na economia "real" têm visto um aumento em seu custo do capital próprio (isto é, a defasagem no preço de suas ações) em decorrência do excesso de investimento nas ações de crescimento especulativas, fato que compõe aquela equação toda. Os 30 anos de pressão deflacionária relativamente consistente que vivemos fizeram com que as ações, particularmente no bojo das ações de crescimento, desfrutassem de múltiplos altíssimos. Contudo, quando um regime deflacionário dá lugar a um inflacionário, os múltiplos se contraem de ponta a ponta. Nesse cenário, as ações de valor, que já eram negociadas com múltiplos mais baixos, são muito menos atingidas do que as ações de crescimento, cuja estimativa leva muito mais em conta os rendimentos futuros, ou seja, no caso de queda, seu buraco é mais embaixo. Tenha sempre em mente que, em um regime inflacionário, ações de valor pertencentes ao universo das commodities são ativos de longuíssimo prazo (petróleo, gás, urânio, carvão, alumínio, cobre etc.) que tendem a se valorizar e, assim, podem atuar como uma proteção natural contra a inflação.

Até aqui, falamos muitas vezes que o estímulo monetário do Fed fez com que o dinheiro se acumulasse em investimentos mais especulativos. Em um regime deflacionário, o Fed pode reduzir os juros a zero e comprar títulos infinitamente, e os investidores passam a confiar que, caso a vaca vá para o brejo, seus investimentos especulativos serão salvos. Já se a trajetória começa a pender para um futuro mais inflacionário, os ativos especulativos perdem o brilho, pois, de amigo, o Fed se transforma em carrasco. Em meio à inflação, os juros se mantêm crescentes, contraindo as condições de crédito.

Em sua maioria, as empresas que se encontram em rápido ritmo de crescimento dependem de dívida relativamente barata para se financiar enquanto não alcançam a lucratividade; se a dívida se torna mais cara ou mais difícil de obter, é inevitável que muitas delas vão à falência.

Estilo	1968-1970	1972-1976	1983-1986	1988-1990	2000-2001	2004-2006	2007-2008	2011	2021-2022
Valor	−15,5%	10,8%	39,5%	47%	−4%	11%	−33%	−2%	−2%
Crescimento	−15,5%	8,1%	38,7%	42%	−12%	18%	−37%	−6%	−8%
Valor/crescimento	0%	3%	1%	5%	8%	−7%	4%	4%	6%

Pensemos nos ativos negociáveis como um espectro que vai do valor absoluto ao crescimento puro. O valor absoluto seria algo objetivamente tangível, como uma barra de ouro, uma remessa de madeira ou as aeronaves de uma companhia aérea; já o crescimento puro seria completamente efêmero, como as altcoins (qualquer outra criptomoeda que não seja o Bitcoin) ou os NFTs. Em sua maioria, os ativos se situam mais ou menos no centro, embora possam pender mais para um lado ou outro. Por exemplo, a cota acionária de uma empresa siderúrgica bem reputada se situa mais para o lado do valor do que a de uma jovem empresa de software. Alternativamente, um ETF como o Pacer US Cash Cows 100 (COWZ) representa um produto passivo que pende fortemente para o lado do valor, enquanto o ARKK pende fortemente para o lado do crescimento.

TOME NOTA, INVESTIDOR

Quando a inflação está acima de 3%, o desempenho do valor é superior ao do crescimento

Historicamente, o "valor" tem um desempenho melhor durante tempos inflacionários na comparação com o "crescimento". Nos períodos em que o CPI cresce a um ritmo de 3% ou mais ano após ano, as ações de valor quase sempre apresentam desempenho superior às ações de crescimento. Destaca-se, contudo, que tal vantagem ocorre primordialmente na fase de aceleração do CPI; uma vez que a inflação atinja o pico e comece a desacelerar, ainda que permaneça acima de 3%, as ações de crescimento começam a se recuperar vis-à-vis às ações de valor.

Lembre-se: de todos os dólares emitidos na história, 44% foram criados em 2020 e 2021. O Fed aumentou em 5 trilhões de dólares seu balanço patrimonial e zerou completamente os juros. Como resultado, vimos bolhas maciças se formarem nos ativos mais especulativos possíveis. Para você entender do que estamos falando: as ações da GameStop, uma empresa efetivamente falida, cresceram 3.000% em 2021. No mesmo ano, a Dogecoin, uma criptomoeda secundária, teve valorização de quase 23.000%, ao passo que os NFTs da Bored Ape, aqueles desenhos de macacos colecionáveis, foram vendidos por algo próximo de 1 milhão de dólares cada. São exemplos extremos, claro, que ultrapassam o domínio do crescimento e adentram o dos contos de fadas.

Fato é que, fosse o Ethereum, fossem os NFTs Goblintown, o estímulo do Fed inflou drasticamente os valores de mercado de uma ponta a outra do espaço das finanças descentralizadas, a tal ponto que o transformou em uma bolha furiosa. Abriu-se assim uma caixa de Pandora das mais variadas moedas, dos mais variados tokens, ou dos golpes mais sem-vergonha mesmo, todos movidos a empréstimos e créditos baratos. Em março de 2022, o valor de mercado total das criptomoedas saltou para mais de 2 trilhões de dólares. Não é impossível que, em longo prazo, os criptoaficionados se provem certos e seu ouro digital realmente os ajude a se livrar de um sistema financeiro centralizado e controlado pelo Estado. Por ora, contudo, resta a ironia de que sua chave para a liberdade financeira não passa de um palpite na generosidade e na ingenuidade monetária do governo, já que, dado seu desatrelamento de ativos tangíveis, ela talvez seja ainda mais vulnerável às ações do Fed do que os títulos e ações.

A lição fundamental a se extrair é que, para um investidor, bolhas são uma chance incrível de ganhar dinheiro, desde que se saiba identificar o instante em que o *sell-off* deixa de ser uma oportunidade de compra. É uma das coisas mais difíceis de identificar, é verdade, porém o Fed é um grande indicador neste caso; como ele tem sido o responsável por inflar as bolhas pelos últimos 30 anos, devemos ouvi-lo e também nos atentar para a reação dos mercados a seus sinais. Foi a elevação dos juros pelo Fed em 2000 que selou o destino da bolha pontocom. O Fed manteve uma política de aumento de juros entre 2004 e 2006 até a bolha imobiliária estourar, o que culminou na crise do Lehman.

Em novembro de 2021, após a renomeação de Powell, o Fed deixou muito claro que seus dias de juros baixos estavam contados. Um mês depois, teve início um período de *bear market.* Dito isso, não tenha medo de bolhas. George Soros falou que não pode ver uma e já corre para agarrá-la (embora ele cuide para sair antes que ela estoure). Nem preciso dizer que sujeitos como Soros enxergam uma bolha muito antes do investidor médio. Investidores que compraram Tesla em 2019, ou seja, sete anos após o lançamento do Model S, lucraram até 2.600%. Mesmo quem comprou a ação em 2020 teve um retorno espantoso, de 180%. Quem comprou Bitcoin na máxima de 2017 e manteve até o fim de 2021 teve um retorno de 255%. É verdade que foi depois de uma desvalorização de 83%, e nem todos os seres humanos têm estrutura para suportar esse nível de volatilidade. Quem comprou em qualquer momento antes do fim de 2020 lucrou até 630%. Para um investidor, o mais importante é escutar o mercado. Em que momento o ativo deixa de ser influenciado pelas notícias positivas e para de subir? O que está impulsionando a bolha (o Fed)? Ele está prestes a mudar de postura?

Por outro lado, as bolhas são muito nocivas para a saúde de longo prazo da economia. No nível mais básico, elas temporariamente geram empregos nos setores mais inflados, os mercados financeiros se movimentam com fusões, aquisições e levantamentos de capital, e certas ações tendem a apresentar ótimo desempenho em decorrência do grande fluxo de dinheiro em seu setor. No entanto,

Nasdaq vs. Bitcoin

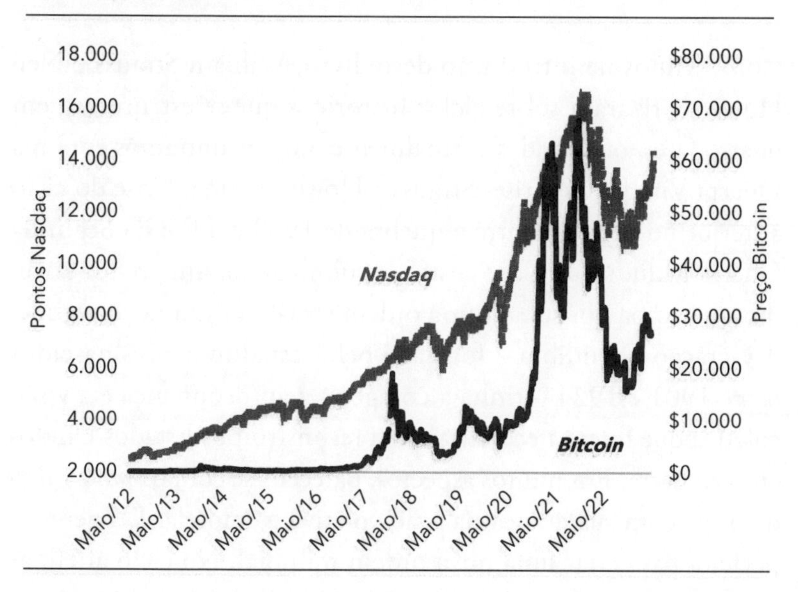

bolhas ocasionam distorções colossais de capital, o que submete outros setores à fome. Em última instância, ocorre perda do poder de compra da população, demissões em massa quando a bolha estoura e perda de vantagem competitiva. Em geral, o dinheiro gosta de ativos financeiros que trazem pouco à economia. Tomemos o exemplo do setor imobiliário. O aumento no valor da propriedade é ótimo para proprietários e investidores, porém faz com que o restante precise pagar a mais para adquirir ou alugar um imóvel e, quando a bolha estoura, muitos se veem com hipotecas com juros altíssimos e casas avaliadas muito abaixo do preço pago. O capital que jorrou nas criptos, sem qualquer benefício perceptível para a economia real, deixou outros negócios sedentos. Capital é uma commodity escassa; se um setor da economia chupa uma quantia excessiva dele, outros setores fatalmente enfrentarão privação. A bolha no setor de petróleo e gás americano na década de 2000 culminou em um cenário de excesso de capacidade, falências e perdas de empregos que perdurou por anos.

A Quarta Virada

Como vimos na introdução deste livro, William Strauss e Neil Howe teorizaram sobre ciclos históricos que se estruturam em quatro fases, ou "viradas". Atualmente, nos encontramos em uma Quarta Virada, ou Crise. Strauss e Howe situam a Crise do ciclo anterior no período entre a quebra de 1929 e o fim da Segunda Guerra Mundial. A Crise costuma culminar em um evento extremo que acaba por substituir a ordem social por um novo regime. A Geração Grandiosa – formada pelos estadunidenses nascidos entre 1901 e 1924 – tinha a coragem, a autoconfiança e a visão coletiva que foram necessárias para reconstruir os Estados Unidos após a guerra. Em muitos aspectos, parecem-se com os *millennials* de hoje, com sua crença na ação coletiva e empatia. É a geração perfeita para criar uma nova ordem mundial. No ciclo atual, as criptos representaram apenas o primeiro sinal de rebelião – uma rebelião financeira empreendida contra a regulação. Esta geração terá de pagar uma conta de 33 trilhões de dólares em dívidas federais e de quase 200 trilhões de dólares em passivos flutuantes depois que os *baby boomers* se forem. A criptomoeda, em sua mais profunda essência, foi a corporificação da nova classe rebelde. Não é difícil entender de onde vem a força de atração dela. Tal dívida, que agora jaz no balanço patrimonial soberano, é uma infinidade de promessas de pagamento que, dispostas no chão, acarpetariam a Terra. A longo prazo, a única maneira de sair dessa situação é depreciar indiscriminadamente o dólar. Ora, como poderíamos condenar os *millennials* por se precipitarem para um novo setor, uma tecnologia revolucionária, uma moeda que não precisava prestar conta a nenhum governo, a nenhum banco, a nenhuma moeda estrangeira, uma que ainda prometia uma reserva de valor equiparável à do ouro?

Já mencionamos que mais de 40% de todos os dólares criados foram emitidos nos anos de 2020 e 2021, em resposta à Covid. Como alguém pode confiar nessa estrutura fiscal? Os *millennials* estão morrendo de medo de herdá-la. O crupiê lhes deu uma mão podre. Mesmo com o Lehman Brothers, a Grande Recessão e as mais recentes implosões nas criptos e nas ações de crescimento, este obstinado grupo ainda está disposto a arriscar tudo para escapar das garras do Congresso americano. Pode ser que a malograda bolha da desregulamentação financeira não tenha feito mais do que entregar o sonho às primeiras etapas do controle governamental, porém sua luta ainda não acabou. De fato, está apenas começando.

8

O DECLÍNIO DO DÓLAR AMERICANO

Você deve nutrir o crédito público [...]. Use-o tão parcimoniosamente quanto possível [...] evitando de igual maneira a acumulação de dívidas, não apenas impedindo conjunturas dispendiosas, mas empenhando-se com vigor a pagar as dívidas nos tempos de paz.

– GEORGE WASHINGTON, "FAREWELL ADDRESS", 17 DE SETEMBRO DE 1796

Esta é a história de um império em declínio. Há uma frase, geralmente atribuída ao historiador escocês do século XVIII Alexander Fraser Tytler, que diz: "Uma democracia é, por natureza, temporária; é simplesmente impossível sua existência enquanto forma permanente de governo. A existência de uma democracia se dará até o instante em que os eleitores atinarem que podem, pelo voto, eleger generosos benefícios a si mesmos extraídos do erário público. Daí em diante, a maioria sempre votará pelos candidatos que prometerem tais benefícios em maior monta, fazendo com que todas as democracias, sem exceção, terminem por colapsar devido a uma política fiscal generosa, ao que se seguirá, sempre, por uma ditadura". Embora não haja evidências de que tais palavras foram de fato ditas por Tytler (como não há consenso a respeito de quem as escreveu nem quando), a verdade que elas ressoam é indubitável.

Atribui-se a Tytler a criação de uma teoria sobre os ciclos de vida das nações e impérios. É evidente que os Estados Unidos se encontram no último estágio do ciclo, na véspera da implosão de seu castelo de cartas. A ascensão tem início com a subjugação: pense nas colônias americanas em 1770, sob jugo do reino inglês.

Na sequência, despontam a fé espiritual e uma notável coragem com vista à liberdade e então à abundância. Se fosse possível aos impérios pararem por aí, eles durariam eternamente. No entanto, com tempos cada vez mais confortáveis, as gerações vão se enfraquecendo. Engendra-se assim certa complacência, certa apatia, que culmina na completa dependência da nação ao governo federal. É este o caminho que os Estados Unidos estão trilhando atualmente. No estágio final, a sociedade inteira é lançada de volta à subjugação. A moral dessa história é que, para funcionar bem, uma sociedade deve ter uma classe média robusta e protegida. Se voltarmos mais de mil anos no tempo, observaremos que tal segmento da população sofreu repetidas desestabilizações. Hoje podemos ver em países como Argentina, Turquia e Venezuela os graves efeitos que as altas taxas de inflação têm sobre a segurança financeira e sobre o poder de compra de cidadãos.

O grupo se reuniu no Salão Oval pouco depois das 9 horas do dia 28 de fevereiro de 2022. A guerra de Vladimir Putin contra a Ucrânia assolava Kiev, atingida pelos disparos da artilharia de longo alcance, pelos mísseis balísticos e pelos 3M-14 Kalibrs, os mísseis de cruzeiro russos. Estendendo-se da fronteira leste em direção ao centro da Ucrânia, a ofensiva destruía cidades e bases militares com ataques aéreos e bombardeios – Luhansk, Donetsk, Kharkiv. Com o objetivo de obter uma vitória rápida, o presidente russo estava desferindo seu melhor direto contra o queixo ucraniano, em flagrante violação do direito internacional. Daí que, na amena manhã de fim de inverno, a alta cúpula da Casa Branca se achava de saco regiamente cheio daquele assassino ex-KGB proveniente de São Petersburgo.

Um a um, adentraram o recinto Jake Sullivan, conselheiro de Segurança Nacional; Janet Yellen, secretária do Tesouro; Tony Blinken, secretário de Estado; e Susan Rice, diretora do Conselho de Política Doméstica da Casa Branca e ex-conselheira de Segurança Nacional na administração de Barack Obama. Por fim, o presidente Biden entrou e solicitou a todos que se acomodassem nos amplos sofás cor de creme. O homem estava irritado com as ações de Putin e seu total descaso com qualquer diplomacia.

Na sequência, os participantes discutiram rapidamente como os Estados Unidos e seus aliados poderiam sufocar Putin financeiramente, a fim de fazê-lo sangrar até a última gota. O grupo esboçou maneiras de obstruir completamente a participação da Rússia nos sistemas financeiros internacionais e de aplicar medidas restritivas contra o banco central russo, além de banir quaisquer outros bancos do país do sistema global de troca de mensagens financeiras, o Swift. Na prática, isso significa trancar com cadeado o dinheiro russo no mercado internacional. Traçava-se assim um plano debilitante de criação de uma força-tarefa para congelar os ativos das empresas russas sancionadas, dos oligarcas russos, assim como do Kremlin.

Não parava por aí. O objetivo do maior programa de sanções desde a Guerra Fria era fazer cessar totalmente a máquina de guerra russa. Muitos dos presentes no recinto estiveram ali quando Obama enfrentara uma crise parecida em 2014, no início do conflito entre Rússia e Ucrânia. E todos tinham aprendido com os próprios erros – a brandura em excesso, a passividade desmedida, a confiança ingênua nas soluções diplomáticas. Na segunda fase dos ataques de Putin, as coisas seriam diferentes: o plano era atordoar Moscou isolando-a completamente – governo, bancos, oligarquias – do sistema financeiro global.

O recinto abrigava uma gigantesca experiência econômica e internacional – gente formada nas universidades de elite dos Estados Unidos, sujeitos que haviam feito carreira na diplomacia e na geopolítica. Brian Deese, diretor do Conselho Econômico Nacional de Biden, não enxergava qualquer risco nas brutais sanções; ele acreditava piamente que nenhum mercado de capitais se comparava ao americano e sua estupenda saúde financeira, sua liquidez, sua capacidade de suportar intempéries econômicas. A nação que abandona um mercado assim, que abandona um tal nível de proteção a suas reservas internacionais, só pode estar louca. O conciso grupo de conspiradores presente no Salão Oval concordava de maneira unânime que não havia muitas alternativas ao dólar americano.

Mesmo que as sanções assustassem os mercados, mesmo que certa hesitação se abatesse sobre os gigantescos detentores de suas reservas (países como China, Arábia Saudita, Brasil e Índia), eles não poderiam correr para longe. E, se corressem, não seria por muito tempo.

Contudo, o rosto de Janet Yellen expressava certa dúvida. Fazia quase 80 anos que o dólar havia se tornado a moeda de reserva do mundo, uma representação do padrão-ouro da diplomacia e boa vontade estadunidenses, assim como de seu sistema legal exemplar e da salvaguarda dos direitos humanos. Seria possível que as sanções provocassem uma fuga de capital do Tesouro americano? A China iria manter 50% de suas reservas internacionais em dólar? Sendo a Rússia a principal fornecedora da indústria de maquinaria do Dragão Vermelho, este não acabaria sustentando os mercados de petróleo russos? Para o secretário do Tesouro dos Estados Unidos, não fazia a menor diferença se seus aliados ocidentais apoiavam ou não as sanções. Se alguma grande economia não concordasse com a política externa dos Estados Unidos, ela que ficasse à vontade para sacar um machado Hammacher Schlemmer com sua lâmina de liga de aço e punho de nogueira e cortar as próprias reservas em dólar.

O grupo então pôs de lado as preocupações de Yellen. Naquela noite, em seu discurso à nação, o presidente Biden anunciou as novas sanções que seriam aplicadas contra a economia russa.

O dólar ao longo dos últimos 55 anos

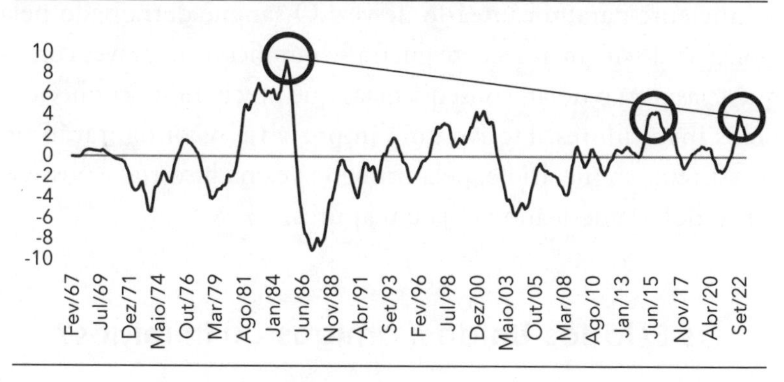

O que Biden e seus conselheiros não sabiam era que Putin vinha planejando a guerra havia anos. Em 2016, ele começara a se desfazer de suas participações no Tesouro americano; em meados de julho de 2018, já tinha vendido sua posição inteira, todos os 120 bilhões de dólares. Aos olhos da mídia, Vladimir Putin talvez não passasse de um alucinado, um déspota desequilibrado, porém seu recente ataque à Ucrânia era fruto de planejamento. Seus ativos financeiros denominados em dólar haviam sido liquidados e, com o dinheiro, ele debandara para ativos tangíveis. Em 2018, suas reservas de ouro aumentaram em 30 bilhões de dólares, um crescimento de 60%, chegando a 80 bilhões. Em meio à invasão da Crimeia em 2014, Putin e China já tinham fechado um gigantesco acordo de 30 anos para fornecimento de gás, chamado Força da Sibéria, no valor de 400 bilhões de dólares; o gasoduto, com capacidade de transportar 61 bilhões de metros cúbicos por ano, conectava os campos de gás natural situados no interior da Rússia a Xangai e Pequim. Ele foi inaugurado em outubro de 2019, quando o gás russo passou a desaguar na China, o Império Médio. Em última análise, Putin estava se preparando para cessar o fornecimento de gás à Europa, como forma de se proteger das prováveis sanções ocidentais. Entretanto, a despeito das ações de Putin para se desatrelar dos títulos do governo americano, ele ainda detinha 625 bilhões de dólares em divisas estrangeiras e reservas de metais preciosos espalhados em bancos ao redor do globo, metade dos quais foi congelada. Mas não foi o suficiente para nocauteá-lo de vez. O sangue derramado pela violência de sua mais recente guerra se ramificou em graves consequências para o dólar, consequências que precisam ser conhecidas pelos investidores. Houve uma importante reconfiguração no ecossistema monetário e, pela primeira vez na história, é possível que o dólar americano esteja em apuros.

Os Estados Unidos: amigos ou inimigos?

O establishment político de Washington entende que a militarização do dólar, isto é, sua instrumentalização como arma de guerra, é um meio efetivo de vencer conflitos sem que disparar uma arma seja preciso. Contudo, tal militarização deve ser usada com parcimônia e tratada com o maior dos respeitos. A moeda norte-americana ostenta uma armadura, símbolo da dominância financeira no mundo. É por isso que 65% do comércio global é realizado em dólares americanos, incluindo a totalidade do comércio petrolífero. E foi por isso que 730 delegados de 44 países aliados se reuniram no hotel Mount Washington, em Bretton Woods, New Hampshire, em junho de 1944. Ali, no contraforte das Montanhas Brancas, foi assinado o acordo que solidificou o dólar americano como moeda de reserva internacional. Eis uma responsabilidade que deve ser levada a sério. Eis um poder que jamais deveria ser exercido por políticos que não tenham o pulso que requerem os conflitos militares.

Entretanto, tem-se abusado desse poder. Tem-se abusado tanto que chegamos a um ponto crítico. Após anos de gastos excessivos e imprudentes e de confrontos com as maçãs podres do mundo, as finanças norte-americanas entraram em um arriscado capítulo. George W. Bush invadiu o Iraque e o Afeganistão. Obama bombardeou a Líbia e a Síria e acumulou sanções contra a Rússia. Trump sancionou a China, o Irã e a Venezuela. Por sua vez, Biden aplicou mais sanções brutais contra a "Terceira Roma", a segunda vez em seis anos em que Moscou aguentou o rojão do dólar militarizado. A história das sanções é de altos e baixos; só no século XX, foram promulgadas 110 delas, que praticamente não tiveram efeito nas nações a que se dirigiram. Quando muito, sanções têm o efeito de endurecer ainda mais os líderes rebeldes e autocratas, em detrimento de seus concidadãos. Reagan impôs sanções à Argentina, que não moveu um dedo para cessar o conflito armado no Sul do Atlântico. Seu sucessor, Bill Clinton, lançou mão delas para atingir Índia, Paquistão, Irã e Líbia. Mais tarde, ele lamentou, não sem alguma hipocrisia, que os Estados Unidos haviam se tornado uma nação entusiasta das sanções. Ante as tensões geopolíticas, especialmente quando os interesses de Washington estão em jogo, as armas econômicas constituem o método preferencial de manutenção da paz.

E os líderes mundiais, sejam aliados ou adversários, lembram bem de todas as vezes que os Estados Unidos entraram em guerra econômica. Além disso, eles têm despertado para o inevitável fato de que a efetividade das sanções está intrinsecamente ligada ao nível de dependência que seus países apresentam em relação ao dólar americano e à quantidade da moeda que possuem em suas reservas. Há um receio, cada vez maior, de que qualquer país que não se alinhe perfeitamente aos interesses ou à visão de mundo dos Estados Unidos tenha um destino similar ao que a Rússia teve em 2022 – ou seja, que bilhões de dólares em ativos de seu governo, suas empresas e seus cidadãos sejam congelados. Ademais, se na ocasião de Bretton Woods os Estados Unidos eram responsáveis por metade do PIB mundial, em 2022 esse valor correspondia a um quarto. Isso significa que os demais países têm cada vez mais meios para evitar participar do sistema econômico predominantemente americano. Essa arrepiante relutância em deter grandes quantias de dólar – e a necessidade cada vez menor de fazê-lo – está prestes a causar danos muito mais severos do que os atuais governantes estadunidenses admitirão. A aceleração da dívida pública levada a cabo por eles, convictos de que a corda fiscal do país poderia ser esticada infinitamente, terminou por criar a maior armadilha de todos os tempos. E é direito dos investidores saber que armadilha é essa.

FIQUE ATENTO, INVESTIDOR!

As algemas da repressão financeira

No verão de 2023, nós organizamos uma convenção para os clientes em Londres. Foi ótimo estar novamente em Mayfair, um de meus lugares preferidos. Ao lado de Manhattan, a comunidade financeira dali é uma das joias da coroa do planeta. Embora a Europa estivesse se havendo com uma alardeada onda de calor, na rua Albemarle – que eu percorria (de guarda-chuva em mãos, óbvio) a caminho do encontro com um investidor excepcional – fazia agradáveis 18 graus.

Marc Cheval se formou na London School of Economics no fim dos anos 1980. Boa aparência, refinamento e inteligência são dádivas que ele exibe junto à mais cortês humildade. Após passar uma década no Goldman Sachs, Cheval tinha ambições mais elevadas. No outono de 1997, a Moore Capital de Louis Bacon o contratou para um alto cargo, e seu desempenho como negociador macro no universo dos mercados emergentes e de energia se tornou famoso. Cheval não é apenas um amigo, mas também um importante mentor na missão que nos imbuímos de aprender sempre mais acerca das diversas classes de ativos. Ano após ano, ele nos agracia com alguma peça-chave do quebra-cabeça ou com uma perspectiva reveladora. Nesse dia, porém, sua contribuição teria de esperar até depois da taça de vinho no Donovan Bar, no Brown's Hotel.

Acomodamo-nos na mesa de canto, nos atualizamos dos últimos acontecimentos familiares e então Cheval, como é característico dele, mergulhou de cabeça: "Larry, é possível que estejamos na iminência de uma das negociações mais importantes de nossas carreiras, quem sabe de nossas vidas. O Nasdaq 100 está com algo próximo de 19 trilhões, sendo que em dezembro tinha menos de 12 trilhões. Os analistas de Wall Street estão fazendo qualquer coisa para recomendar ações que um ano atrás eles não queriam ver nem pintadas de ouro. Se você pegar uma fotografia da inflação, ela indica muito mais que haverá um regime de alta volatilidade de inflação nos próximos três a cinco anos, enquanto a precificação de ações está retornando ao período de 2010 a 2020 em um declínio quase linear. Está todo mundo querendo tirar uma casquinha das meninas dos olhos da década passada! Existe um flagrante subinvestimento em ativos tangíveis se você olha para a configuração do risco daqui a cinco ou dez anos".

"Camarada, você acordou animado hoje!", falei com um sorriso.

Brincadeira à parte, a hipótese de Cheval de que as placas tectônicas estavam se movendo fazia sentido. Se há uma única (quase) certeza em Wall Street, é a seguinte: os maiores consensos geralmente acabam em grandes equívocos. Se os estrategistas e analistas estão todos dizendo a mesma coisa, corra (mas corra mesmo) no sentido oposto.

"Considerando o quadro mais geral, o que tem me preocupado muito, Marc, é o envelhecimento populacional no mundo desenvolvido. O G7 é esse fórum político formado por representantes de governo dos Estados Unidos, Canadá, França, Alemanha, Itália, Japão e Reino Unido. O que eu me pergunto é: quais são os passivos flutuantes, quais são as promessas futuras que foram feitas aos eleitores em troca de voto e que não poderão ser pagas (a não ser que haja roubo, ou seja, confisco de propriedade) porque os ativos correspondentes não foram reservados? Só nos Estados Unidos, incluindo a dívida pública federal, as estimativas falam em até 200 trilhões de dólares."

"É bem por aí mesmo, Larry", concordou Cheval. "Só há duas formas de sair desse buraco: ou os governos entram em um ciclo insolvente de jubileu da dívida, ou então pegam carona na inflação. Muitos dos ventos deflacionários favoráveis estão se convertendo em obstáculos inflacionários, e os Estados Unidos têm, sem dúvida nenhuma, os maiores passivos e o melhor perfil de ativo. Minha aposta é que vai ser pela via da inflação, e o primeiro passo será as marionetes do Fed começarem a emitir comunicados em série. Nos anos seguintes, vão começar as ofertas de venda com uma nova meta de inflação de 3% (está em 2% atualmente, como parte do mandato dual do Fed). Será algo gradual, mas, em minha humilde opinião, é esse o plano."

"Marc, ouvimos a vida inteira que o dólar americano é a camiseta mais limpa no cesto de roupa suja e que a demanda por ele é interminável. Qual é a sua visão sobre isso?"

"Acho que precisamos começar a falar em termos de chiqueiro, Larry. Todas as camisetas estão imundas, inclusive a dos Estados Unidos. Em algum momento, isso vai empurrar o capital para ativos tangíveis (petróleo, cobre, ouro, platina, prata) e coisas como Bitcoin. Para os Estados Unidos, o maior problema agora é que os efeitos colaterais da dívida demoram para se fazer sentir. A dívida leva tempo para ser rolada, o que faz com que as consequências negativas de seu acúmulo surjam com algum atraso, como uma ressaca que durasse muitos anos depois de uma farra (monetária) épica."

"Marc, em 2011, no auge do mercado de commodities, o índice MCSI World Energy Index chegou a valer mais do que o Nasdaq 100. Hoje o NDX o supera em 15 trilhões de dólares; nossa projeção é que ao menos 5 trilhões de dólares saiam das grandes empresas de tecnologia e retornem para os setores de energia e metais."

"Não discordo, Larry, mas a questão para todos os investidores, sem exceção, é a repressão financeira. Não vou citar nomes aqui, mas sou amigo de alguns dos principais investidores do mundo, e esses caras prefeririam reduzir o peso da dívida mantendo a taxa de juros abaixo da inflação. O próximo truque deles será exigir que o sistema de pensões inteiro dos Estados Unidos adote uma meta de referência mais alta em termos de participação em títulos do Tesouro. Reino Unido e Japão já trilharam esse caminho."

Cheval continuou: "Outra coisa é que eles estão morrendo de medo que a IA (inteligência artificial) prove ser uma ameaça para a classe média, o que faria aumentar o número de beneficiários em relação ao de geradores de receita. O desemprego nos Estados Unidos está perto de 3,5%, com mais um déficit de 1,7 trilhão de dólares. Até 2025, o país passará a gastar 25% da receita federal com o pagamento de juros, enquanto a maioria dos créditos soberanos com classificação AAA no planeta está em 1% ou 2% nesse quesito e os créditos AA, em menos de 5%. O Fed não vai ter escolha senão intervir para acomodar o mercado. Desde 2013, a China reduziu seu estoque de títulos do Tesouro americano em 400 bilhões de dólares, ao passo que o Japão reduziu o seu em mais ou menos 200 bilhões de dólares desde 2021. Está dada a receita para a certeza de repressão financeira."

A repressão financeira consiste em um conjunto de medidas que visa reduzir artificialmente os juros da dívida do governo com as instituições financeiras.

"Existe uma maneira suave de fazer isso", explicou Cheval, "que seria obrigar, por meio de regulação, as instituições do setor privado a reterem mais dívida pública. No pior dos casos, os governos ocidentais podem impor sua dívida às instituições financeiras e aos cidadãos via guerra. Neste cenário, eles suspenderiam a mobilidade de capital de modo similar ao que fizeram em 1914 com a suspensão da convertibilidade do ouro e confiscariam parte dos 30 trilhões de dólares de participação estrangeira nas ações e títulos americanos. Ante o risco de uma repressão financeira tão aguda, pode ser que estejamos no começo de um período de anos de valorização das commodities e ações de valor. A isso se soma o que você falou acerca da falta de investimentos no setor de mineração e metais. Se o CapEx tivesse seguido a trajetória de 2014, o planeta teria investido 3 trilhões de dólares a mais na exploração de petróleo, gás, metais e urânio, porém não foi o que aconteceu. Estamos com uma enorme defasagem, e nesses dez anos a população mundial ganhou 600 milhões de pessoas."

"Marc, tudo bem que o Federal Reserve não é composto pelos melhores gerentes de risco, mas eles não seriam tão burros a ponto de repetir a política monetária hiperinflacionária da República de Weimar", comentei.

"Estou de acordo, Larry. Eles querem uma repressão financeira a conta-gotas; vão manter a taxa de juros ligeiramente menor do que a taxa de inflação, mas ainda assim em um nível significativo, preservando os ganhos dos poupadores que emprestarem ao governo abaixo da taxa de inflação. Afinal, isso não está sendo feito por uma economia emergente como parte de um plano para proteger indústrias ineficientes; quem está fazendo isso é a maior economia e o maior poder bélico que o mundo jamais viu, o país com os mercados financeiros mais predominantes e sagazes, que podem até sofrer rachaduras aqui e ali, mas que não podem ser descartados de maneira alguma. Não se pode fingir que os Estados Unidos não existem."

"Além disso, o que os Estados Unidos fazem acaba sendo copiado pelo resto do mundo, certo?"

"Exato. A repressão financeira do governo americano é uma maneira insólita de reduzir a dívida pública e, assim, fazer com que a proporção dívida/PIB alcance certo equilíbrio. Os políticos estão relutantes em aumentar abertamente os impostos que recaem sobre a classe média, por isso estão tributando indiscriminadamente via inflação. O Fed não deseja que a inflação vá embora; o que ele deseja é que ela permaneça acima dos juros que o governo americano paga sobre a dívida pública. A preocupação secundária, mas vital, é fazê-lo sem gerar hiperinflação, daí o conta-gotas. Trata-se de um programa de quinze anos, e não de quinze meses. Não é por acaso que o Fed pausa os juros de seus recursos disponíveis quando eles se nivelam à inflação. O Fed passa mais tempo olhando para a relação entre a taxa média de juros do Tesouro e a taxa de inflação do que para a taxa de inflação isoladamente."

Aí estava: uma perspectiva fascinante dos próximos anos vinda de um dos maiores especialistas em macrofinanças de todos os tempos. O que Marc Cheval está dizendo é que a repressão financeira é um cenário de alta inflação. Cansamos de ver algo parecido nas economias emergentes que deixaram a inflação e a dívida pública saírem de controle.

> Essa repressão financeira não será como aquelas que presenciamos durante a era de estagnação secular da deflação, quando as taxas de juros dos recursos disponíveis do Fed foram mantidas perto de 0% e o desempenho das ações de crescimento superava o das ações de valor.

Após a implosão do Lehman Brothers, o presidente Obama pôde se dar ao luxo de tomar dinheiro emprestado a juros de 2%. De fato, de 2002 a 2021, como já explicamos, os juros apresentaram grande tendência de queda. Em 2014, as taxas de juros praticamente zeradas permitiram que os Estados Unidos tivessem uma dívida de 15 trilhões de dólares com um pagamento anual de juros de 440 bilhões, ou seja, o país estava pagando uma taxa de míseros 2,6% sobre aquela fortuna.

Contudo, agora os Estados Unidos se encontram em uma conjuntura perigosa. O presidente Biden tem diante de si 11 trilhões de dólares em dívida com vencimento entre 2023 e 2025, em um contexto de juros elevados que está fadado a se prolongar por muitos anos ainda. Essa montanha de dívida deve ser refinanciada a taxas próximas de 5%; para cada ponto percentual a mais, o custo com pagamento de juros sobe 110 bilhões de dólares por ano. Em um futuro próximo, o pagamento anual de juros sobre a dívida dos Estados Unidos vai bater em 1,5 trilhão. O presidente Biden, e quem quer que o suceda, terá de enfrentar a ressaca pós-Covid, o arrocho no setor energético e quaisquer outras crises que certamente se materializarão em reação aos juros e à inflação elevados. O pagamento anual de juros ultrapassará 1 trilhão de dólares, pelo menos, o pago por Obama. É um problema muito sério.

O mundo já não confia tanto nos Estados Unidos – principalmente pelo uso indiscriminado de sanções, o congelamento de reservas internacionais e a montanha de dívida cada vez mais perigosa. E o que fez o país chegar a este ponto? Uma palavra: complacência.

Em 2023, o Japão detinha 1,1 trilhão de dólares da dívida americana, seguido por China, com 867 bilhões, Reino Unido, com 655 bilhões, Bélgica, com 354 bilhões, e Luxemburgo, com

329 bilhões. No entanto, é possível que esse tempo auspicioso em que os Estados Unidos encontravam facilidade para obter dinheiro tenha chegado ao fim. Desde o mais recente episódio das sanções contra a Rússia, ministros das finanças ao redor do mundo estão relutantes em atrelar capital ao dólar. Como veremos mais adiante neste capítulo, os Estados Unidos agora competem com a Europa pelas poupanças globais para financiar seus crescentes déficits orçamentários, além da dívida já existente que está sendo rolada. Até anos recentes, os Estados Unidos eram o único grande emissor de títulos públicos em moeda forte, porém, com a introdução na Zona do Euro dos títulos de mutualização (ver página 243) durante a pandemia de Covid-19, agora existe uma competição acirrada. E o Fed já não está comprando títulos no mercado; de fato, está vendendo. Mais importante ainda, os países com os quais os Estados Unidos contavam para comprar seus títulos – China, Arábia Saudita, Brasil e Índia – atualmente estão em colaboração para desenvolver um sistema de pagamento global concorrente para não dependerem mais do dólar, o que teria consequências drásticas para a moeda americana.

Maiores reservas de ouro de bancos centrais (excluindo-se os Estados Unidos)

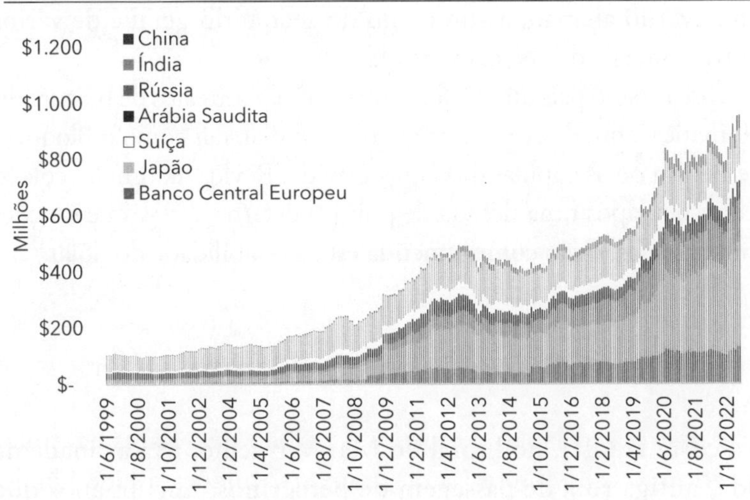

Os administradores das reservas internacionais foram motivados a buscar alternativas, e não apenas por causa das bélicas sanções americanas ou da força do dólar. Também precisamos levar em conta a imprevisibilidade da política dos Estados Unidos. A nação que existe hoje é a mesma que recebeu os visitantes para a assinatura do acordo de Bretton Woods em 1944, caracterizada pelo pragmatismo, pela lógica, pela enorme capacidade estratégica? Ou se tornou algo completamente diferente? No verão de 2023, ocorreu um fato extraordinário ao qual não se deu o devido destaque. O yuan superou o dólar como a principal moeda internacional utilizada pela China; sua participação de mercado passou de zero a 20% entre 2010 e 2018 e alcançou 51% em julho de 2023. Os tempos são outros, não resta dúvida.

Estamos falando de um país que há apenas cinco anos cogitou travar guerras comerciais com a União Europeia por causa de produtos absolutamente mundanos, como lagosta e aço. Que saiu correndo do Afeganistão no meio da madrugada, sem notificar a tempo seus aliados da Otan. Que pressionou a Austrália a assinar um acordo de última hora para a compra de submarinos de guerra americanos, ocasionando a quebra de um contrato de submarino assinado de boa-fé uma década antes entre Austrália e França. O mesmo país que grampeou por anos os celulares pessoais da chanceler Angela Merkel e de mais 125 funcionários do governo alemão, assim como do secretário-geral e de vários outros oficiais das Nações Unidas.

Esse mesmo país um dia foi conhecido por seus atos de bravura diplomática a fim de evitar uma guerra mundial, tais como o Bloqueio de Berlim ou as cúpulas de Camp David e Reykjavik. Então, coloco a questão: após uma década de política externa agressiva e sanções militarizadas, quão comprometida está a estabilidade do dólar?

O soquinho no deserto

Na costa saudita, no litoral do Mar Vermelho, fica a cidade de Jidá, antiga rota de passagem de peregrinos muçulmanos que viajavam às cidades sagradas de Meca e Medina. Em 15 de julho de 2022, teve lugar um tipo diferente de peregrinação: líderes mundiais foram conduzidos ao palácio real para um encontro com o príncipe da Coroa saudita, Mohammed bin Salman, o mais poderoso homem do petróleo mundial. Sob o Sol implacável, o presidente Biden saiu da limusine preta e ofereceu o punho em cumprimento ao governante do reino do deserto beduíno. Além da túnica, Mohammed, com a barba aparada, trajava na cabeça o lenço *shemagh* para ocasiões formais, vermelho e branco, que se mantinha no lugar graças ao tradicional *iqal*, uma corda de couro preta. Quando sua mão direita cerrada encontrou a de Biden, ele olhou fundo nos olhos do presidente, o homem que, durante a campanha eleitoral, prometera fazer da Arábia Saudita um pária.

O sujeito de 36 anos, filho do aposentado rei Salman, tinha atuado a vida inteira sob as asas do pai, com quem aprendera a controlar conflitos tribais e adversários, a governar um país e a liderar com determinação e discrição. No tópico dos preços do petróleo, mesmo com todo seu poder econômico, eram as nações ocidentais que batiam continência para o príncipe da Coroa, e não ele a elas. Era exatamente esse o motivo da presença de Biden. Nos Estados Unidos, o preço da gasolina estava acabando com seus níveis de aprovação, a inflação estava descontrolada e faltavam apenas quatro meses para as *midterm*. O presidente dos Estados Unidos se apresentava com o rabo entre as pernas, e sua missão não seria fácil: Biden precisava se retratar pelos insultos feitos na campanha e ainda negociar um aumento no fornecimento do petróleo.

Os chefes de Estado árabes lançaram um olhar miserável para sua contraparte americana, que um dia fora um aliado forte e confiável contra qualquer tirano regional que ameaçasse impedir o fornecimento de petróleo cru para o mercado global. Afinal, fora essa a ideia por trás da criação do petrodólar nos anos 1970, idealizado por Nixon e pela liderança do Departamento do Tesouro dos Estados Unidos. Se num primeiro momento a saída do padrão-ouro fez com que outras nações abandonassem a moeda americana, depois o petrodólar as trouxe de volta. Os Estados Unidos se comprometeram a fornecer proteção inviolável aos campos de petróleo do reino e, em troca, os sauditas concordaram em comercializar o ouro negro exclusivamente em dólar, prometendo ainda investir no Tesouro e nos negócios americanos. O acordo não só salvou a moeda dos Estados Unidos como lhe conferiu um poder inimaginável.

No entanto, ao longo dos cinquenta anos seguintes, a complacência estadunidense, a dívida maciça e a militarização do dólar contra nações avessas aos interesses do país abalaram os pilares do acordo do petrodólar. Ele só funciona se o mundo deseja possuir dólares; e só funciona se os Estados Unidos forem capazes de manter *confortavelmente* suas forças armadas. Vem-me à mente o velho ditado: "Não cuspa no prato em que comeu". E quando Joe Biden e sua equipe se sentaram à luxuosa mesa do palácio real, frente a frente com os representantes dos Estados árabes, estes exibiam uma expressão de grave preocupação. As sanções contra a Rússia estavam deixando inquietos os países com grandes participações em dólar, que passaram a diminuir sua posição na moeda e comprar ouro. Era exatamente o que vinham fazendo China e Rússia; em 2022, ambas compraram barras e mais barras do precioso metal, em quantidades que não eram vistas desde 1967 – coincidentemente, o ano que precedeu a década de inflação galopante.

Compras de ouro pelos bancos centrais globais

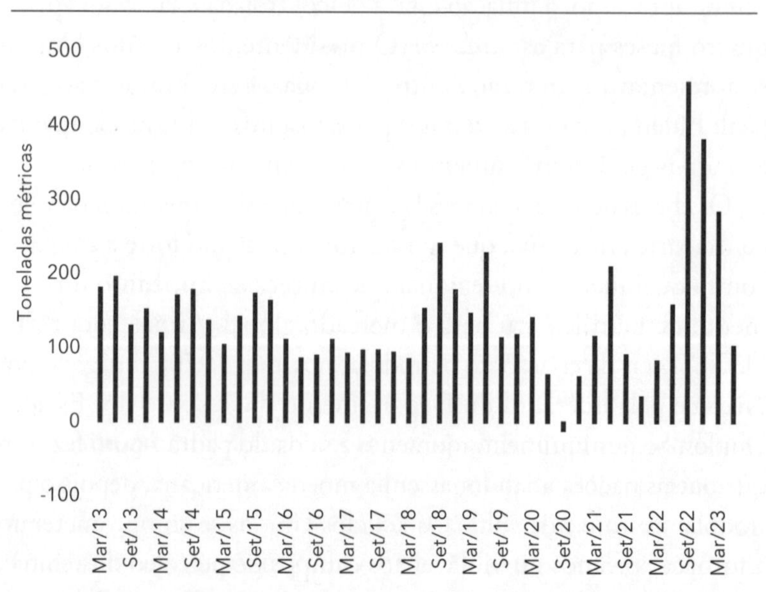

E não foram apenas Rússia e China que se apressaram a adquirir barras de ouro. Diversos bancos centrais entraram na farra do valioso metal amarelo e compraram 1.136 toneladas em 2022, volume que não se via desde pelo menos 1950. Para evidenciar ainda mais a atual vulnerabilidade do dólar, destaca-se que, em 2016, o Banco Popular da China logrou a inclusão do yuan na cesta de moedas de reserva do mecanismo de Direitos Especiais de Saque do Fundo Monetário Internacional. Esse conjunto de eventos pavimenta o caminho para um novo sistema de câmbio nos mercados petrolíferos. É inquestionável que o petrodólar está em declínio, haja vista que a Arábia Saudita passou a aceitar o yuan, os rublos russos e mesmo ouro em troca de seu petróleo. Na outra margem do Golfo Pérsico, o Irã vem colaborando avidamente com a Rússia na criação de uma moeda estável, lastreada em ouro, que substitua o dólar nos pagamentos de petróleo e gás e talvez em outras transações internacionais. Rússia, Irã e Catar, que juntos controlam 60% das reservas de gás natural do mundo, estão considerando a formação de um cartel de gás nos moldes da Opep. São indícios de que o restante do mundo passou a buscar muito seriamente uma moeda alternativa ao dólar, lastreada, talvez, em ativos tangíveis, como ouro.

De um ponto de vista objetivo, não se pode culpar a Arábia Saudita por querer diversificar. Se há uma apreensão generalizada em relação ao dólar, os mercados dependentes do petrodólar fatalmente vão sofrer. Agora mesmo, esta é uma discussão que mobiliza os Brics – Brasil, Rússia, Índia, China e África do Sul –, países que apresentam um PIB conjunto de 25 trilhões de dólares, muito próximo ao dos Estados Unidos, com a ressalva de que os Brics não estão assolados por dívidas debilitantes, oceanos de passivos flutuantes ou déficits comerciais crescentes. Não. São cinco nações que se acham em trajetória ascendente, com classes médias cada vez mais pujantes, com ambições industriais ou vastas reservas de commodities. Uma tal aliança poderia se mostrar muito conveniente para o futuro rei e governante *de facto* da Arábia Saudita, um líder com energia de sobra e arrojados planos de modernização do país, que, ademais, parece não nutrir grande respeito pelo ocupante da Casa Branca. Talvez seja por isso que, um mês após o presidente americano retornar a casa, o príncipe da Coroa, Mohammed bin Salman, reduziu a produção do petróleo, elevando uma vez mais o preço do barril.

O esgarçamento da proteção global

Se os Estados Unidos retirassem a proteção militar dos campos de petróleo sauditas, qualquer regime poderia tentar tomar a maior reserva natural do mundo. Embora as forças armadas da Arábia Saudita sejam numerosas, com 257 mil militares ativos e orçamento de quase 50 bilhões de dólares, não há como saber como se desenrolaria tal cenário, porém é certo que o risco global se elevaria e deixaria o controle do preço mundial do petróleo à mercê da maior oferta de compra, basicamente. O renomado historiador Niall Ferguson, autor de uma biografia sobre Henry Kissinger, defende a tese de que os Estados Unidos trava desde 2020 uma guerra fria contra a China comunista. Ferguson faz três questionamentos: a Segunda Guerra Fria pode culminar na Terceira Guerra Mundial? A guerra entre Rússia e Ucrânia pode adquirir contornos mais amplos? Se as hostilidades se tornarem constantes, podemos voltar a um cenário de conflito global? Embora tais cenários soem improváveis, a verdade é que historicamente a guerra é um mecanismo de readequação bastante utilizado. Vale pensar a respeito da perspectiva de guerras num futuro próximo, ou de um conflito global generalizado.

FIQUE ATENTO, INVESTIDOR!

O empenho global para fugir do dólar é sinal do declínio estrutural da moeda

As sanções impostas pela União Europeia e pelos Estados Unidos em retaliação a invasão à Ucrânia jogaram a Rússia nos braços da China e tornaram-na um pária no Ocidente. Nos últimos anos, os Estados Unidos já vinham demonstrando animosidade crescente contra a China, com tarifas em sequência sobre suas exportações, além de repreensões por violações de direitos humanos. Agora, China e Rússia lideram a criação de um sistema de pagamentos que não faça uso do dólar. A China tem pressionado outros países a realizarem transações bilaterais em yuan em vez de dólar, muitos dos quais aceitaram de bom grado. Ademais, a China fortaleceu sua relação com a Arábia Saudita nos anos recentes e, em dezembro de 2022, o presidente Xi Jinping insistiu com os países do Golfo para que seus contratos de compra de petróleo e gás fossem em yuan, estabelecendo, assim, as bases para um sistema "petroyuan". Com isso, os dois maiores produtores de petróleo do mundo, Rússia e Arábia Saudita, já não usam exclusivamente o dólar no comércio petrolífero. Muitos dos países que já foram sancionados pelos Estados Unidos ao longo dos anos – Irã, Venezuela, Iêmen, Coreia do Norte e Síria puxarão a fila – vão se juntar a um sistema de pagamentos alternativo. Em abril de 2023, os Brics assinalaram terem iniciado a criação de um sistema similar. Irã e Arábia Saudita já estão em processo formal de ingresso no bloco e outras dez nações, incluindo México (que é membro do Nafta!), Emirados Árabes Unidos e Nigéria, pretendem fazer o mesmo. Em maio de 2023, Brasil e Argentina assinaram um acordo de comércio que excluía o dólar como moeda de pagamento, parecido com o acordo de swap cambial que a China estabelece com os demais países.

Por mais difícil que seja imaginar a ocorrência de uma guerra em tempos modernos, sua probabilidade deixou de ser zero. E a causa da maioria das guerras é dinheiro: dívida, comércio, caixa.

No Capítulo 1, usamos uma analogia com barcos a vela para explicar os processos de indexação de moeda e superávit comercial. Todo aquele papo sobre energia, ETFs e criptos talvez tenha nos desviado do caminho, mas precisamos mergulhar novamente no ponto central: para financiar seus déficits, os Estados Unidos necessitam desesperadamente que haja um fluxo constante de dólares vindo de seus parceiros comerciais. A balança comercial dos Estados Unidos é negativa todos os anos. Para a maioria dos países, ocorre o oposto, isto é, eles apresentam superávit comercial, na medida em que exportam mais do que importam. Os Estados Unidos, não. O Reino Unido, também não. São os dois únicos países com déficit comercial crônico. A China, como explicamos em detalhes no primeiro capítulo, apresenta enormes superávits e estoca o dinheiro no Tesouro americano. Ou seja, em sua maior parte, esse capital, que beira o trilhão de dólares anualmente, deságua nos Estados Unidos, que os utiliza para financiar outros déficits estruturais, nomeadamente o crescente déficit orçamentário. As coisas vão bem quando ambos os países colaboram entre si; já quando se impõe sanções à China ou se ameaça desatrelar uma economia da outra, a situação pode se deteriorar num piscar de olhos. E isso não é bom. Não é nada bom. É como deixar uma ferida aberta supurando debaixo do Sol; quanto mais ela permanecer ali, pior vai ficar.

Os números continuam me deixando de cabelo em pé. Mais de 7,5 trilhões de dólares da dívida pública americana estão nas mãos de países estrangeiros, quantia que era de 1 trilhão de dólares em 2002. (Como o preço dos títulos cai à medida que os juros sobem, as perdas aqui são colossais.) No entanto, eles não são os únicos que têm comprado a dívida dos Estados Unidos; no fim de 2008, copiando a política monetária japonesa, o Fed embarcou em um programa de flexibilização quantitativa e, pelos treze anos seguintes, comprou 5,5 trilhões de dólares em títulos do Tesouro, além de 3 trilhões em títulos emitidos por entidades públicas federais. As contribuições da Previdência Social, descontadas mensalmente do salário de cada trabalhador americano, vão para um fundo fiduciário que por sua vez adquiriu mais 7,5 trilhões de dólares em dívida pública. Total geral: 20 trilhões de dólares em participação conjunta na dívida governamental. O Fed, a Previdência Social e os credores estrangeiros detêm, somados, 60% da dívida de 33 trilhões de dólares. O restante está nas mãos de instituições e famílias americanas. Como dissemos, com a invasão russa à Ucrânia e as brutais sanções impostas pelos Estados Unidos, esse capital estrangeiro começou a se afastar do dólar e, tendo em vista o cenário inflacionário, o momento não poderia ser mais inadequado. Isso porque, em um horizonte bem distante, está se formando um tsunami que vai atingir com violência o litoral estadunidense.

A demanda por títulos da dívida do Tesouro dos Estados Unidos está retrocedendo – como o Lago Chade, no continente africano, que vem evaporando lentamente sob o Sol equatorial, onde a chuva já não se precipita como em tempos passados. Se um dia o Fed foi uma fonte trilionária de financiamento do Tesouro, não só deixou de sê-lo como, com a faca da inflação no pescoço, passou a vender ativos. Por sua vez, os ativos detidos pelo fundo fiduciário da Previdência Social também estão em declínio, na medida em que os saques vêm superando as contribuições, ou seja, mais um que deixou de comprar. Já os credores estrangeiros, especialmente os situados na China e na Arábia Saudita, estão buscando diversificar as alternativas ao dólar, de modo que pararam de acumular participações na dívida pública americana. Nem mesmo o Japão, historicamente o maior comprador do Tesouro dos Estados Unidos, compra com a mesma intensidade de antes; com o desaparecimento de seu superávit comercial, o país já não tem a necessidade de esterilizá-lo, isto é, de comprar títulos do Tesouro americano como forma de reciclar dólares e, assim, evitar aumentos na taxa de câmbio, como explicamos no Capítulo 2.

Então, de onde vem a demanda por títulos do Tesouro hoje em dia? O trilhão das instituições e famílias domésticas não é suficiente, nem perto disso. Há 11 trilhões de dólares com vencimento para os próximos dois anos; tal dívida foi emprestada a juros de 2% e já não pode ser paga, ao menos não nesta vida. Ou seja, é um dinheiro que terá de ser reemprestado, refinanciado. Contudo, os juros subiram substancialmente, não são mais de 2%. Desta vez a inflação persistirá por um período considerável, o que obrigará o governo americano a "rolar" a dívida a uma taxa de juros de 5%, talvez até mais. Cada ponto percentual de juros extras sobre a dívida equivale a 110 bilhões de dólares a mais que o governo precisa pagar anualmente a serviço dela. Portanto, três pontos percentuais a mais significam que haverá 330 bilhões de dólares por ano em juros extras apontados contra a cabeça do Tesouro americano, além do trilhão que este já paga anualmente com os gastos a serviço da dívida. Quando esse distante tsunami se acometer sobre o litoral, o governo estadunidense terá de tomar decisões complicadas. Ele já não pode aumentar os juros, não com a gastança atual. A única opção seria realizar cortes, e cortes imensos.

Se as famílias e instituições americanas mantiverem o nível de aquisição de apenas 1 trilhão de dólares, restará uma diferença de 1,5 trilhão. A solução natural dos mercados será elevar o rendimento dos títulos do Tesouro, o que incitará os investidores a retornar a eles. O problema é que os Estados Unidos não suportariam rendimentos mais altos, uma vez que os 33 trilhões de dólares em dívida que estão sentados sobre o balanço patrimonial soberano provavelmente custarão ao governo americano algo próximo de 1 trilhão já em 2023, um aumento astronômico em relação aos 500 bilhões de dólares pagos em 2020. É mais do que o orçamento anual das Forças Armadas dos Estados Unidos.

FIQUE ATENTO, INVESTIDOR!

Em que ponto a Previdência Social se esgotará?

Em março de 2023, os administradores dos fundos fiduciários da Previdência Social e do Medicare projetaram que os ativos do fundo fiduciário da Previdência Social se exaurirão em 2033, um ano antes do previsto anteriormente. O relatório botava a culpa pela escassez em "questões financeiras graves". Desde 2010 a Previdência Social opera com déficits crescentes. O que sobrecarrega o fundo é a quantidade de pessoas que deve ser paga, que aumenta em um ritmo muito mais acelerado do que a quantidade de pessoas que contribuem para o sistema. Atualmente, o fundo fiduciário da Previdência Social possui 2,8 trilhões de dólares em ativos e, quando estes se esgotarem, passará a pagar apenas 80% dos benefícios prometidos; a essa altura, os benefícios serão pagos com dinheiro extraído diretamente das receitas obtidas pelo governo, o que vai onerar ainda mais as despesas públicas e fará com que haja menos dinheiro para gastos discricionários, tais como despesas com pesquisa e desenvolvimento, educação, infraestrutura e defesa. Disso podem decorrer aumentos nos juros ou na emissão de títulos da dívida, já que o governo terá de obter das receitas o dinheiro para pagar todas as despesas da Previdência Social.

Os principais detentores de capital estrangeiros podem levar suas reservas para novos lugares. Em 2021, a Zona do Euro, de forma inédita, emitiu 550 bilhões de euros em dívida e passou a competir ativamente com os Estados Unidos por financiamento. A China provavelmente converterá muitos de seus dólares em euros, assim como usará parte de suas reservas em dólar para investir e emprestar a mercados financeiros com vista a dois objetivos estratégicos: se desfazer de dólares e, ao mesmo tempo, aumentar sua influência em países ricos em commodities. Ela ainda poderia adquirir mais commodities e produtos denominados em dólar, como aeronaves da Boeing e da Airbus, que custam até 150 milhões de dólares cada. Com isso, a China reduziria bastante seu superávit comercial, de modo que teria menos dólares para reciclar via dívida americana. Ademais, a China tem uma grandiosa política de desenvolvimento de seu mercado consumidor interno, que, embora possa parecer nobre, tem como finalidade última equilibrar a balança comercial. Se o consumidor chinês gasta mais, aumenta a demanda por absolutamente tudo, desde petróleo até bolsas da Hermès. Mais uma vez, reduz-se o superávit comercial que obriga a China a reinvestir em ativos denominados em dólar. Todas essas ações fazem parte da estratégia chinesa para diminuir sua exposição à moeda americana.

A atitude complacente fez com que os Estados Unidos ficassem cegos para as ameaças econômicas externas no mercado de títulos públicos que estavam se gestando a milhares de quilômetros de sua costa. É óbvio também que as sanções foram importantes para incitar os investidores a aplicarem seu dinheiro em outros lugares que não o mercado de títulos do Tesouro dos Estados Unidos, já não mais banhado a ouro. Hoje em dia, os riscos não param de se acumular e vêm principalmente da Europa e sua dívida de ótima qualidade, com um tipo de título que nunca havia sido oferecido e é considerado seguro a ponto de concorrer com o Tesouro americano. Ele se chama *título de mutualização*, o que denota o fato de que todos os Estados-membros da Zona do Euro são coletivamente garantidores do título, ou seja, cada um dos onze países garante a dívida pública dos demais. Em outras palavras, os contribuintes alemães são garantidores dos títulos que financiam os déficits orçamentários crônicos da Itália. Isso teria sido inconcebível em 2019, quando os países da Zona do Euro operavam regimes fiscais próprios e, assim, emitiam os próprios títulos da dívida. Entretanto, após a Covid, a oferta de títulos de dívida conjuntos se tornou uma realidade. Os títulos de mutualização serão emitidos anualmente pelos próximos 80 anos e levantarão 100 bilhões de dólares por ano, totalizando 800 bilhões de dólares.

Quer dizer que, a cada ano, o título europeu vai tirar dos Estados Unidos 100 bilhões de dólares em capital potencial, sem falar nos vários outros títulos de dívida pública que os países da Zona do Euro estão tentando emitir em decorrência da Covid, os quais, segundo nossas estimativas, já tiram 300 bilhões de dólares por ano do mercado de títulos do Tesouro americano. Pense no mercado internacional de títulos públicos como um grupo de vendedores concorrentes, todos disputando entre si pela atenção dos compradores. Os investidores de renda fixa espalhados pelo mundo precisam colocar seu dinheiro em algum lugar, preferencialmente um lugar que seja seguro e tenha uma rentabilidade aceitável, assim como liquidez suficiente; é por isso, em grande medida, que os títulos de dívida dos países ocidentais, democráticos, são tão atraentes, em especial os títulos do Tesouro dos Estados Unidos. Ou eram.

O rosário de sanções e ameaças do governo americano afugentou os compradores mais fidedignos e, na ausência deles, é preciso que a rentabilidade aumente ainda mais. No entanto, isso é insustentável; o país não teria condições de fazê-lo. O governo se acha em uma situação extremamente delicada, em que é imperativo fazer cortes. Mas onde? Os políticos vão cortar benefícios? De jeito nenhum. Seria suicídio político. Vão reduzir drasticamente os gastos com defesa? Talvez não haja alternativa. Contudo, diminuir os gastos com defesa intensificaria a erosão na condição de superpotência dos Estados Unidos e consequentemente aumentaria o risco de agitações geopolíticas, além de enfraquecer ainda mais o dólar. Afinal, se a moeda é uma fortaleza internacional, é graças àqueles navios de guerra inexpugnáveis. O governo acabou se colocando nos mares turbulentos da Grécia antiga, entre Cila e Caríbdis – o monstro de seis cabeças e o feroz sorvedouro capaz de tragar porta-aviões de 100 mil toneladas –, de onde será quase impossível sair sem gerar uma ruptura no mercado, sem disparar uma gigantesca onda de reação em cadeia.

No longo prazo, uma opção seria recorrer ao controle da curva de rentabilidade, o estágio final do ciclo de QE. Ironicamente, trata-se de mais um instrumento político adotado pelo Banco do Japão. Para controlar os juros, o Fed terá de comprar mais títulos da dívida pública, e as taxas de juros serão mantidas em um nível fixo de, digamos, 5% ou algo próximo disso, para desespero da inflação. Assim, haverá mais liquidez com capacidade de gerar uma nova bolha, mas que provavelmente exercerá mais pressão de queda sobre o dólar. Como sabemos disso? É só olhar para o Japão, onde atualmente o controle da curva de rentabilidade é um fator decisivo para o implacável declínio do yen. Como dizem os britânicos para se referir a um completo desastre, com o laconismo irônico que lhes é típico: "Tanto tentaram que conseguiram".

Como me disse certa vez a lenda dos fundos de hedge Kyle Bass: "Comprar ouro é como adquirir uma opção de venda [uma aposta] contra a idiotice do ciclo político, simples assim". Uma moeda não passa de papel, uma nota promissória lastreada, no caso dos Estados Unidos, em um exército incomparável, seja em alcance, vigilância ou poder de fogo. No entanto, o governo americano passou do ponto em suas intervenções nos assuntos internacionais e agora está perdendo a aposta na globalização. A base produtiva se foi; diversos países enriqueceram no comércio com os Estados Unidos; e as reservas de dólar, antes um *tour de force* inexpugnável de poderio financeiro, encontram-se em declínio. Estabelece-se assim que juros e inflação mais altos são opções inviáveis para o Tesouro, já que qualquer aumento corresponderia a acréscimos mortais na conta fiscal anual do país. Em 2023, estavam para vencer mais de 7 trilhões de dólares, que teriam de ser refinanciados a juros maiores. Contudo, como investidores, só uma coisa nos interessa: onde está a oportunidade? E nós temos a resposta para essa pergunta.

TOME NOTA, INVESTIDOR

O ouro continua profundamente subavaliado em relação ao estoque de dólares circulantes

Segundo a estimativa mais confiável, a quantidade total de ouro disponível acima do solo é de 209 mil toneladas métricas, ou 6,7 bilhões de onças-troy.* Em teoria, o ouro não sofre perda, de modo que todo o ouro minerado até hoje continua disponível. Esteja ele trancado no interior de uma pirâmide egípcia ou de um templo asteca, no dedo de uma pessoa recém-casada, na camada refletiva de um aparelho de DVD ou nas profundezas do cofre de Fort Knox, o ouro jamais evapora nem vira sucata. É por isso, em parte, que ele é considerado a principal reserva de valor. Uma vez que o ouro fosse avaliado em dólares americanos, qual seria seu valor de equilíbrio? Em outras palavras, quanto valeria o ouro se todos os dólares do mundo comprassem todos os ouros do mundo? O agregado monetário M2 calcula a base monetária americana (caixa, contas-correntes, fundos de mercado monetário, depósitos à vista e depósitos de poupança) relatada semanalmente. Em junho de 2023, os dólares em circulação totalizavam 20,6 trilhões. Se dividirmos esse valor pela quantidade total de ouro acima do solo, obteremos um valor de equilíbrio do ouro de 3.300 dólares por onça-troy. O preço de mercado atual é de cerca de 2 mil dólares por onça-troy.

Há uma forte relação entre o ouro e o dólar; o ouro é precificado em dólares e compõe a conta de capital do balanço patrimonial de cada país. Como o dólar ainda é a moeda de reserva global, geralmente o ouro é aceito como seu substituto, o que explica em grande parte o motivo pelo qual o ouro apresenta uma correlação extremamente negativa com a moeda americana. É por isso que avaliar o ouro em termos de dólares em circulação é uma das maneiras mais comuns de obter um valor de equilíbrio.

No último ano, vimos governos centrais, especialmente na China e na Rússia, aumentarem largamente suas reservas de ouro, uma tendência que deve se manter devido aos cortes nas reservas de

* Unidade de peso do sistema troy, utilizada na pesagem de metais preciosos. Cada onça-troy equivale a 31,10349 gramas. [N. E.]

dólar e à acumulação de participações em metais preciosos (prata, ouro, platina e paládio). Os metais preciosos são um tipo de hedge bastante conhecido, que costumam se sair muito bem sempre que o dólar declina. Entre os lugares mais seguros para colocar capital, estão companhias como Barrick Gold, Newmont, Hecla Mining, Sibanye-Stillwater e Impala Platinum, que dominam a mineração de ouro, prata, paládio e platina. Também há bons ETFs, como o ETF VanEck Gold Miners (GDX) ou o iShares Silver Trust (SLV), uma forma de estar exposto a diversos nomes.

Além de serem atrativos, os metais do grupo da platina (MGP) podem se tornar essenciais na transição para uma economia verde, já que são utilizados na purificação do hidrogênio usado em células a combustível que fornecem energia para carros, caminhões, ônibus e até mesmo navios e aeronaves. Embora existam outras tecnologias de purificação de hidrogênio, os MGPs se apresentam como a opção com menor custo de capital. A quantidade de platina ou paládio requerida para ativar um veículo movido a células a combustível é entre 30 e 60 gramas, ao passo que um conversor catalítico convencional utiliza apenas 5 gramas, ou seja, um carro a hidrogênio usa entre seis e dez vezes mais paládio ou platina do que um carro a gasolina. Se tomarmos o cenário mais otimista possível, em que todos os carros vendidos anualmente sejam movidos a células a combustível, a demanda automotiva global por MGPs quintuplicará e excederá amplamente o volume de tais metais que é minerado por ano.

Obviamente, essa seria a hipótese mais otimista para o futuro de longo prazo dos MGPs e demoraria décadas para se materializar. Ainda assim, células a combustível demonstram enorme potencial, a ponto de talvez serem mais eficientes até mesmo do que veículos elétricos a bateria, especialmente para transportes de cargas pesadas, como caminhões e navios. Os governos europeus, estadunidense e chinês têm investido na tecnologia; só nos Estados Unidos, foram bilhões de dólares obtidos da infraestrutura bipartidária e da legislação de redução da inflação. No Ocidente, a tecnologia de célula a combustível e o armazenamento à base de hidrogênio têm sido promovidos como estratégias essenciais para alcançar as metas de zero emissão líquida de carbono até 2050, de sorte que o hidrogênio impulsionará grandemente os MGPs nos próximos anos. A produção mundial de platina e paládio se mantém praticamente a mesma desde 2010. Há trinta vezes mais ouro acima do solo do que platina. Se toda a platina minerada ao longo da história fosse despejada em uma piscina de dimensões olímpicas, a superfície não bateria nem na altura do joelho; já o ouro preencheria mais de três piscinas. Ou seja, o mundo está desgraçadamente despreparado para um *boom* na demanda, ainda mais considerando que a Rússia é responsável por 40% do fornecimento total de paládio e por 15% do fornecimento de platina. Está aí a razão de nosso imenso otimismo nas principais mineradoras de MPGs, tais como Sibanye-Stillwater e Impala Platinum. Nos anos vindouros, o planeta necessitará de quantias muito maiores de platina e paládio e contará cada vez mais com mineradoras de fora da Rússia para atender a tal demanda. Nos últimos anos, o preço por onça da platina variou entre 600 e 1.300 dólares; daqui a uma década, é possível que os preços pertençam a uma categoria completamente diferente, entre 1.800 e 3.900 dólares.

Fusões e aquisições de mineradoras de ouro e prata

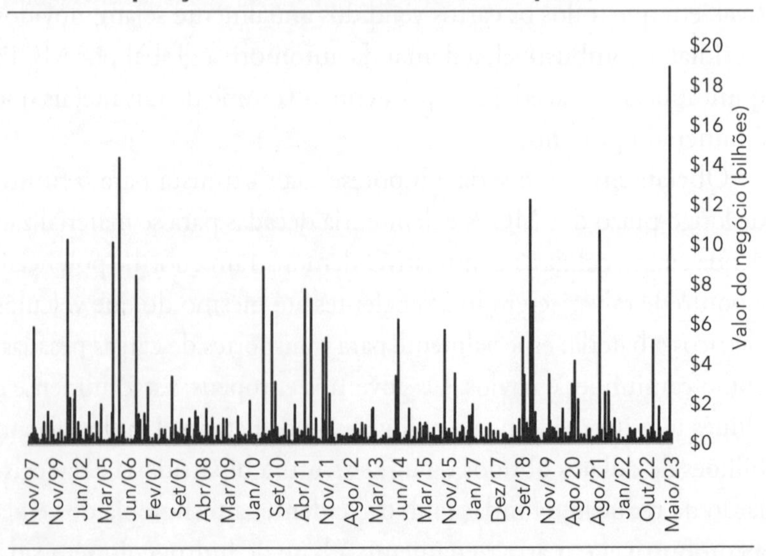

A intensa migração de capital das ações de crescimento para ações de valor está apenas começando. Estamos nos primeiros minutos do primeiro tempo. A cada alta no mercado de crescimento que for seguida de nova quebra, se agravará a decepção dos investidores que buscam a terra prometida. Qualquer dia, esses investidores vão juntar suas coisas e ir para o setor de geração de valor, mesmo que com relutância. Então vão testemunhar altas em forma de ouro, de prata, de platina e de paládio. É aí que vão deixar seu capital, lançando de quando em quando um olhar para as ações que tanto os magoaram. Contudo, tais investimentos em metais preciosos vão impulsionar os preços cada vez mais para cima conforme o decrépito setor de crescimento se mantenha melancolicamente preso ali onde os alísios se encontram, nas baixas altitudes do equador, num local famoso no universo da vela pelos ventos raros e pela chuva incessante. A esse local se dá o nome de marasmo. O futuro não está no crescimento; está no valor. E não está apenas nos metais preciosos. Não está apenas no petróleo e gás. Haverá também uma enorme carreira para os ativos imperturbavelmente tangíveis, o que nos leva ao capítulo final desta fábula sobre finanças globais e investimentos.

FIQUE ATENTO, INVESTIDOR!

O mercado imobiliário comercial representa mais uma grande ameaça para o dólar

Se os Estados Unidos sofrerem um choque econômico e o Fed for obrigado a reverter rapidamente a política monetária, aí sim o dólar se enfraquecerá dramaticamente, já que as ações de mercados emergentes (reunidas no ETF de ticker EEM: iShares MSCI Emerging Markets), ouro (no ETF de ticker GLD: SPDR Gold Shares) e prata (no ETF de ticker SLV: iShares Silver Trust) tenderão a apresentar desempenho muito melhor do que o de outras classes de ativos. Vejamos o que aconteceu em anos recentes após ciclos de elevação dos juros. Em junho de 2000, o Fed concluiu o último aumento nos juros daquele ciclo; ao longo dos quatro anos seguintes, o ouro teve valorização de 47%. Em junho de 2006, o Fed elevou os juros pela última vez no respectivo ciclo; quando chegou

2008, o preço do ouro havia subido 50%. Em dezembro de 2018, o Fed concluiu seu ciclo de elevação dos juros; no terceiro trimestre de 2020, o ouro apresentava valorização de 47%. Nas três ocasiões, o banco central empurrou as taxas de juros iniciais para cima e acabou provocando algum estrago. Em um regime de dólar enfraquecido, fundos como o ETF VanEck J.P. Morgan EM Local Currency Bond (EMLC), cuja carteira contém diversos títulos públicos de países emergentes, costumam se sair muito bem. Nas três últimas vezes que o Fed foi forçado pela fera que habita o mercado (um choque econômico ou de risco de crédito) a dar meia-volta (2016, 2018 e 2020), os retornos foram de 17% a 35%.

Então, que estrago o Fed está provocando agora e para onde o dólar vai a partir daqui? Desde meados de 2023, o sistema bancário regional dos Estados Unidos está na UTI, mas até então trata-se de um caso de risco de taxa de juros, primordialmente. Conforme as taxas de juros se movem para cima, os preços dos títulos vão na direção oposta. O CFO da Apple, Luca Maestri, talvez seja o melhor vendedor de títulos que jamais existiu. Em 2020, aproveitando-se dos juros baixíssimos e do estímulo do Fed aos mercados de crédito, Luca vendeu bilhões de dólares em títulos. Em um período de doze meses, a Apple vendeu quase 28 bilhões de dólares em títulos de dívida, a uma das taxas de juros mais baixas da história. Em outubro de 2022, depois que o Fed elevou os juros às alturas, alguns desses títulos foram negociados a meros 54 centavos de dólar. Quem vai querer comprar um título de longa duração desses com um cupom de apenas 2,4% quando um título de seis meses do Tesouro paga 5%? Ninguém! Por isso que o preço caiu, gerando perdas de aproximadamente 12 bilhões sobre os 28 bilhões de dólares em títulos da Apple. Esse é apenas um entre muitos exemplos de perdas inacreditáveis sofridas pelos sistemas bancários que constam nos livros-razão dos títulos. Se o Fed mantiver as altas taxas, os bancos morrerão com centenas de bilhões de dólares em perdas com títulos do Tesouro, títulos lastreados por hipoteca e financiamentos de imóveis comerciais. Em que momento eles começarão a reconhecer essas perdas? Em que ponto serão obrigados a reconhecê-las?

Em março de 2013, eu tuitei o seguinte: "Queridos Bancos Centrais, quando suprimem por períodos cada vez mais longos o custo de capital real, impulsionado pelo mercado, vocês fazem com que a rentabilidade se espalhe pelo sistema bancário. Aí vocês hipertrofiam os juros em 500pb em treze meses para 'combater' a inflação e terminam de tacar fogo em tudo". Ao distorcer o custo de capital real por longos períodos, os bancos centrais não só estimulam maus comportamentos nos mercados como abrem caminho para a estupidez. Se olharmos para além das aparências, veremos que os anos de má alocação de capital fizeram muitas vítimas quando a taxa livre de risco se moveu de 1% para 5%. São raros os investidores que têm ciência da sujeira varrida para debaixo do tapete, e alguns deles enxergaram a catástrofe dos bancos regionais de muito longe, talvez longe demais.

Título AAPL de 30 anos

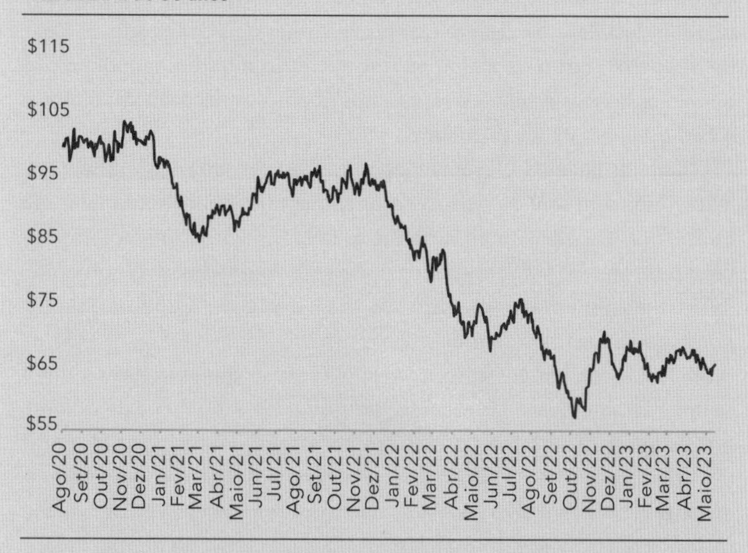

Um deles foi Paul Hackett. No início de março de 2023, recebemos uma mensagem urgente em nosso canal de comunicação com investidores institucionais na Bloomberg: "Larry, preciso falar com você, é urgente".

Paul "Hack" Hackett, diretor de investimentos da Sidus Investment Management, é nosso parceiro de anos. É um investidor ponderado e muito profícuo nos mercados de crédito e de ações, especialmente nos financeiros. Valentina Sanchez-Cuenca, nossa assistente, fez acontecer a chamada entre nossa equipe de analistas e Hack; foi uma telechamada reveladora, uma pela qual esperávamos havia muito tempo, e nos forneceu várias das peças do quebra-cabeça que estavam faltando.

"Gente", começou Hack, "estou achando que o sistema bancário dos Estados Unidos vai perder entre 500 bilhões e 1 trilhão de dólares em depósitos este ano. A crise do Lehman de 2008 plantou as sementes para uma debandada dos bancos em 2023".

Hack, que estava vendido nos bancos – Silicon Valley Bank e First Republic –, vinha sofrendo bastante naquele primeiro trimestre, já que os bancos não paravam de subir. Após entregar aos investidores um desempenho impressionante em 2022, a Sidus adentrara março com quase dois dígitos de queda. Contudo, Hack não tinha a menor dúvida de que estava prestes a colher os frutos de sua aposta contra os bancos. Ele nos explicou que, desde que o Fed amparara os fundos do mercado monetário e os grandes bancos americanos, em 2008, qualquer estresse de crédito nos bancos regionais aceleraria o "beta de depósito". Fazia anos que eu não escutava o termo, que denota o quanto os bancos devem elevar os juros pagos aos depositantes quando o Fed aumenta as taxas de juros.

"Com os títulos do Tesouro pagando 5% livres de risco", comentou Hack, "não tem sentido deixar o dinheiro em um banco regional a 2% ou 3%". Os bancos tinham duas modalidades de investimento: "disponível para venda" (AFS, na sigla em inglês) e "mantido até vencimento" (HTM, na sigla em inglês), segundo Hack explicou. "Depois de sentar por anos nos ganhos de marcação a mercado das carteiras de valores mobiliários, os bancos começaram a ver o surgimento de algumas perdas consideráveis. Lucros não realizados de 40 bilhões de dólares nas carteiras AFS no fim de 2020 se transformaram em prejuízos não realizados de quase 33 bilhões de dólares no fim de 2021 e explodiram em 2022." Na tentativa de estancar o sangramento, diversos bancos reclassificaram os valores mobiliários AFS como HTM. Se por um lado a troca implicava reconhecer os prejuízos de antemão, por outro protegia os balanços patrimoniais contra perdas futuras caso os preços dos títulos continuassem em queda. Hack alertou nossa equipe que o custo da proteção contra inadimplência de crédito estava começando a divergir entre os grandes bancos centrais e algumas instituições regionais menores.

Os mercados estavam falando: os CDSs de cinco anos (o custo da proteção contra inadimplência) estavam se movendo num ritmo muito mais veloz e ficando mais caros em vários dos bancos regionais.

"Em anos recentes", disse Hack, "em condições normais, o risco de crédito nos bancos regionais tem sido muito menor do que nos grandes bancos. Porém eu acredito que os bancos regionais têm uma exposição quatro vezes maior no setor imobiliário comercial. Os empréstimos de imóveis comerciais (CRE, na sigla em inglês) compõem quase 30% dos ativos de bancos regionais, em comparação a 6% nos grandes bancos. O New York Community Bancorp, que é regional, possui quase 60% de seus ativos em CRE; o Webster Financial e o PacWest, perto de 40%".

Ele se referia à proporção de CREs em relação à carteira de empréstimos de cada banco. Ao longo da última década, o sistema bancário viu um aumento de praticamente 100% nos financiamentos de imóvel comercial em circulação; bilhões de dólares foram emprestados a juros de 1,5% a 3%. Agora pense naqueles títulos da Apple que mencionamos anteriormente e no sorrisão estampado no rosto de Luca Maestri: os títulos estavam com valores bem mais baixos a essa altura.

Hack concluiu: "Se o Fed mantiver a taxa de juros do mercado interbancário próxima de 5% por mais cinco ou seis meses, as perdas serão chocantes. Talvez um novo resgate federal se faça necessário".

Deus abençoe Hack, que no fim teve um mês de março excepcional em 2023 e atualmente está de olhos nas companhias de seguro – os custos de proteção contra inadimplência do Lincoln Financial e da MetLife têm atingido máximas históricas. Vem mais sofrimento por aí. É possível que o risco de taxa de juros de 2023 se converta em risco de crédito em 2024. Diante de mais um período de turbulência bancária, o Fed será obrigado a lançar mão de seu peculiar manual de acomodação aos mercados que, cientes disso, venderão o dólar muito antes de o Fed acionar o botão de pânico. Quando a crise é global, o dólar é um porto seguro, porém aqui estamos falando de um problema que diz respeito essencialmente aos Estados Unidos, com consequências prejudiciais ao dólar.

Antes que tal cenário se desenrolasse, nós tivemos um presságio. Temos um modelo que estima a taxa de variação e a divergência de desempenho entre o ETF SPDR S&P Regional Banking (KRE) e o ETF SPDR S&P 500 (SPY). Em 2 de março de 2023, o KRE apresentava um desempenho 2,5% abaixo do acumulado do ano; no dia 9, essa porcentagem já era de 11%.

O xeique Rashid bin Saeed al Maktoum, ex-governante de Dubai, certa vez disse a seu filho Mohammed bin Rashid al Maktoum: "Meu avô se deslocava de camelo e meu pai se deslocava de camelo; eu me desloco de Mercedes, meu filho se desloca de Land Rover e meu neto se deslocará de Land Rover; já meu bisneto terá de retornar ao camelo". O destino que aguarda o dólar americano será acompanhado de um grande abalo geracional.

Em algum momento, o vindouro *boom* de commodities provocará uma contrarreação que incendiará a inflação, etapa que podemos designar como "pós-combustão". Quando a maioria dos investidores houver finalmente migrado dos ativos financeiros para os tangíveis e se ajustado à nova realidade de preços elevados, o Fed intervirá. Os banqueiros centrais determinarão um aumento nas reservas bancárias e forçarão as instituições financeiras a deter mais títulos do Tesouro americano. Em tal realidade, para alcançar o nível natural das taxas de juros, o Fed será obrigado a elevá-las, talvez até mesmo acima das expectativas de inflação de longo prazo, porém estará de mãos atadas, já que os juros sobre a dívida nacional comerão a quase totalidade dos gastos discricionários. Como nos alertou Tytler mais de 150 anos atrás, não existe vontade política para um cenário assim.

A única válvula de escape residirá no dólar, de sorte que a rentabilidade dos títulos poderá sair completamente de controle. O Fed então seria compelido a controlar a curva de rentabilidade, o que quebraria o dólar forte e provocaria uma fuga de capital para longe dos Estados Unidos, parecida com a migração das aves que escapam da escassez do inverno.

9

ATIVOS TANGÍVEIS – A CARTEIRA DE INVESTIMENTOS DA PRÓXIMA DÉCADA

A República Democrática do Congo (RDC), maior nação da África subsaariana, equivalente em tamanho à Europa Ocidental, abriga mais fontes de minério do que praticamente qualquer outro lugar do planeta. O país é uma espécie de Arábia Saudita da indústria verde e de alta tecnologia, já que 70% das jazidas de cobalto do mundo se concentram na extensão da fronteira leste do Congo.

Não faz muito tempo que a engenharia descobriu as propriedades revolucionárias do cobalto para baterias de íons de lítio, smartphones e carros elétricos. O cobalto possui uma configuração ideal que propicia estabilidade à bateria sob grandes densidades de energia. Quanto mais alta for a densidade de energia, mais energia a bateria será capaz de armazenar; um maior armazenamento de energia é crucial para que veículos elétricos possam competir com carros a gasolina e para que o iPhone permaneça ligado por vinte horas após cada carregamento.

A fronteira leste do Congo está fervilhando de atividade mineira: além da Gécamines, companhia estatal de mineração fundada décadas atrás pelo negociador de commodities fugitivo Marc Rich, diversas mineradoras chinesas extraem febrilmente a concorrida commodity. No entanto, nas adjacências dessas minas industriais a céu aberto, uma horrenda crise humanitária toma forma: uma rede de túneis independentes, chamados de artesanais, é operada por moradores locais que complementam a produção das grandes companhias de mineração de cobalto. De acordo com Siddharth

Kara, pesquisador da Harvard Kennedy School e autor do *best--seller Cobalt Red* [Vermelho-cobalto], milhares de trabalhadores locais, incluindo mais de 40 mil crianças, além de mulheres e idosos, trabalham nas minas improvisadas, em jornadas diárias que frequentemente ultrapassam as doze horas. Kara passou quatro anos no Congo documentando as condições de trabalho atrozes da indústria artesanal de exploração de cobalto.

Nas profundezas dos poços, 30 metros abaixo da superfície, homens munidos de lanternas povoam os túneis sustentados precariamente, metendo na algibeira o cobalto arrancado a golpes de pé de cabra. Se os túneis desmoronarem, o que pode ocorrer a qualquer momento, não haverá ninguém para salvá-los. Após extraírem o cobalto, que é capturado na forma do minério heterogenita, os trabalhadores precisam transportá-lo em sacas de 40 quilos até os compradores, chamados de *comptoirs*, que lhes pagam 1 dólar por saca.

Embora as companhias globais de mineração estejam fazendo rios de dinheiro, no Congo quase ninguém está enriquecendo com o comércio de cobalto. O dinheiro lhes é arrancado e vendido no mercado internacional para as gigantes da tecnologia e fabricantes de carros elétricos. Quase nada circula na economia local. A mineração polui as nascentes, mata os homens jovens (em decorrência de desmoronamentos ou de intoxicação por cobalto) e acaba com a dignidade dos vilarejos. A despeito dos bilhões de dólares que possui em fontes minerais, a RDC continua sendo um dos países mais miseráveis do mundo. Também é o mais explorado, já que a indústria do cobalto é movida por uma força poderosíssima, talvez a mais poderosa a atuar no comércio internacional. Ela não tem sentimentos, é cega para qualquer sofrimento, não tem rosto. Seu nome é: *demanda imparável.*

Meu cumprimento a Charlie Munger

Nos ciclos de mercado mais alargados, aqueles que duram uma década ou mais, existe como que um pêndulo que oscila entre o crescimento e o valor, e a chave para o sucesso financeiro de longo prazo está em marcar seu compasso. Em 1º de janeiro de 2022, após um deslocamento de catorze anos, o pêndulo atingiu o pináculo da fase de crescimento, onde se deteve para uma breve recomposição. Então, ele descaiu para iniciar o arco de volta a prados esquecidos, a um lugar que fora abandonado pelos investidores muitos anos antes. Pela primeira vez desde a explosão da bolha pontocom, o portão que lhe dá passagem abriu para receber os primeiros ocupantes, homens como David Einhorn e David Tepper, os investidores que enxergaram os riscos das ações meme e dos criptoativos e os gerentes de conta que entenderam que o estímulo dos bancos centrais não poderia mais ser levado adiante.

Entre o pequeno grupo de financistas que atravessava o portão, encontrava-se um senhor de quase 100 anos de idade, um glutão, como são chamados os ex-alunos da Universidade de Michigan, pós-graduado pela Faculdade de Direito da Universidade de Harvard, turma de 1948. Aliás, o homem não estava atravessando o portão: ele o segurava aberto para os demais, como quem estivesse sozinho ali por muito tempo. Em sua mão esquerda, coberta pela manga sobressalente do terno cinza, levava uma pasta de couro vermelho-escuro; já o rosto jovial ostentava um estiloso par de óculos ovais com armação de tartaruga. Seu nome era Charles Thomas Munger, mas a maioria das pessoas o tratava simplesmente por Charlie.

A primeira vez que estive com ele foi em 2013, em Omaha, Nebraska, sua cidade natal e também o local onde conheceu seu parceiro de negócios, Warren Buffett. Juntos, os dois construíram a mais bem-sucedida companhia de investimentos do mundo, e foi durante uma das lendárias conferências de acionistas da Berkshire Hathaway que Charlie marcou uma entrevista comigo. Ele tinha acabado de ler meu livro *A Colossal Failure of Common Sense*. Eu suspeitava que o motivo do encontro não era o fato de que eu havia exposto a público o Lehman Brothers, mas seu enorme descontentamento com a condução da companhia. O banco definitivamente contrariara todas as convicções de Charlie relativas a investimentos, sem falar na conduta ética reprovável. Talvez ele tivesse gostado do livro porque alguns dos homens que tentaram salvar a firma antes que a Morte a ceifasse eram ex-alunos da Universidade de Michigan. Qualquer que fosse seu real motivo, eu não estava acreditando que um investidor tão excepcional quisesse ter um papo com um sujeito de Falmouth, Massachusetts, que começara como vendedor de costeleta de porco no canal de Cape Cod. Estou falando de mim, por sinal.

Era manhã de um domingo de maio quando entrei no CenturyLink Center Omaha, um estádio feito de vidro espelhado e cimento branco, uma coisa meio Bauhaus. Ao longo dos anos, o local já sediou as seletivas olímpicas de natação, eventos profissionais de montaria em touro e torneios masculinos de basquete da principal liga universitária americana. Fiquei impressionado com o tamanho do estádio: mais de 90 mil metros quadrados, dezenove mil assentos, além de outros 25 mil metros quadrados de espaços de exibição e salas de reunião. Para mim, a sensação de percorrer os amplos corredores e adentrar o auditório foi parecida com a de chegar ao Fenway Park para ver David Ortiz, o "Big Papi", encarando arremessos de mais de 150 quilômetros por hora.

O dia durou quase seis horas, durante as quais Buffett e Munger contaram histórias e anedotas no palco, ao que se seguiu a maior sessão de perguntas da plateia que jamais presenciei. Espalhados pelo estádio inteiro, os acionistas fizeram perguntas aos homens que ocupavam o palco. Também foi o maior grau de transparência que testemunhei em meus muitos anos de Wall Street, ainda mais depois do Lehman Brothers, soterrado em uma pilha de ofuscação contábil. A coisa aqui era completamente diferente e, ao observar o público arrebatado, compreendi perfeitamente por que Warren Buffett e Charlie Munger, mais do que quaisquer outros, tinham conquistado o coração dos investidores americanos.

O dia seguinte foi de frio. Atravessei o estacionamento gelado e entrei no Marriott, que ficava próximo. Caminhei rapidamente pelo saguão lotado de pessoas em traje de trabalho. Olhei de relance para a esquerda, onde, através de uma porta de vidro, divisei Buffett reunido com representantes de fundos soberanos, os homens a cargo dos investimentos de seus países. Do outro lado do corredor, achava-se Bill Gates, seu amigo e companheiro de *bridge*, sendo cortejado por uma multidão de gerentes de fundo de pensão. Tentando combater a ansiedade, segui pelo corredor e adentrei uma sala, onde esperei, completamente sozinho. Estava marcado para ali o encontro com um dos maiores investidores do mundo no mercado de valor. Observei as paredes austeras; não havia nada nelas que pudesse me distrair na próxima meia hora. Então, como em um milagre, Charlie Munger entrou no aposento acompanhado de seu assistente pessoal, Doerthe Obert, que me telefonara meses antes para marcar a reunião.

Era um homem afável e sensato, como costumam ser os nativos de Nebraska. Tinha o aperto de mão vigoroso que se espera de um veterano da Segunda Guerra Mundial. E era um investidor "do contra", que geralmente desafiava as tendências do mercado, sem jamais se desviar de seu princípio investidor fundamental: valor. Imune às avaliações de mercado da moda, Charlie se atinha ferrenhamente ao bom e velho senso comum e atribuía grande importância à qualidade da gestão. Sujeitos como Buffett e Munger chegam a parecer obsoletos em um mundo dominado por investimentos como as criptos e no qual gerentes como Cathie Wood se lançam sobre ações de crescimento extremamente especulativas e ganham as manchetes.

Tratamos de uma miríade de temas durante o encontro, desde o Lehman Brothers até o quanto Charlie adorara meu livro, passando por ações de valor e balanços patrimoniais sadios. Encerramos a conversa com um de seus mantras mais lucrativos – algo que eu levara vinte anos para atinar.

"A natureza humana", disse Charlie, "é o maior inimigo na baixa de mercado. Quando o medo atinge o clímax absoluto, você deve fazer exatamente o oposto do que sente vontade. Feito isso, não faça mais nada. O dinheiro mora na espera. Larry, a parte mais difícil é passar o dia na frente de uma tela e não mover um dedo".

A lição derradeira? Primeiro, negocie e invista menos. Sente na cadeira e aguarde por aquelas duas ou três oportunidades de ouro que surgem a cada ano. Segundo, avalie seu nível de convicção e invista o capital de acordo com ele. E o mais importante: jamais negocie ou invista porque está entediado ou porque está procurando o que fazer.

Assim que atravessamos a porta, Charlie falou: "Larry, tente preservar essa paixão pelos mercados. A sabedoria vem da combinação entre humildade e curiosidade ativa. Sem a primeira, a segunda é inútil". Que grande homem! E que grande encontro em Omaha!

Em última análise, qualquer avaliação de mercado é regida pela inflação ou pela desinflação. A última faz com que as ações de crescimento atinjam avaliações estonteantes, povoando os mercados de pessoas dispostas a pagar vinte vezes o preço de venda, na esperança de que as ações cheguem a quarenta vezes o preço de venda. Então, essas pessoas vendem suas participações para outras mais tolas do que elas, as quais, por sua vez, acreditam que a ação chegará a sessenta vezes o preço de venda e, assim, conseguirão vender sua posição para pessoas ainda mais tolas por oitenta vezes o preço de venda. E assim por diante até que o mercado se torne a mania das tulipas novamente, como decorrência dessa "teoria do mais tolo". No entanto, durante períodos de inflação, como o que vivemos hoje, o crescimento é varrido do mapa e, com ele, os mais tolos de todos, enquanto o resto começa a afluir para empresas com base em métricas de valor.

Se olharmos para as *cash cows* de 2022, ou seja, aquelas empresas geradoras de caixa contínuo, veremos que elas apresentaram desempenho muito superior ao das queridinhas de Cathie Wood. Em um cenário com aumentos sucessivos na inflação, as ações da Berkshire de Buffett e Munger terminaram o ano com valorização de 4%, ao passo que as ações da ARK Innovation despencaram -67%. Mais uma vez, isso nos leva para a Reserva Federal e o estímulo do banco central. Num primeiro momento, regimes de crescimento vicejam quando o Fed apoia os mercados sem a preocupação de que haja inflação. Contudo, quando a maldita desperta da longa hibernação, induz o dinheiro a se mover para as ações de valor e obriga o Fed a rever a benevolência de suas políticas. É quando a verdadeira batalha começa. É a batalha que Jerome Powell travou em 2022 e que continuará travando por muitos anos.

A inflação enfraquece o valor do caixa e ainda comprime os múltiplos de mercado. Em um período deflacionário, uma ação de tecnologia requisitada pode ser negociada com uma relação preço/lucro de 35:1, ao passo que a relação preço/lucro de uma ação de petróleo testada e comprovada pode ser de apenas 7:1. Sendo assim, quando os múltiplos de mercado se comprimem, ações de crescimento e ações de tecnologia têm muito mais a perder.

Por outro lado, a inflação impulsiona o valor das commodities. Enquanto o valor do papel-moeda é corroído pela inflação, o das commodities se mantém. As pessoas passam a buscar proteção contra a inflação, e os ativos tangíveis oferecem a mais popular delas. Os investidores compram ações como Newmont, Cameco, Alcoa, Arch Resources, Energy Transfer, Teck Resources, U.S. Steel, Chevron e Southwest Energy, ou seja, ações com exposição a metais preciosos e ativos tangíveis, ou então ações das gigantes do setor industrial. No entanto, essa transição é lenta. Primeiro, é preciso que os investidores de ações de crescimento apanhem por meses a fio até finalmente aprenderem a lição. Neste exato momento, ainda nos encontramos no começo do jogo. Há muita água para rolar nessa história. Há quem acredite que ela durará vinte anos. É por isso que Charlie Munger estava recebendo de portões abertos os primeiros ocupantes daquela esquecida paisagem financeira, a qual perdurará por uma década, no mínimo. Mais uma vez, o grande pêndulo do mercado está oscilando para o setor de valor e para os ativos imperturbavelmente tangíveis.

Índice Bloomberg Commodity *vs.* S&P

Durante o período de 2010 a 2020, foi muito popular entre os investidores que desejavam se expor a menor risco financeiro a carteira de "paridade de risco", formada por 60% de ações e 40% de títulos. Em nossa visão, essa carteira já era. No regime que vigorará de 2020 a 2030, acreditamos que faz muito mais sentido a seguinte distribuição: 10% de caixa, 40% de ações, 30% de títulos e 20% de commodities. Sim, em caso de recessão, é uma carteira deflacionária. Contudo, as receitas tributárias despencarão ao mesmo tempo e o governo precisará imprimir dinheiro novamente, partindo de um ponto muito mais alto na trajetória. Isso estabelece as bases para um regime de inflação persistente, que exigirá um processo de pensamento completamente novo no que diz respeito à construção da carteira de investimentos.

No Capítulo 5, descrevi a iminente crise energética global e a constante batalha entre energia verde e combustíveis fósseis, que de fato está se metamorfoseando em uma disputa entre Ocidente e Oriente. A Ásia impulsionará fortemente a demanda por combustíveis fósseis (petróleo, gás natural e carvão). O Ocidente também – seus políticos só não podem admitir ainda. Quando falamos em carvão, é importante notar que há dois tipos: carvão energético, que aciona as turbinas a vapor das usinas elétricas, fornecendo calor e eletricidade, e carvão metalúrgico. Este último produz aço, para o que primeiro é fundido em um forno a 1.100 °C até se transformar em carbono puro, que então é adicionado a um forno de fundição com minério de ferro.

Temos perfeita noção de que essa explicação pseudocientífica não faria ninguém passar no vestibular, mas não é o que nos interessa aqui. Como investidores de valor, o que precisamos saber é que metade do planeta se encontra em uma trajetória de crescimento, e uma demanda insaciável por aço virá dos mercados de construção civil da Ásia e da África. Nesse universo, a melhor ação para se ter é da BHP Billiton, companhia com valor de mercado de 175 bilhões de dólares que fornece os tijolos de que será feito o mundo moderno: níquel para a revolução dos veículos elétricos, cobre para as redes elétricas e minério de ferro e carvão metalúrgico para a produção de aço. Em 2022, a BHP produziu 29,1 milhões de toneladas de carvão metalúrgico, e não há nada no horizonte que indique uma desaceleração. A companhia ainda paga 8% em dividendos, o que faz dela um lugar maravilhoso para botar seu dinheiro. Só isso já seria suficiente para escapar da inflação persistente que se anuncia.

Vamos falar de energia solar. Anos atrás, os painéis eram peças de plástico unilaterais que continham em seu interior metais não preciosos para condução da eletricidade, além de 20 gramas de prata. Hoje em dia, porém, os painéis mais modernos produzidos pela China são bilaterais, o que favorece enormemente o uso industrial da prata, que deixa de ser apenas um metal usado como hedge contra as pressões inflacionárias sobre a moeda e se torna um sério competidor na energia limpa. O The Silver Institute projeta que, entre 2024 e 2030, a demanda por prata do setor de energia solar variará de 70 a 80 milhões de onças-troy por ano, ou 8% da produção anual de prata no planeta. No universo da mineração de prata, nossa maior convicção recai sobre a Hecla Mining Company, fundada em 1891 e atualmente a maior mineradora de prata dos Estados Unidos. Além disso, é a mineradora de prata mais antiga da Bolsa de Valores de Nova York e entre suas minas estão a Greens Creek, no Alasca, e a Lucky Friday, em Idaho, sendo esta última uma das sete principais minas primárias de prata do planeta, já com 75 anos e com mais 30 anos de vida pela frente. Também possui a mina Casa Berardi, em Quebec, uma região com regulamentação governamental sólida e segurança geopolítica, e a gigantesca operação em Keno Hill, no Yukon, uma área tão vasta e tão rica em minérios que pode vir a ser a maior produtora de prata do Canadá. A menção ao risco geopolítico é importante porque mineração é uma disputa global, com muitas coisas em jogo.

Temos a sorte de ter como fiel consultor um dos principais investidores no universo de recursos globais (setor de metais e mineração). Consultor de longa data no setor de ativos tangíveis, Adrian Day fala sem papas na língua dos grandes perigos do negócio da mineração. Ele, que passou a carreira inteira estudando o setor, um interesse que surgiu ainda na London School of Economics, me disse que é um negócio pontilhado de riscos, alguns dos quais imprevisíveis, porém em sua maioria riscos bem conhecidos relativos à governança, comunidades locais, tributação, corrupção, transporte e incerteza política. Se você não atua no negócio da mineração, fique bem longe dos pequenos empreendimentos. Do ponto de vista do investimento, é um dos maiores riscos que existem. Não é preciso ir a todos os casamentos, mas evitar os funerais, sim. Prefira as gigantes do setor, que contam em suas carteiras com incontáveis minas espalhadas pelo globo. Sim, algumas ficarão em regiões marcadas pela instabilidade política, outras na selva africana, outras em locais da América do Sul para os quais não há meio de transporte. Acredite, as coisas podem dar muito errado.

Uma guerra civil pode causar o fechamento das operações por meses. No caso de uma operação pequena, seria seu fim; já uma gigante do setor pode absorver o golpe. Para esta, corresponderia a uma queda de 50% em 5% da sua carteira, ou seja, não faria diferença. Por outro lado, se a carteira inteira quebra, é a morte. Ou então um governo pode dobrar os impostos cobrados da companhia em relação ao combinado inicialmente. Um ótimo exemplo é o Chile, que até pouco tempo atrás era o nirvana das gigantes do setor, responsável por 25% da mineração de cobre no mundo. Durante décadas, o país convidou as maiores mineradoras para explorar suas abundantes reservas de cobre, ouro, molibdênio e lítio. BHP, Anglo American, Rio Tinto: todas as gigantes da mineração têm operações no Chile. Então, em 2023, o governo recém-eleito anunciou que os novos contratos de lítio seriam parcerias público-privadas nas quais o Estado deteria o controle majoritário sobre a mineração. O anúncio abalou o mundo minerador: as ações das duas maiores mineradoras de lítio presentes no país, Química e Albemarle, despencaram 17% e 11%, respectivamente, em um único dia.

TOME NOTA, INVESTIDOR

Os seis indicadores de investimento a se observar, segundo Adrian Day

1. Tendência de subinvestimento

"Neste terceiro trimestre de 2023", disse-nos Adrian Day, "o XAU [Philadelphia Gold and Silver Index] apresentou fluxo de caixa positivo. É um fato que chama muito a atenção por se tratar de uma indústria altamente intensiva de capital". Ao longo da última década, muitos CFOs dos setores de gás natural e urânio tomaram péssimas decisões de investimento. Estivesse você ocupando o lugar deles hoje, após ter visto seus dois últimos chefes serem demitidos, sua estratégia de disciplina de capital em relação aos investimentos (dispêndio com ativos fixos) seria muito mais conservadora. É um comportamento psicológico clássico do universo das commodities que alimenta os grandes ciclos econômicos. Os CFOs tendem a investir excessivamente quando no auge de um ciclo – pense no setor do ouro em 2011 ou no setor do petróleo e gás em 2014. Já na etapa de recessão do ciclo, tradicionalmente observa-se uma tendência de subinvestimento. O resumo da ópera é que, no setor de commodities praticamente inteiro, os balanços patrimoniais estão muito mais robustos do que no ciclo anterior. Mais importante ainda: será sobre o subinvestimento, ou sobre a menor oferta, que se assentarão as bases do próximo *bull market*.

2. Localização dos ativos

Evidentemente que no setor de mineração global sempre há locais de alto risco, porém Adrian entende que, com a transição para um mundo multipolar, provavelmente haverá uma expansão nos prêmios pagos pela localização dos ativos. "A Barrick Gold Corporation é um modelo quando se trata de dispersão do risco jurisdicional", ele me contou. "Eles têm minas em locais perigosos, porém suas tendências de produção global são diversificadas." Tem-se observado no setor de commodities o estabelecimento de prêmios em decorrência da ótima localização dos ativos. Acesso é um fator crucial.

3. Capacidade produtiva

Quando está diante de um ativo, Adrian se pergunta o seguinte: "Certo, quanta gasolina resta no tanque?". Em outras palavras, quantos anos de produção de ouro e prata de qualidade restam nas principais minas de determinada companhia? No período de 2010 a 2019, dezesseis das vinte maiores mineradoras de ouro do mundo – incluindo algumas das maiores produtoras, como Newmont Corp., Barrick Gold Corp., AngloGold Ashanti Ltd. e Kinross Gold Corp. – apresentaram queda no agregado de anos remanescentes de produção. No fim de 2019, a Kinross tinha apenas nove anos remanescentes, uma queda dramática em comparação aos 24 anos no começo da década.

4. Relação preço/fluxo de caixa livre

"Pegando os últimos quarenta anos a partir deste segundo semestre de 2023", falou Adrian, "a relação preço/fluxo de caixa livre no setor de mineração de ouro e prata está próximo do nonagésimo percentil". Ou seja, está nos 10% do topo se considerarmos a capitalização de mercado das companhias de mineração de ouro em relação a seu fluxo de caixa livre. Historicamente, esse tem se mostrado um ponto de entrada atraente. Lembre-se: existem empresas com alta capitalização, empresas com baixa capitalização e empresas exploradoras de altíssimo risco, de modo que é difícil estimá-lo. Para a maioria dos investidores de varejo, o mais indicado é investir em um fundo como o de Adrian ou em um ETF.

5. Relação preço/VPL

A equipe de Adrian sempre olha a capitalização de mercado de uma companhia em relação a suas reservas terrestres e ao valor total dos ativos. Repito: atualmente, considerando o VPL histórico, as ações estão baratas.

6. Talvez o mais importante: gestão

"Nós buscamos um baixo índice de rotatividade entre os executivos seniores", explicou Adrian. "Acho que uma das frases mais perigosas que se pode ouvir no mundo dos investimentos é: 'Vou dar um tempo para me dedicar mais à minha família'. Larry, tudo se resume à execução. Equipes gestoras ruins prometem muito e fazem pouco. Quando há incongruências constantes* em relação a projeções anteriores, é provável que exista mais coisa escondida embaixo do tapete. O dr. Dennis Mark Bristow, da Barrick, tem se mostrado um executivo excepcionalmente talentoso ao longo dos anos, com uma capacidade única de gerenciar o risco mesmo nos locais mais hostis do planeta. O cara tem o dom. Sean Boyd, da Agnico, é outro: a Agnico Eagle Mines tem um valor de mercado de 24 bilhões de dólares e somente 2 bilhões de dólares em dívida. Nós acreditamos que a AEM pode fazer um fluxo de caixa de 1 a 1,2 bilhão em 2024. Boyd colocou a empresa em ótima posição para aproveitar o próximo ciclo de crescimento."

* Como escutar os mercados? Quando uma companhia apresenta incongruências constantes nos lucros, é provável que seus custos se achem muito acima do previsto e que ela esteja dando a má notícia a conta-gotas, isto é, diluindo-a em dois ou três trimestres. Não faltam espertalhões nesse mundo, e é preciso ficar de olho neles. Isso vale para as mais diversas ações, dos mais diversos setores.

Não é o único exemplo. Uma das maiores minas de cobre do mundo é a Grasberg, na Indonésia. Por muitas décadas, a Freeport-McMoRan, uma gigante do ouro e do cobre, situada em Phoenix, no Arizona, explorou o terreno em uma *joint venture* com o governo de Jacarta, graças a um acordo feito durante a gestão do ex-presidente Suharto, nos anos 1960; contudo, o novo governo de Jacarta, progressista, tem aproveitado a expiração dos contratos para retirar o controle das minas das mãos de mineradoras estrangeiras. A Freeport-McMoRan, que já deteve mais de 90% da Grasberg, passou a deter apenas 51% em 2018, após perder a batalha para o governo indonésio. No fim de 2022, até mesmo o Panamá, um dos poucos países pró-Estados Unidos que restaram na América Latina, obrigou a First Quantum a suspender por meses a operação na mina Cobre Panamá em decorrência de uma disputa por pagamentos de royalties. Outro exemplo é a África do Sul e sua campanha para acelerar o processo de redistribuição de terras à população negra, maioria no país.

As mineradoras estão acostumadas a lidar com insurreições locais de tempos em tempos: rebeldes armados com facões ou metralhadoras bloqueando estradas para impedir que os trabalhadores acessem as minas. É um risco que sempre existiu, porém é eclipsado pelo risco de expropriação ou de mudanças forçadas na propriedade. O CEO da Anglo American alertou: "Se não houver garantia de propriedade das áreas de mineração, os investidores se afastarão". O investimento em pequenas companhias de mineração deve se restringir a gente do ramo e, ainda assim, desde que elas contem com o apoio do governo local. Dizem que, no negócio da mineração, a lei de Murphy faz turno extra. Sendo assim, confie nas gigantes do setor, aquelas companhias que existem há décadas, com minas do tempo do onça.

Mineradoras de ouro não são feitas para casar, e sim para alugar

Os mercados estão sempre nos comunicando algo, principalmente em setores como o de metais preciosos. E muitas vezes, como ocorreu com as criptos, as pessoas são enredadas pelas narrativas. De abril de 2021 a agosto de 2023, em meio à depreciação monetária mais significativa da história dos Estados Unidos, o Bitcoin sofreu desvalorização de 56%, muito embora a "depreciação" e os "déficits fiscais ameaçadores" fossem proclamados pelos fãs de criptos como as maiores razões para comprar Bitcoin. Com ouro e prata, ocorre algo similar.

Em síntese: se o Tio Sam está disposto a pagar 5% sobre o título de um ano do Tesouro – um título "livre de risco" –, o ouro tem um problema diante de si, ainda mais se a expectativa de inflação de curto prazo começar a cair. Sempre que o Fed recua agressivamente em sua política de estímulos e aumenta progressivamente as taxas de juros, não importa quão sedutora seja a narrativa, é um mau momento para possuir metais preciosos (ou Bitcoin, diga-se). Os *ourominions* – aqueles analistas fascinados pelo ouro, que vivem recomendando-o como hedge – não são capazes de compreender isso, ou não querem entender mesmo, de tão emocionalmente enredados na narrativa que estão. Nos ciclos de aumento dos últimos 30 anos, os retornos sempre foram péssimos, principalmente nos momentos em que o Fed entrava na fase de aquecimento, ou seja, quando estava começando a subir os juros. Por outro lado, se o Fed começa a dar sinais claros de que o ciclo de aumento está no fim, é nessa hora que o ouro e a prata costumam brilhar.

TOME NOTA, INVESTIDOR

Como avaliar empresas de mineração de ouro

A avaliação de mercado de empresas de mineração de ouro segue os mesmos princípios da avaliação de empresas que exploram outros recursos naturais. Nós olhamos a quantidade de ouro e prata que a mineradora possui em solo, indicada no relatório anual como reserva mineral provada e provável. Além disso, olhamos o custo de cada mineradora para extrair o minério do solo. Normalmente, a mineração de ouro gera outros minérios como subprodutos (cobre, zinco ou chumbo), que são contabilizados como créditos que reduzem o custo da extração do minério de ouro. Ou seja, os subprodutos podem beneficiar a eficiência da mineradora. Portanto, consideramos também os custos de caixa nos quais a empresa incorre para trazer à superfície os minérios de metais preciosos. Quanto mais eficiente for a mineradora, menores serão os custos de caixa por onça-troy. Como demonstra o gráfico a seguir, há uma relação entre avaliação de mercado e custos de caixa – empresas com custos de caixa mais baixos tendem a ser mais bem avaliadas.

Além das empresas de mineração de ouro, existem as empresas de royalties de ouro, que formam um grupo separado. As empresas de royalties recebem uma porcentagem da produção ou da receita do ouro em troca de um adiantamento e podem usar os pagamentos para financiar outras mineradoras, mas não atuam diretamente na mineração. São exemplos de grandes empresas de royalties de ouro: Franco Nevada, Osisko, Royal Gold e Sandstorm. Elas recebem royalties das principais minas de ouro que são operadas por outras empresas de mineração. A Osisko tem participação na mina Eleonore, no Canadá, porém a mina é operada pela Goldcorp. A Franco Nevada é dona da mina Cobre Panamá, mas cede à First Quantum a exploração da propriedade; também é dona da mina Candelabria, no Chile, cuja operação está a cargo da Lundin Mining. Algumas empresas de royalties de ouro apresentam desempenho muito superior ao das mineradoras devido, justamente, ao perfil de risco menor, dado o risco operacional mínimo. A Franco Nevada teve valorização de 250% nos cinco últimos anos, ao passo que o ETF Gold Miners (GDX) se valorizou apenas 120% no mesmo período.

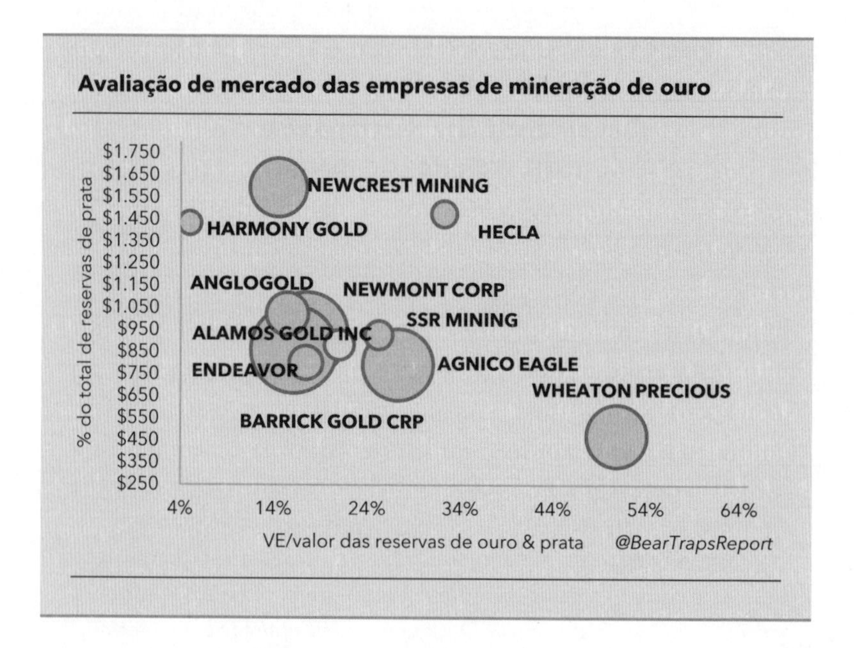

Qual foi o desempenho do ouro após o aumento final nos ciclos de aumento dos juros levados a cabo pelo Fed?

> Dezembro de 2018 a julho de 2020, o ouro apresentava valorização de 47% (+42% para a prata).
> Junho de 2006 a fevereiro de 2008, o ouro apresentava valorização de 50% (+78% para a prata).
> Maio de 2000 a janeiro de 2003, o ouro apresentava valorização de 47% (+2% para a prata).

O pior momento para ter ouro? Quando o Fed está elevando os juros e a "taxa terminal" (o ponto em que o Fed pretende chegar com os juros) fica cada vez mais incerta, ao mesmo tempo que a taxa de juros de curto prazo se mantém sustentavelmente elevada e as expectativas de inflação de um ano* *não* começam a subir descontroladamente. É o pior cenário possível para o ouro

* Expectativa de inflação: o ponto de equilíbrio da inflação corresponde à diferença entre o rendimento nominal de um investimento de renda fixa e o rendimento real (spread fixo) de um investimento atrelado à inflação com data de vencimento e qualidade de crédito equivalentes.

e as empresas que o mineram. Quem vai querer ter ouro se pode conseguir 5% nos títulos do Tesouro, livres de risco, com as expectativas de inflação de curto prazo contidas? Nesse mundo, o Gold Miners se torna muito mais barato do que o próprio metal precioso (ouro). Nós medimos a relação Gold Miners (ETF: GDX) *versus* Gold (ETF: GLD). Em nossa opinião, a faixa de compra para as mineradoras é 0,15 ou menos, e a faixa de venda de Gold Miners *versus* Gold é 0,20 ou mais. Não resta dúvida de que há situações em que é preferível possuir um e situações em que é preferível possuir o outro.

Uma vez que a taxa terminal se torne mais clara e os investidores comecem a enxergar o fim do ciclo de aumento, o desempenho das mineradoras passa a superar o do ouro. Aliás, em tais condições, as mineradoras normalmente superarão tanto o ouro quanto as ações em geral. Já o caso mais extremo em que a expectativa de inflação inicial comece a aumentar seriamente sem que o Fed possa contê-la, como ocorreu na década de 1970, constitui o cenário mais promissor para o ouro e para as mineradoras. Nessas circunstâncias, o desempenho das empresas de mineração de ouro supera enormemente o do ouro e do mercado acionário como um todo.

E assim chegamos ao primeiro estágio de qualquer ciclo, quando as melhores companhias começam a se recuperar. Todos os ciclos, sejam de crescimento ou de valor, se iniciam assim. Num primeiro momento, as pessoas depositam sua confiança nas grandes empresas, os Golias de cada setor; só muito depois que vêm os pequenos empreendimentos. Caso errem ou se precipitem, suas ações estarão muito melhores se forem de companhias que se manterão relevantes por muito tempo. Em 2022, observamos uma migração definitiva para os ativos tangíveis, especialmente para os mercados de metais e de petróleo. Como discutimos no Capítulo 8, as condições econômicas – com governos centrais se desfazendo de enormes participações em dólar e comprando ouro – são muito favoráveis para os metais preciosos. A China não nos deixa mentir: de acordo com o Fundo Monetário Internacional, ao fim do segundo trimestre de 2023, suas participações em ouro haviam aumentado para 136 bilhões de dólares, um crescimento de 46% ano a ano. Com o mundo buscando alternativas às participações em dólar, a inflação comendo o PIB mundial e o valor presente líquido dos caixas futuros minguando de parte a parte do universo corporativo, o ouro seguirá firme em sua escalada.

Nós adoramos a Barrick Gold Corporation, sediada em Toronto, uma das maiores empresas de mineração que conta com dezesseis minas (de cobre e ouro) ativas em treze países diferentes. Sua gestão não poderia ser melhor e seu perfil de risco, que alia diversificação e risco geopolítico limitado, é o que almejamos. Das dez principais minas de ouro do mundo, a Barrick detém e opera três, incluindo a primeiríssima, a Nevada Gold Mines, que produz 3,3 milhões de onças de ouro por ano. Sua maior concorrente é a Newmont Corporation, que se tornou a maior empresa de mineração de ouro do mundo após adquirir a Australia's Newcrest Mining por 28 bilhões de dólares australianos. Nós recomendamos ambas. Seja de uma companhia específica, seja o GDX, um ETF, compre ações no setor de mineração de ouro.

Com isso, chegamos ao tópico da eletricidade, um dos mais espinhosos na realidade atual e que não pode ser ignorado na montagem de uma carteira de investimentos preparada para a próxima década. No centro da discussão sobre eletricidade, está um metal inevitável que, justamente por isso, talvez seja o mais importante do planeta. É um metal que se torna mais forte a -240 °C, excelente condutor de calor e de eletricidade e extremamente resistente à corrosão e à bioincrustação. Estou me referindo ao cobre. Esse metal castanho-avermelhado, presente em cada linha de transmissão, em cada placa de circuito do mundo industrializado, é essencial para qualquer economia. Acredite, as grandes mineradoras de cobre merecem estar em sua carteira.

Com seu sonho de substituir o motor de combustão interna pelo motor elétrico até 2035, o Ocidente criou uma crise de demanda. De acordo com nossas estimativas, ainda é muito cedo para fazê-lo. Não estamos preparados para essa transição no que diz respeito a estações de recarga. A quantidade de cobre que seria necessária é uma fantasia completa; os sonhos do Congresso americano não passam disso: sonhos. Pois há no caminho um obstáculo de 2 trilhões de dólares e quase mil quilômetros de comprimento.

Estou falando da carcomida rede elétrica dos Estados Unidos que, se não for renovada, nos obrigará a dirigir motores de quatro tempos até o ano 3000. Eu acredito que o mercado do cobre está em um *bull market* de longo prazo, haja vista que atualmente os aumentos na demanda são da ordem de 500 mil toneladas, e isso sem a renovação de um cabo sequer nas linhas de transmissão e nos transformadores. Simplesmente não há cobre suficiente para dar conta da enorme demanda. Só as projeções de produção da Tesla preveem a utilização de 80% do cobre do mundo. Com a quantidade de cobre disponível globalmente, não vai ser possível construir estações de recarga e novas linhas de transmissão e distribuição de energia elétrica e renovar a rede dos Estados Unidos – cinquentona que é, ela precisaria de importantes reformas para receber as demandas de uma revolução dos veículos elétricos. Não tem cobre o bastante, simples assim. Qualquer discussão que gire em torno de aposentar o motor a combustão até 2030 é ingênua, para dizer o mínimo. Um veículo elétrico utiliza quatro ou cinco vezes mais cobre. Quem teve essa ideia? O Mickey Mouse?

Ainda que desconsideremos a energia verde, a demanda industrial regular basta para que as perspectivas do cobre sejam muito otimistas. A China está prestes a empreender novos gastos em infraestrutura e tem apenas 350 milhões de carros para seu 1,4 bilhão de cidadãos. Isso sem falar nos bilhões de pessoas que residem nas regiões tropicais do mundo e que ao longo da próxima década demandarão acesso a ar-condicionado. Pense nas linhas de transmissão e distribuição que serão necessárias, cada uma composta por quilômetros e mais quilômetros de cabos de cobre. Embora a mídia não pare de papaguear escassez de commodities, não existe tal coisa. Só há escassez em alguns níveis de preço, ou seja, haverá novos abastecimentos quando o preço atingir níveis mais altos. Não é o caso do cobre, cuja escassez é permanente. É impossível aumentar sua produção a curto prazo. Uma mina de cobre é algo gigantesco; para colocar uma em operação, são necessários anos e mais de 1 bilhão de dólares. As dez principais minas operantes já têm mais de cinquenta anos, algumas mais de cem, como a Bingham Canyon, perto de Salt Lake City, cujo poço a céu aberto tem 4 quilômetros de lado a lado e 1,5 quilômetro de profundidade; a mina está em funcionamento há mais ou menos 125 anos. Além dela, há a mina Chuquicamata, nas altas altitudes do Chile, quase 3 mil metros acima do nível do mar; pertencente à chilena Codelco, é a maior mina a céu aberto do mundo, com quase 5 quilômetros de comprimento e mais de 3 quilômetros de largura. As operações neste colosso latino-americano se iniciaram em 1882, o que torna a Chuquicamata vinte anos mais velha do que a Bingham, ainda que não seja tão profunda – é quase, mas não chega lá. Minas assim são extremamente raras, e criar uma do zero é um processo árduo, dispendioso e demorado. Um dos líderes da mineradora Freeport-McMoRan falou recentemente: "Uma mina de cobre nova precisa de cinco a dez anos para começar a produzir". Sendo assim, quando a demanda superar o fornecimento, o preço terá de subir. Daí a razão de nosso otimismo e o motivo pelo qual recomendamos fortemente adquirir exposição em cobre no ETF Global X Copper Miners (COPX), que agrega boa parte das maiores empresas do setor – sua principal participação é a Antofagasta PLC, que opera a Chuquicamata.

Um investimento alternativo ao cobre seria o alumínio, que, por também ser condutor de eletricidade, pode substituí-lo em determinadas aplicações. Caso a escassez de cobre atinja níveis extremos, a indústria não terá escolha senão lançar mão de mais substitutos. Até 2035, a escassez no fornecimento de cobre poderá ser de até 9,9 milhões de toneladas métricas, o que representa 20% da quantidade necessária para alcançar as metas de zero emissão líquida de carbono até 2050. Tal cenário poderia impulsionar muito a demanda por alumínio – existem estimativas segundo as quais a demanda por alumínio aumentará em 5,8 milhões de toneladas até 2040. Uma maneira barata de investir em alumínio reside na Alcoa, produtora de alumínio integrada verticalmente que nos últimos anos conseguiu reduzir boa parte de sua alavancagem.

Em 2023, a Alcoa apresentava 3,6 vezes mais ativos do que passivos e uma geração potencial de fluxo de caixa livre para o ano de 2024 de aproximadamente 400 milhões de dólares, o que é excelente em um negócio intensivo de capital. Ademais, a companhia não possui títulos com vencimento antes de 2027, ou seja, tem bastante flexibilidade financeira. Em 2020, incluímos em nossa carteira de segurança a mineradora de cobre Teck Resources, que permaneceu lá desde então. Com Wall Street ignorando completamente o enorme potencial do cobre e os crescentes déficits na oferta, a ação teve uma recuperação de 300% nos três anos a partir de 2020. Em 2023, chegamos à conclusão de que a Alcoa se achava no mesmo ponto em que a Teck havia estado três anos antes; sua ação estava sendo negociada a um preço muito inferior ao da Teck Resources, e Wall Street continuava totalmente alheia a seu potencial.

Nem toda eletricidade viaja das usinas elétricas diretamente para os consumidores via cabeamento de cobre. Conforme as frotas de veículos elétricos se avolumem globalmente, uma quantidade crescente de eletricidade será armazenada de forma intermediária em baterias. Setenta e cinco por cento da produção de bateria de íons de lítio ocorre na China, graças não apenas à capacidade produtiva do país, mas também a sua capacidade de processamento de matérias-primas como grafita (uma variedade alotrópica do carbono), metais como cobre, níquel, cobalto, manganês e lítio, além dos chamados elementos de terras raras, como cério, lantânio e neodímio. Os carros convencionais não utilizam quase nenhuma dessas matérias-primas; um veículo de motor a combustão padrão necessita apenas de 20 quilos de cobre e 10 quilos de manganês. Por sua vez, os veículos elétricos e suas baterias são abarrotados desses metais de difícil mineração, amplamente controlados pela China. O país domina não apenas as minas de onde eles são extraídos, como também a capacidade – dispendiosa energeticamente e às vezes altamente poluidora – de processá-los. Um veículo elétrico padrão utiliza 50 quilos de cobre, 40 quilos de níquel, 25 quilos de manganês, 15 quilos de cobalto, 10 quilos de lítio e 600 gramas de elementos de terras raras. A cada semana, a Giga-One envia aproximadamente nove mil baterias para a fábrica da Tesla em Freemont, na Califórnia, e outros mil para sua fábrica em Austin, no Texas, porém essas quantidades mudam com frequência. Segundo estimativas recentes, só na América do Norte a Tesla consome anualmente perto de 3 mil toneladas de cobalto.

A Agência Internacional de Energia prevê que, caso a tendência atual se mantenha, a demanda global do mercado de veículos elétricos requererá um fornecimento de seis a trinta vezes maior desses minérios cruciais, especialmente cobalto e lítio. A União Europeia calcula que, só para alcançar sua meta de neutralidade climática, precisará de até cinco vezes mais cobalto e dezoito vezes mais lítio até 2030; já até 2050, as estimativas são de sessenta vezes mais lítio e quinze vezes mais cobalto.

Retomemos o tema do cobalto. O ano de 2016 testemunhou um *bear market* no mercado de commodities depois do *boom* da década anterior, marcada por excesso de exploração e saturação da oferta. Quando o Fed tentou elevar os juros, o dólar americano disparou para cima e esmagou as commodities. Foi esse fato que levou Aubrey McClendon a cometer um ato extremo naquela manhã de março (ver Capítulo 5). Também deixou em maus lençóis uma das queridinhas do setor de mineração americano, que de repente se viu diante de uma dívida impagável de 20 bilhões de dólares. Sob as condições econômicas sombrias, o preço do cobre despencou para 1,95 dólar a libra. Foi o fundo do poço para muitos no universo da mineração de cobre. E foi então que a Freeport-McMoRan se viu obrigada a se desfazer de ativos.

O governo estadunidense não costuma monitorar de perto as estratégias em escala global e os negócios internacionais. Faria bem aos Estados Unidos aprender com o exemplo da China, que nunca perde de vista o longo prazo. É essa postura que explica seu domínio atual no mercado internacional de bateria, fruto de um movimento diabolicamente sagaz que o país fez em 2016. Com a benção explícita da Casa Branca, a Freeport-McMoRan vendeu por 2,65 bilhões de dólares os 56% que possuía da Tenke Fungurume – uma das maiores minas de cobalto e cobre da República Democrática do Congo – à China Molybdenum, gigante da mineração que hoje se conhece por CMOC Group Limited. Dois anos depois, a Freeport-McMoRan vendeu 95% da Kisanfu, uma mina de minério de cobre e cobalto em construção no Congo, também para a China Molybdenum, por 550 milhões de dólares. Mais uma vez, Washington aprovou o acordo sem impor quaisquer condições ou objeções. As transações conferiram à China hegemonia no mercado de cobalto. Segundo fontes, ainda hoje a Apple adquire seu cobalto da Zhejiang Huayou Cobalt Company, sediada na província de Zhejiang, na costa leste chinesa; trata-se do maior intermediário de cobalto extraído artesanalmente que atua na RDC, o qual compra sacas de minério que possivelmente foi extraído e transportado por crianças. Avancemos para 2023, quando a administração de reservas estatais chinesa traçava planos para comprar 2 mil toneladas de cobalto a partir do fim do ano. A República Popular da China está só começando.

O novo tabuleiro geopolítico incide sobre o setor de mineração, e a Europa e os Estados Unidos finalmente estão começando a entender que precisam controlar o fornecimento de minérios para que a transição verde em seus próprios territórios seja possível.

Embora a China domine o mercado global de grafita, a Tesla tem um acordo de longo prazo para comprar provisões da australiana Syrah Resources, a maior mineradora de grafita do mundo. Contudo, as razões do acordo não têm nada de humanitárias; existe um incentivo tributário para que empresas americanas usem minérios de origem não chinesa, um tipo de benefício que o CEO da Tesla, Elon Musk, adora. Estou certo de que ele também vai adorar a nova mina de lítio na porta de sua casa. Os mais otimistas creem que o motor de combustão interna se tornará obsoleto por volta de 2030, quando os veículos elétricos tiverem bateria com autonomia entre 1.500 e 2 mil quilômetros; contudo, se eles estiverem certos, a produção das mineradoras de lítio já está muito atrasada, considerando as projeções de demanda.

Considerando a procissão de políticos ocidentais em adoração a Santa Greta, a carreira do veículo elétrico promete ser ilustre.

Ademais, como mencionei anteriormente, a maior parte da população chinesa não possui carro atualmente; com o aumento da riqueza, centenas de milhões de chineses irão à concessionária mais próxima para adquirir seu possante. Muitos dos carros que eles comprarão serão elétricos; de fato, o mercado chinês de veículos elétricos do tipo plug-in vem ocupando a liderança do setor há oito anos consecutivos e assim deve se manter, já que Pequim ordenou o fim da venda de carros a gasolina até 2025. Os consumidores chineses compraram 205 mil carros elétricos em 2015, 1,2 milhão em 2019 e extraordinários 5,9 milhões em 2022; atualmente, os VEs representam 29% do total de carros novos vendidos no país. Em 2022, as vendas de carros elétricos cresceram 87% na China e 55% no mundo. Tendências similares estão ganhando corpo em outros mercados emergentes, como Índia, Indonésia e Brasil. No total, o valor do mercado global de veículos elétricos em 2022 foi de 130 bilhões de dólares e projeta-se que ele quintuplique até 2026. Com ventos econômicos favoráveis soprando de tantas direções, um de nossos ETFs preferidos é o VanEck Rare Earth/Strategic Metals (REMX), cujo revigoramento pode vir a durar uma década, tranquilamente. Outro ETF clássico que funciona para qualquer investidor de ativos tangíveis é o ETF SPDR S&P Metals & Mining (XME), que monitora um índice balanceado de companhias americanas do setor de metais e mineração, entre as quais as poderosas Cleveland-Cliffs, Alcoa, Freeport-McMoRan, Newmont Corporation e U.S. Steel.

Se a liderança de Washington também quiser turbinas eólicas e painéis solares, vai precisar de toneladas de aço. Cada megawatt de energia solar requer entre 35 e 45 toneladas de aço, ao passo que cada megawatt de energia eólica requer entre 120 e 180 toneladas de aço. O chanceler alemão Olaf Scholz afirmou recentemente: “O objetivo é instalar diariamente no país três ou quatro novas turbinas eólicas de grande porte”. Para não ficar para trás, Biden assinou em 2022 a Lei de Redução da Inflação, que prevê a adição de 30 gigawatts de energia eólica offshore até 2030. Para se ter uma ideia, 1 gigawatt corresponde a mil megawatts, e atualmente a capacidade eólica offshore dos Estados Unidos é de apenas 42 megawatts. Para alcançar a meta de capacidade, serão necessárias ao menos 2.100 novas turbinas eólicas. Cada turbina eólica offshore requer 200 a 800 toneladas de aço, 1.500 a 2.500 toneladas de concreto e 45 a 50 toneladas de plástico não reciclável.

Tais turbinas ainda contêm grandes ímãs que lhes permitem girar sem que haja fricção, os quais substituem os dentes de engrenagem, mais suscetíveis a oxidação e deterioração. Os ímãs das turbinas eólicas industriais pesam 4 toneladas e são feitos de neodímio, minério de terras raras que também se encontra sob monopólio chinês.

Quem paga por esses trilhões de dólares em investimentos verdes feitos pelos governos dos Estados Unidos e de vários países europeus? A Lei de Redução da Inflação de Biden direciona quase 400 bilhões de dólares para a adoção de tecnologias verdes. Um ano antes, ele assinou, com apoio bipartidário, a Lei de Empregos e Investimento em Infraestrutura, que reservava ao setor mais de 200 bilhões de um total de 1,2 trilhão de dólares previstos pela lei. A União Europeia emitiu 800 bilhões de dólares em títulos mutualizados, em parte para financiar a revolução verde. É interessante notar que emprestar bilhões para o financiamento ambiental via energia verde gera o mesmo efeito multiplicador perigoso que injetar dinheiro diretamente na economia global. O financiamento ambiental governamental é similar à impressão de dinheiro, ou seja, gera inflação. Não é exagero dizer que o chanceler Scholz está completamente cego pela causa, considerando que pretende elevar a geração de energia elétrica renovável em 33% até 2030 e em outros 33% até 2045.

Como já afirmei, sou entusiasta de um planeta limpo, com água cristalina, estoques pesqueiros saudáveis e menos poluição. No entanto, sempre que se debruça sobre a matemática do setor de energia verde, nossa equipe acaba com a desanimadora impressão de que não é possível cumprir nenhum objetivo no tempo proposto pelo Fórum Econômico Mundial ou pela 27ª Conferência do Clima da Organização das Nações Unidas. Neutralidade em carbono em 2030 é um absurdo. Neutralidade em carbono em 2050 continua sendo uma meta agressiva demais. Uma previsão mais realista seria 2100. A despeito do que acredita ou não Olaf Scholz, seu sonho de acarpetar a Alemanha com turbinas eólicas e painéis solares não se tornará realidade. Faz quinze anos que a Alemanha está construindo turbinas eólicas e painéis solares, a um custo que já superou o trilhão de dólares, e o resultado até aqui foi um fracasso retumbante: 40% da rede elétrica do país ainda depende do gás natural importado da Rússia. No entanto, essa provisão agora se acha permanentemente inacessível. Os alemães foram obrigados a reativar suas "sórdidas" (palavra deles) usinas termelétricas. Se os melhores engenheiros da Alemanha cometem um erro de cálculo dessa magnitude, o que esperar dos mercados emergentes?

Os combustíveis fósseis vão quebrar um galho, porém a única solução permanente, a única maneira de livrar o mundo das emissões de carbono, é outra completamente diferente. Não é a madeira, que com 1 quilo mantém uma lâmpada acesa por um dia e meio. Nem tampouco carvão ou petróleo, que manteriam a lâmpada funcionando por apenas quatro dias. Estou falando da única solução sensata que existe, uma que a maioria dos governos ocidentais detesta. Seja como for, o fato é que 1 quilo desta fonte de energia manteria aquela mesma lâmpada brilhando dia e noite por 25 mil anos. E ela se chama "urânio".

O mercado de urânio

No terceiro trimestre de 2023, encontrei-me em Nova York com um dos cérebros mais afiados do setor de urânio, meu sócio e amigo de longa data Mike Alkin, fundador do Sachem Cove Partners, LLC, braço de gestão de ativos do Lloyd Harbor Capital. Com uma capitalização no mercado acionário de apenas 37 bilhões de dólares (que já foi de 130 bilhões de dólares no último auge do ciclo), as ações de urânio oferecerão ao longo da próxima década uma excelente relação risco/recompensa no setor de ativos tangíveis.

"Mike", comecei, "esclareça-nos por que você acredita em um *bull market* duradouro: por que urânio? Por que neste momento?".

"Larry, neste mundo multipolar que está tomando forma, a conjuntura do urânio é reveladora. É uma espécie de cheia de cem anos, mas no bom sentido. Quando se debruça sobre o setor de urânio, chama a atenção o fato de que 70% da demanda global vem do Ocidente e 70% da oferta global vem do Oriente. A oferta global atual se concentra no Cazaquistão, na Rússia e no Níger, que não são exatamente o tipo de vizinho que aparece na porta da sua casa em um domingo ensolarado, com uma torta de maçã nas mãos."

Em decorrência dos catorze anos de *bear market*, instalou-se no setor uma complacência arraigada. Em 1982, os Estados Unidos produziam 44 milhões de libras dos 50 milhões de libras de urânio que consumiam anualmente.* Hoje esse número é de 1 milhão de libras.

"Mike, do ponto de vista do risco, quão apertado está o mercado?", perguntei.

"Cerca de 40% do enriquecimento global vem da Rússia", respondeu ele. (De fato, a capacidade de enriquecimento de urânio russa correspondia a 46% em 2018, porém estimava-se que cairia para 36% até 2030.) "Na última década, o Putin apostou tudo em ativos tangíveis. É um tanto louco pensar que os Estados Unidos obtêm 25% de seu urânio enriquecido da Rússia em plena guerra, com Washington impondo uma sanção atrás da outra, mas é o que acontece. Havia uma legislação tramitando no Congresso americano para banir a importação de urânio fracamente enriquecido da Rússia para os Estados Unidos, mas ela foi suspensa sob a alegação de revisão de gerenciamento [capacidade] de risco."

"Qual é o cenário da demanda, Mike?"

"A demanda global atingiu 175 milhões de libras. Não vou entrar em detalhes aqui, mas me disponho a mostrar os dados para quem quiser. Existem 440 usinas em operação no mundo, outras 58 em construção, mais 150 a 200 em processo de planejamento ou aprovação. Quando nos conhecemos, Larry, em 2018 ou 2019,

---

* No mercado de urânio, usa-se a medida libra. Os valores apresentados aqui seriam, respectivamente, 20 e 25 mil toneladas. [N. E.]

a situação global era de excesso de capacidade. O preço das ações do Sprott Physical Uranium Trust estava próximo de 7,60 dólares. Hoje em dia, estamos com déficit de capacidade, com o Sprott perto de 18,05 dólares, e o mercado está apertado. A situação está se tornando potencialmente perigosa. O desequilíbrio global entre capacidade e enriquecimento pode provocar um choque de preços. Em termos de abastecimento, os produtores estatais produzem uns 115 milhões de libras, a Cameco tem um limite de 30 milhões, os especuladores financeiros detêm 10 milhões, há 15 milhões em renegociação, mais 30 milhões aqui e ali. No balanço final, o mercado enfrenta um desabastecimento anual de 15 a 30 milhões de libras. Esse dado é extremamente dependente da capacidade de enriquecimento, que, repito, está nas mãos do Putin. A proibição da exportação de petróleo em 2023 indica que não precisa de muito para ele fechar a capacidade de enriquecimento russa para as companhias de serviços públicos dos Estados Unidos e da Europa. Isso poderia provocar uma escassez grave no urânio refinado que mantém as luzes das casas acesas.

No que concerne a evento de risco, a mina Cigar Lake da Cameco levou quase 25 anos para alcançar sua plena capacidade de produção. A Nexgen NXE possui estoques importantes que entrarão em operação em 2028-2029, ainda pendentes de aprovação. A NXE (4,95) controla mais de 300 milhões de libras de reservas futuras, o que faz dela um excelente alvo de aquisição, já que suas ações podem chegar a valer 15 a 18 dólares. Ainda apresenta um balanço patrimonial robusto, com valor de mercado de 3,2 bilhões de dólares, 140 milhões em caixa e 78 milhões em dívida.

Após catorze anos de *bear market*, a indústria sofreu uma considerável fuga de cérebros; muitos talentos foram para outros setores, incluindo até mesmo o de criptos. Levará anos para trazer de volta à indústria do urânio esses engenheiros imprescindíveis. Tenha em mente que as companhias de petróleo e gás de maior valor de mercado geram caixa continuamente; nos anos 1980 e 1990, elas detinham ativos em larga escala no setor de urânio. Com frequência ouvimos falar da possibilidade de os incentivos verdes ensejarem uma onda de aquisições no setor, que, aliás, é minúsculo: considerando o preço do urânio a 57 dólares, os 230 milhões de libras de demanda anual equivalem a 13 bilhões de dólares. Compare com os 100 milhões de barris de petróleo que são negociados diariamente a 85 dólares no universo petroleiro.

Entre 2007 e 2008, o preço do urânio experimentou uma alta aguda, o que fez muitos CFOs que administravam usinas nucleares investirem em reservas de urânio. Contudo, o preço caiu à metade após a implosão do Lehman. Nos anos que se seguiram, muitos desses diretores financeiros foram demitidos; os atuais, portanto, são perfeitamente conscientes do que pode lhes acontecer caso tomem más decisões em investimentos de grande escala. Sendo assim, eles têm vendido opções de compra sobre seu urânio. O *bear market* foi tão prolongado que, ano após ano, um número cada vez maior de CFOs do setor energético passou a vender opções de compra (estoque) para fazer caixa.

Em 2021, o *The Wall Street Journal* revelou que o fundo de hedge Anchorage Capital Group, LLC, de Nova York, acumulara posições em urânio que equivaliam a alguns milhões de libras. Além disso, ficamos sabendo que algumas companhias de energia venderam parte de seus inventários em contratos futuros que foram negociados privadamente com os investidores. Um *bear market* sordidamente prolongado tem a capacidade de transformar o comportamento humano e, assim, criar uma conjuntura perigosa: se houver qualquer alteração súbita na demanda global, algumas daquelas transações podem se revelar erros extremamente custosos.

Tendo em vista as tendências de crescimento na demanda, somos da opinião de que o mercado global de urânio está dramaticamente subabastecido. A fim de nos adiantar a tais tendências, em 2020 e 2021 recomendamos a nossos clientes (aqueles com grande tolerância a risco, obviamente) que investissem na Cameco (CCJ) e no ETF Sprott Uranium Miners (URNM).

A demanda de fato está crescendo: Japão, Coreia e Suécia lideram uma lista de países que vêm estabelecendo metas de energia nuclear cada vez maiores. Inevitavelmente, a energia nuclear constituirá boa parte da rede elétrica também da Índia e da China. A Índia conta com 22 usinas operacionais e está construindo outras onze enquanto você lê estas palavras. Já a China possui 53 reatores nucleares que fornecem eletricidade para suas cidades e mais vinte em construção. Em ambos os países, esses números devem dobrar pelos próximos dez a vinte anos. Soma-se a isso o fato de que o urânio e a energia nuclear são, por sua própria natureza, praticamente imunes a recessão, já que as usinas consomem urânio em um ritmo constante, independentemente da demanda energética. Está dada assim a receita para um desempenho robusto pelos próximos anos – nós suspeitamos que, nos próximos três a quatro anos, o preço à vista do urânio saltará de 41 dólares para 100 ou 150 dólares.

TOME NOTA, INVESTIDOR

Os líderes no setor de valor e ativos tangíveis

Nossa equipe fez uma varredura nas estratégias de gestão de ativos e ETFs no espaço de valor e ativos tangíveis. Já faz anos que a Greenlight Capital é uma de nossas favoritas. A seguir, vou comentar outras opções atrativas no universo dos mercados públicos (todas registradas nos Estados Unidos).

O Kopernik Global All-Cap Fund (KGGIX) é um fundo de capital aberto que oferece valorização de capital de longo prazo. Ele investe pelo menos 80% dos ativos líquidos em títulos de participação de companhias americanas e não americanas dos mais diversos tamanhos.

O Alpha Architect U.S. Quantitative Value (QVAL) também oferece valorização de capital de longo prazo, para o que emprega uma metodologia quantitativa, progressiva e baseada em critérios predefinidos, a fim de identificar e formar uma carteira de investimentos com cinquenta a cem títulos de participação de empresas americanas subvalorizadas. Já o ETF Alpha Architect International Quantitative Value (IVAL) congrega entre cinquenta e cem títulos de participação de empresas internacionais subvalorizadas.

O ETF Pacer US Cash Cows 100 (COWZ) utiliza metodologia patenteada para oferecer exposição a companhias americanas de grande e média capitalização e com altos rendimentos de fluxo de caixa livre. O Pacer US Small Cap Cash Cows 100 (CALF) busca, entre as companhias americanas de pequena capitalização, aquelas com a maior relação fluxo de caixa livre/valor de empreendimento no S&P Small Cap 600. Por sua vez, o ETF Pacer Developed Markets International Cash Cows 100 (ICOW) oferece exposição a companhias internacionais com altos rendimentos de fluxo de caixa livre.

O Goehring & Rozencwajg Resources Fund (GRHIX) é um fundo de capital aberto que busca retorno total, isto é, retorno sobre os investimentos incluindo valorização de capital. O fundo investe em valores mobiliários de empresas de recursos naturais e demais instrumentos que oferecem exposição ao setor.

No Lehman Brothers, tive a sorte de trabalhar sob a liderança de um dos melhores gerentes de risco que jamais conheci. Mike Gelband atuou como diretor de renda fixa até 2017, quando ele e Hyung Lee decidiram fundar um dos fundos de hedge mais prósperos da atualidade. Em 2018, o ExodusPoint passou a gerenciar capital investidor. À época, ostentavam o feito de maior lançamento de um fundo de hedge na história, com quase 8,5 bilhões de dólares. Em 2023, o total de ativos gerenciados pelo fundo atingiu 13,2 bilhões. Como dizem os americanos: a nata sempre vem à tona. Havia pessoas incríveis no Lehman; é uma pena que algumas maçãs podres tenham manchado o nome da instituição.

Anos atrás, antes de 2008, Mike Gelband ficou famoso por indagar aos caras do Lehman que propagandeavam as virtudes do mercado imobiliário: "Vocês estão comprados no mercado porque gostam dele, ou gostam dele porque estão comprados?". Ações com beta elevado, como a de mineradoras de urânio, movem-se de modo muito mais violento do que o mercado, tanto para cima quanto para baixo. Quanto maior for o beta de uma ação, mais ela poderá subir em caso de recuperação dos mercados – da mesma forma, em caso de correção, sua queda pode ser muito mais intensa.

As palavras de Mike sempre me vêm à mente quando invisto no setor de urânio; a tese de investimento de cinco a dez anos aqui é muito otimista, sem dúvida. Porém, dada a volatilidade, não é para os fracos. Se o S&P 500 tem queda de 10%, a desvalorização dos valores mobiliários com beta alto pode chegar a 20% ou 30%. Como as empresas não têm tanta liquidez, é comum que despenquem sempre que grandes vendedores surjam simultaneamente; nesses momentos, é possível encontrar ótimas barganhas. Especificamente quanto às empresas de mineração, tenha em mente que, de tempos em tempos, há ocasiões em que turistas *não param* de entrar e sair do ônibus. Embora seja algo difícil de quantificar, durante a vigência das tendências tanto de um *bull market* quanto de um *bear market*, boa parte do volume de negociação consiste na saída e na entrada de capital de curtíssimo prazo, que funciona como combustível para betas altos. Aí é testosterona para todo lado. As oscilações são violentas, as alternâncias de *momentum* são brutais. O S&P 500, antes um pônei branco que se cavalga na tarde cálida, de repente vira um cavalo selvagem sob a meia-lua mórbida das minas de urânio. Dito isso, o que nós queremos é usar a volatilidade estrategicamente a nosso favor. Nos setores com beta alto, a missão é clara.

Tire proveito da capitulação no setor de mineração

Quando ocorre um movimento de capitulação – venda massiva de ativos –, é preciso avaliar meticulosamente sua magnitude e força. Em 2010, Larry McCarthy, um dos melhores negociadores de todos os tempos no setor de títulos de alto risco, nos forneceu as bases de nosso modelo de capitulação de sete fatores. Em síntese, você deve ouvir os mercados e calcular a intensidade das perdas. O que tentamos identificar é uma aceleração exponencial no volume de capitulação, para medirmos a velocidade com que os turistas estão saindo do ônibus. É fato que os setores com beta alto são povoados de turistas. Larry costumava dizer: "Assim como no pôquer, aqueles com uma mão fraca são nossos aliados. Devemos usá-los a nosso favor". Em março de 2006, Jack Dorsey, Noah Glass, Biz Stone e Evan Williams criaram o Twitter. Eles não faziam ideia na época, mas transformaram a análise técnica para sempre. Segundo o CFA Institute, "análise técnica" é uma forma de análise de ativos financeiros que se utiliza de dados de preço e de volume, geralmente exibidos em gráficos. No Twitter – agora chamado de X, após Elon Musk adquirir a empresa – você encontra alguns ótimos analistas de mercado certificados (CMTs, na sigla em inglês), com anos de especialização no ofício. No entanto, também encontra milhares de amadores que fingem ser profissionais sérios. No fim de 2009, em um "jantar de ideias" na cidade de Nova York, Herb Lust, um dos melhores analistas que já conheci, me falou: "Larry, se esse tal de Twitter decolar mesmo, a taxa de variação interna e a velocidade do fluxo de informações por trás da análise técnica provavelmente mudarão para sempre. Vão surgir milhares de amadores que usarão os mesmos *stops* [o *stop loss* é um mecanismo que aciona automaticamente a saída ou venda de uma posição]. Você vai preferir mil vezes estar negociando contra eles do que com eles, ouça o que estou dizendo. A quantidade de capital especulativo, para lucro de curto prazo, que vai jorrar quando todos eles saírem ao mesmo tempo vai ser um negócio espetacular."

Essa fala me atingiu como um tapa na testa. Herb estava descrevendo a capitulação do século XXI. No século anterior, o processo de capitulação demorava semanas para se desdobrar; agora, iria levar poucas horas, minutos talvez.

Para medir o processo de venda de capitulação nosso modelo tenta calcular a maior probabilidade de ocorrer o que chamamos de clímax. Nosso objetivo é aumentar a exposição durante a dor e reduzi-la durante a recuperação a fim de aproveitar "a reviravolta", o momento em que o novo *bull market* vem à luz. Nos setores com beta alto, nós sempre construímos novas posições em três etapas. Tentar adivinhar a mínima é para os tolos. Nosso intuito *não* é cravar a mínima exata, e sim tentar descobrir uma base de custo atrativa que esteja próxima da mínima. O modelo também considera a distância em relação à banda inferior de Bollinger (indicador de volatilidade), o índice de força relativa (IFR) semanal e diário, além de outros fatores importantes. Quando se trata de investir em setores com beta alto, identificar o ponto de entrada é como dançar com uma serpente. Não se deixe ser arrastado pela multidão enlouquecida; tire vantagem da venda de capitulação.

Depois, escalonamos as compras um terço de cada vez, calculando a média de custo no ETF Sprott UraniumMiners (URNM). Em 2021, houve um ponto durante a overdose de ações de crescimento em que as ações da Peloton (PTON), fabricante de bicicletas ergométricas, chegaram a valer impressionantes 37 bilhões de dólares sobre uma receita de apenas 4 bilhões de dólares, ao passo que o setor de urânio inteiro estava avaliado em mais ou menos 29 bilhões de dólares. O maior ator do setor de urânio, a Cameco (CCJ), iniciara aquele ano avaliada em menos de 7 bilhões de dólares e com uma receita de aproximadamente 2 bilhões. Com as distorções colossais geradas pelos banqueiros centrais e a baixa inflação percebida, o setor de ativos tangíveis ficou às moscas. Todo o capital estava fluindo para as ações de crescimento e os ativos financeiros. O patrimônio líquido de Elon Musk bateu nos 160 bilhões de dólares, cinco vezes o valor de todas as mineradoras de urânio combinadas. Na época, projetando os vinte anos seguintes, nós afirmamos que só havia uma forma matematicamente sustentável de a Tesla corresponder a sua colossal avaliação de mercado, que passava pela duplicação ou triplicação da capacidade de geração nuclear verde do planeta. Veículos elétricos precisam desesperadamente de energia nuclear; atualmente, a maior parte da frota é abastecida por usinas de carvão.

Por fim, há mais uma razão para nosso otimismo quanto à demanda por petróleo, gás e carvão. A energia "verde" pode até ser limpa no que diz respeito a emissões de carbono, porém muitas vezes não passa no teste da moral e do impacto ambiental. Como observei, aproximadamente 40 mil crianças congolesas trabalham em condições terríveis para extrair o cobalto que é usado em carros elétricos, turbinas eólicas e painéis solares. Existem problemas similares com o lítio e o cobre. O deserto do Atacama, no Chile, produz 28% do cobre mundial e 21% do lítio. Infelizmente, todas as minas afetam as comunidades indígenas que ali vivem e provocam a destruição de suas terras. A mineração de elementos de terras raras na China e em outros locais tem consequências graves para diversas regiões, cujos rios e águas subterrâneas são poluídos com resíduos metálicos tóxicos. Em seus esforços entusiasmados para substituir os combustíveis fósseis por uma alternativa qualquer, o Ocidente já destruiu boa parte da mais antiga e mais biodiversa floresta tropical do planeta. O biodiesel, que se tornou popular no início deste século, é feito principalmente de óleo de palma. Pesquisadores da Universidade de Wageningen, nos Países Baixos, estimam que as plantações de dendezeiro foram responsáveis pela perda de um terço das florestas tropicais da Indonésia desde o ano 2000, ou 10 milhões de hectares. A indústria do óleo de palma destruiu uma área florestal equivalente em tamanho ao estado da Pensilvânia, ameaçando de extinção inúmeras espécies de animais, entre as quais orangotangos, tigres e o rinoceronte-branco.

Não serão esses abusos morais e ambientais que necessariamente impedirão a transição para uma economia verde, porém a reação dos habitantes do mundo desenvolvido talvez tenha esse efeito. Se tivessem conhecimento dos fatos, as pessoas certamente abominariam o trabalho infantil nas minas de cobalto, o deslocamento forçado de povos indígenas ou a poluição causada pela mineração. Talvez elas começassem a questionar esse sistema que lhes foi incutido pelas agendas políticas e pelo investimento ESG. É improvável que o apelo à energia neutra em carbono seja abandonado, mas há grandes chances de testemunharmos ao longo dos próximos vinte anos uma forte reação de ativistas sociais e ambientais contra a mineração com fins verdes. Eles podem pressionar os governos e empresas ocidentais a estabelecer normas mais rigorosas em torno dos recursos indispensáveis à economia verde, que poderiam se dar na forma de legislações trabalhistas e ambientais mais severas ou da repatriação de qualquer produção possível. Com isso, os recursos necessários se tornariam mais caros e, uma vez que o preço da energia afeta o preço de tudo, o nível global de inflação se elevaria. Ademais, desaceleraria a transição, o que inevitavelmente aumentaria a demanda por combustíveis fósseis e expandiria seu uso no futuro.

As areias do deserto se movimentam sem parar

Desde o fim da Guerra Fria, o mercado viveu em um estado quase perpétuo de desinflação. A deflação se entranhou a tal ponto na narrativa das finanças que 80 trilhões de dólares da riqueza mundial convergiram para as ações de crescimento e para os títulos, onde boa parte ainda permanece. Ninguém nem sequer considerava a inflação. Em determinado momento, o Nasdaq 100 chegou a acumular 20 trilhões de dólares, em sua maioria concentrados em quinze ações de megacapitalização. Com essa quantia, daria para fazer vinte filas de notas de 1 dólar daqui até o Sol. A situação era quase oposta à do período inflacionário de 1968 a 1981, quando a deflação era percebida como um fenômeno de mercado que jamais ocorreria. Do ponto de vista dos investimentos, o perigo desses longos ciclos é que crenças resistem por muito mais tempo do que os mercados costumam consentir. Entre os *millennials*, quantos não acreditam que a próxima recuperação das criptos está logo ali na esquina? Quantos não pensam que as grandes ações de tecnologia vão superar o desempenho do mercado na próxima década? São muitos os investidores americanos que estão mal posicionados para o ciclo de mercado que se seguirá.

Os mercados financeiros, à semelhança da indústria da moda, têm setores intrigantes e setores enfadonhos, que estão em constante mudança, se movimentando como as areias do deserto. Lugares que fazem bilhões hoje, amanhã já não fazem mais. Setores que sempre entregaram retornos mínimos, se tanto, podem vir a ser altamente lucrativos. Os setores de metais preciosos, carvão, urânio, cobre, terras raras, petróleo e gás – que um dia foram os retardatários do mercado de ações – serão os mais atraentes nos próximos anos, ao passo que as gigantes da tecnologia cairão nas sombras.

O mundo está diante da mais épica migração de capital na história dos mercados financeiros. A riqueza de sua família tomará parte nesse movimento rumo aos campos até então negligenciados das ações de valor, das commodities e dos ativos tangíveis ou minguará com a carteira de investimentos da década passada? A escolha é sua.

Muito obrigado por ter estado conosco nesta jornada.

AGRADECIMENTOS

A pesquisa-mosaico consiste em complementar um fragmento de informação com outros fragmentos de informação e conhecimentos. O objetivo é determinar a utilidade e validade de cada uma delas. Quanto mais vastos forem os recursos e as fontes, mais próximo se estará da verdade. É preciso trabalhar duro, mas, acima de tudo, é preciso fazer perguntas. E um homem que conhece muitas das respostas é Robbert van Batenburg. Amigo confiável e colega há mais de uma década, ele liderou este projeto com paixão, determinação e entusiasmo. Não há no universo dos investimentos outro estrategista que compreenda tão bem o entrecruzamento das políticas públicas com os mercados de capital. Robert está sempre na esquina entre Washington e Wall Street.

Dos meus tempos de negociador no Lehman, trago um amigo e mentor inestimável, Herbert C. Lust III. Conhecido por ter desmascarado a Enron mais de um ano antes de a companhia falir, Herb formou no Lehman a melhor equipe de especialistas em ativos problemáticos de toda Wall Street.

Agradeço a James Robinson, meu amigo e coautor, pelo apoio contínuo, pelo meticuloso trabalho de pesquisa e pela singular capacidade de conectar Wall Street ao universo literário. James tem o dom de espanar as teias que recobrem o mundo entediante das finanças e revelar preciosidades ao público, sempre com graça e carisma.

Da equipe editorial e de publicação, quero agradecer a Leah Trouwborst, da Crown, cujo perfeccionismo só é menor do que seu talento extraordinário, e ao melhor agente literário que existe, Jim Levine, da Levine Greenberg Rostan Literary Agency. Não fossem a experiência e o talento puro de Jim, este projeto simplesmente não teria sido possível.

Aos mais valiosos profissionais da Moore Capital, lendária firma de gestão de ativos: Brian Yelvington, Marc Cheval, Ben

Giesmann e Jonathan Turek, que estão sempre de olho nas taxas, nos eurodólares e nos futuros cambiais.

Meu obrigado ao melhor economista de Wall Street, Joe Lavorgna.

Meus velhos amigos de Washington são impagáveis: obrigado a David Metzner, meu sócio na ACG Analytics, e a sua excelente equipe, liderada por John East e Chris Czerwinski. Já rodamos o mundo juntos e não deixamos pedra sobre pedra. Sou profundamente grato por tê-lo tido a meu lado.

Agradeço a Jim Millstein, o gênio das reestruturações e ex-conselheiro do presidente Obama, que está sempre me provocando a ir mais a fundo em minhas reflexões.

Obrigado, Nigel Farage, por sua perspicaz análise dos riscos políticos em um mundo multipolar.

Tenho a sorte de trabalhar ao lado de uma das mentes mais brilhantes que já passaram pelo Brookings e pelo Departamento do Tesouro dos Estados Unidos. Obrigado, Aaron Klein.

Quando se trata de tendências econômicas, não existem pessoas melhores para trocar ideias do que estas: Robert Ax, Josh Ayers, Kevin Bambrough, Rohit Bansal, Jenna Barnard, Manas Baveja, Drew Casino, Porter Collins, Vincent Daniel, Bob Davenport, James Davis, Adrian Day, Bobby "D" Dziedziech, David Einhorn, Mohamed A. El-Erian, John Fath, Niall Ferguson, Tony Frascella, Mike Gelband, Jon Glaser, Alan Guarino, Mike Guarnieri, David Hall, Alan Higgins, Munib Islam, Doug Kass, Ravi Kaza, Lord Mervyn King, Alex Kirk, David J. LaPlaca, Jerry Levy, Andrew McCaffery, Bart McDade, Joe Mauro, Ben Melkman, Edward Misrahi, Jeff Moskowitz, Jon Najarian, John Renato Negrin, Jens Nordvig, Ed Oppedisano, Tim Pagliara, John Pattullo, Ralph Reynolds, Joe Scafidi, Peter Schellbach, Eric Schiffer, Geoff Sherry, Marc-Andre Soubliere, Rafi Tahmazian, James Ter Haar, Ram Venkatraman, Caesar Yuan e Shahar Zer.

Mark Cuban, sou extremamente grato a você, meu amigo. Obrigado por sempre me fazer refletir. Você não enxerga apenas o que está "logo ali na esquina"; você enxerga muitas décadas à frente.

Agradeço a meu velho e confidente amigo John Coen. E a Dan Hoverman e Terence Tucker, do setor de finanças dos bancos regionais. Devo um agradecimento especial a meu mentor, Bernie Groveman. E também a Mike Alkin, Brendan Ahern, Adam Barratta, Arthur Bass, Larry Berman, Ben Brey, John Ciampaglia, Alejandro Cifuentes, Jack Corbett, Robinson Dorion, Keith Dubauskas, Dani Egger, Paul Hackett, Bob Hamil, John Helmers, Stan Jonas, Brian Joseph, Brian Kelly, Adam Kramer, Tom Kurtz, Rogerio Lempert, Ben Levine, Brandt McDonald, Jim McGovern, Peter Obermeyer, John O'Connor, Raoul Pal, Luke Palmer, John Parker, John Paul Parker, David Patterson, Jason Polansky, Steve Purdom, Loren Remetta, Hugh Sconyers, Seth Setrakian, Scott Skyrm, John Smyth, George Whitehead (o Padrinho dos Títulos de Primeira Classe), Greg Williams e Tian Zeng.

Meu amigo Paul C. Jenkins trabalhou por mais de trinta anos como economista e em cargos de supervisão no Departamento de Finanças do Canadá, no Banco do Canadá e no Fundo Monetário Internacional. Sou muito afortunado por ter contado com sua visão durante o processo de desenvolvimento deste livro. Suas contribuições me ajudaram a estabelecer um fio condutor e melhoraram a qualidade das conclusões aqui apresentadas.

A Roberto Brenes, Sergi Lucas e André Esteves, obrigado. A compreensão de vocês acerca das oportunidades e dos riscos políticos na América Latina é incomparável!

A equipe de produção foi liderada por Valentina Sanchez-Cuenca e Jose Tutiven, a quem sou profundamente grato. O entusiasmo e o foco de ambos foram essenciais para a conclusão deste projeto.

REFERÊNCIAS

Introdução

p. 21: a história moderna se move em ciclos: STRAUSS, William; HOWE, Neil. *The fourth turning*: an American prophecy. New York: Broadway Books, 1997.

Capítulo 2

p. 47: para que haja um vencedor: COHEN, Stephen D. The Route to Japan's voluntary export restraints on automobiles. *National Security Archive*, Working Paper n. 20, 1997. Disponível em: https://nsarchive2.gwu.edu/japan/scohenwp.htm. Acesso em: 17 set. 2024.

p. 48: Em reação, Tóquio deu início: INTERNATIONAL MONETARY FUND. Global prospects and policies. *International Monetary Fund*, abr. 2011. Disponível em: https://www.imf.org/-/media/Files/Publications/WEO/2020/October/English/Ch1.ashx. Acesso em: 17 set. 2024.

p. 49: No auge dos bens imóveis: PARKES, Douglas. Japan in the 1980s. *South China Morning Post*, 1º jul. 2020. Disponível em: https://www.scmp.com/magazines/style/news-trends/article/3091222/japan-1980s-when-tokyos-imperial-palace-was-worth--more. Acesso em: 17 set. 2024.

p. 50: Ben Bernanke, que em 2006 se tornou presidente: BERNANKE, Ben S. Deflation: making sure 'it' doesn't happen here. *Discurso, National Economists Club*, Washington, D.C., 21 nov. 2002. Disponível em: https://www.bis.org/review/r021126d.pdf. Acesso em: 17 set. 2024.

p. 52: Seu rosto ainda carregava um viço de menino: LOWENSTEIN, Roger. Long-Term Gamble That Failed to Deliver the Expected Result. *The Times*, Reino Unido, 1º set. 2000.

p. 57: Em outras palavras, os bancos centrais asiáticos: CORSETTI, Giancarlo; PESENTI, Paolo; ROUBINI, Nouriel. What caused the Asian currency and financial crisis? *National Bureau of Economic Research*, Working Paper 6833, dez. 1998. Disponível em: https://www.nber.org/papers/w6833#:~:text=The%20paper%20explores%20the%20view,severe%20than%20warranted%20by%20the. Acesso em: 17 set. 2024.

p. 59: próximo de implodir: NORRIS, Floyd. Editorial observer; Is the Global Capitalist System collapsing? *New York Times*, 21 set. 1998. Disponível em: https://www.nytimes.com/1998/09/21/opinion/editorial-observer-is-the-global-capitalist-system-collapsing.html. Acesso em: 17 set. 2024.

p. 60: Os mercados [...] possivelmente parariam de funcionar: THE JOURNAL RECORD. After losing billions, life goes on for Long-Term Capital's partners. *The Journal Record*, 26 set. 2000. Disponível em: https://journalrecord.com/2000/09/after-losing-billions-life-goes-on-for-longterm-capital39s-partners/. Acesso em: 17 set. 2024.

Capítulo 3

p. 72: Quanto o governo dos Estados Unidos gastou: FELKERSON, James. "$29,000,000,000,000: a detailed look at the Fed's bailout of the financial system. *Levy Economics Institute*, One-Pager n. 23, dez. 2011. Disponível em: https://www.levyinstitute.org/publications/29000000000000-a-detailed-look-at-the-feds--bailout-of-the-financial-system. Acesso em: 18 set. 2024.

p. 75: A extinção da indústria automobilística dos Estados Unidos: FEDERAL RESERVE BANK OF. ST, LOUIS. Domestic Auto Production. *FRED*, 28 jul. 2023. Disponível em: https://fred.stlouisfed.org/series/DAUPSA. Acesso em: 18 set. 2024.

p. 78: Os planos orçamentários: FEDERAL RESERVE. Board of Governors of the Federal Reserve System. Distribution of household wealth in the U.S. since 1989. Disponível em: https://www.federalreserve.gov/releases/z1/dataviz/dfa/distribute/chart. Acesso em: 18 set. 2024.

p. 82: Anne Case e Angus Deaton, docentes em Princeton: GAWANDE, Atul. Why Americans Are Dying from Despair. *The New Yorker*, 16 mar. 2020. Disponível em: https://www.newyorker.com/magazine/2020/03/23/why-americans-are-dying-from-despair. Acesso em: 18 set. 2024.

p. 82: a perda de postos de trabalho na indústria prediz: SELTZER, Nathan. The Economic Underpinnings of the Drug Epidemic. *SSM Population Health*, 12 dez. 2020. doi: 10.1016/j.ssmph.2020.100679. Disponível em: https://pubmed.ncbi.nlm.nih.gov/33319025/. Acesso em: 18 set. 2024.

p. 82: Se olharmos para o mapa dos empregos fabris: MODESTINO, Alicia Sasser. How Opioid Overdoses Reached Crisis Levels. *Econofact*, 19 nov. 2021. Disponível em: https://econofact.org/how-opioid-overdoses-reached-crisis-levels. Acesso em: 18 set. 2024.

Capítulo 4

p. 115: "reimaginar e reconstruir uma nova economia": THE WHITE HOUSE. Fact sheet: the American jobs plan. *The White House*, 31 mar. 2021. Disponível em: https://www.whitehouse.gov/briefing-room/statements-releases/2021/03/31/fact-sheet-the--american-jobs-plan/. Acesso em: 18 set. 2024.

Capítulo 5

p. 121: Os cabelos grisalhos de Aubrey McClendon: GRULEY, Bryan; CARROLL, Joe; LODER, Asjylyn. The incredible rise and final hours of Fracking King Aubrey McClendon. *Bloomberg Businessweek*, 10 mar. 2016.

p. 123: o próprio Ben Bernanke confessa: YU, Edison. Did Quantitative Easing Work? *Economic Insights* (uma publicação do Departamento de Pesquisa do Banco da Reserva Federal da Filadélfia), 1º tri. 2016.

p. 131: trabalhos de Leigh Goehring e Adam Rozencwajg: GOEHRING & ROZENCWAJG. The truth about renewables – Featuring Leigh Goehring and Adam Rozencwajg., Goehring & Rozencwajg: Natural Resource Investors, 9 set. 2021. Disponível em:

https://blog.gorozen.com/blog/the-truth-about-renewables-featuring-leigh-goehring-and-adam-rozencwajg. Acesso em: 18 set. 2024.

p. 134: "A energia nuclear moderna": GATES, Bill. In: The Advantages of Nuclear Energy. *Frontier Technology Corporation*, 20 abr. 2023. Disponível em: https://frontier-cf252.com/blog/nuclear-energy-advantages/#:~:text=Nuclear%20power%20generates%20clean%20energy,negligible%20impacts%20on%20the%20environment. Acesso em: 18 set. 2024.

p. 135: "A Alemanha não só não deveria fechar suas usinas nucleares": MUSK, Elon. In: OLINGA, Luc. Elon Musk says Germany is making a dangerous mistake. *TheStreet*, 16 abr. 2023. Disponível em: https://www.thestreet.com/technology/elon-musk-says-germany-is-making-a-dangerous-mistake#:~:text=%22It's%20crazy%20to%20shut%20down,is%20a%20national%20security%20risk.%22. Acesso em: 18 set. 2024.

p. 135: "O volume de resíduos gerados": HOLGER, Dieter. The solar boom will create millions of tons of junk panels. *Wall Street Journal*, 5 maio 2022.

p. 138: a Califórnia testemunhou diversos incêndios devastadores: GLOCK, Judge. Why is PG&E failing California? All the wrong incentives. *The Cicero Institute*, 9 set. 2020. Disponível em: https://ciceroinstitute.org/pge-failing-california/#:~:text=Yet%20a%20major%20reason%20for,effective%20electricity%20to%20California's%20citizens. Acesso em: 18 set. 2024.

p. 142: "Não há empresa ou setor que não será transformado": FINK, Larry. Larry Fink's 2022 letter to CEOs: the power of capitalism. *BlackRock*, 18 jan. 2022. Disponível em: https://www.blackrock.com/corporate/investor-relations/larry-fink-ceo-letter. Acesso em: 18 set. 2024.

p. 145: No caso do cobre, espera-se que 40% do crescimento: MITCHELL, Andrew; PICKENS, Nick. Nickel and copper: building blocks for a greener future. *Wood Mackenzie*, 4 abr. 2022. Disponível em: https://www.woodmac.com/news/opinion/nickel-and-copper-building-blocks-for-a-greener-future/. Acesso em: 18 set. 2024.

p. 145: O Oregon Group, uma equipe de pesquisa: MILEWSKI, Anthony. A lot more copper needed to expand global electricity. *The Oregon Group*, 26 jul. 2023. Disponível em: https://theoregongroup.com/commodities/a-lot-more-copper-needed-to-expand-global-electricity-grid/. Acesso em: 18 set. 2024.

p. 146: da ordem de 7 trilhões de dólares: HYMAN, Leonard; TILLES, William. The $7 trillion cost of upgrading the U.S. power grid. *OilPrice.com*, 25 fev. 2021. Disponível em: https://oilprice.com/Energy/Energy-General/The-7-Trillion-Cost-Of-Upgrading-The-US-Power-Grid.html#:~:text=We%20have%20previously%20written%20that,year%20to%20get%20into%20shape. Acesso em: 18 set. 2024.

Capítulo 6

p. 166: forneça aos mercados quantias enormes de liquidez: CME GROUP. Assessing liquidity – Revisiting whether book depth is a sufficiently representative measure of market liquidity. *CME Group*, 17 jun. 2020. Disponível em: https://www.cmegroup.com/education/articles-and-reports/assessing-liquidity.html. Acesso em: 18 set. 2024.

p. 173: a deterioração da liquidez no Tesouro: BARONE, Jordan. The global dash for cash in March 2020. *Liberty Street Economics*, 12 jul. 2020. Disponível em: https://libertystreeteconomics.newyorkfed.org/2022/07/the-global-dash-for-cash-in-march-2020/. Acesso em: 18 set. 2024.

Capítulo 7

p. 199: Com a marca da Sequoia na apresentação de venda: AUSLENDER, Vicki. How did some of the world's largest VCs miss all the warning signs and invest in FTX? CTech, 22 nov. 2022. Disponível em: https://www.calcalistech.com/ctechnews/article/sy9st378s. Acesso em: 19 set. 2024.

p. 200: "Quem é esse paspalho?": COHODES, Marc; MCDONALD, Larry. Entrevista, minuto 19-20:15. Zoom, 14 dez. 2022. Citação: "A FTX exibiu outdoors com o SBF estampado neles [...] e o que esse cara é? Ele não é p*** nenhuma. Ou seja, foco total nesse paspalho pra tirar a atenção do resto, ludibriar todo mundo. Deu certo, ludibriaram os reguladores".

p. 206: "dez maiores fundos administrados por mulheres": BLOOMBERG. Cathie Wood's 'phenomenal rise' brings ETF assets to $60 billion. *Bloomberg.com*, 17 fev. 2021. Disponível em: https://www.bloomberg.com/news/articles/2021-02-17/cathie-wood-s-phenomenal-rise-brings-etf-assets-to-60-billion. Acesso em: 19 set. 2024.

p. 206: estava fazendo alarde: LIU, Evie. Red-Hot Ark ETFs add $12.5 billion in new cash in 2021. *Barron's*, 10 fev. 2021. Disponível em: https://www.barrons.com/articles/red-hot-ark-etfs-add-12-5-billion-in-new-cash-in-2021-51612995946. Acesso em: 19 set. 2024.

Capítulo 8

p. 234: O mesmo país que grampeou por anos: STARKS, Tim; DEYOUNG, Karen. U.S. eavesdropped on U.N. secretary general, leaks reveal. *Washington Post*, 17 abr. 2023. Disponível em: https://www.washingtonpost.com/national-security/2023/04/15/united-nations-leaked-documents/. Acesso em: 19 set. 2019.

p. 237: Na outra margem do Golfo Pérsico: TAYEB, Zahra. Russia and Iran are working on a gold-backed cryptocurrency to take on the dominant dollar. *Business Insider*, Índia, 17 jan. 2023. Disponível em: https://markets.businessinsider.com/news/currencies/dollar-dominance-russia-iran-gold-backed-stablecoin-crypto-2023-1. Acesso em: 19 set. 2024.

p. 237: Rússia, Irã e Catar, que juntos controlam 60%: ONYANGO, Daniel. Russia and Iran move to create one of the largest global natural gas cartel. *Pipeline Technology Journal*, 26 ago. 2022. Disponível em: https://www.pipeline-journal.net/news/russia-and-iran-move-create-one-largest-global-natural-gas-cartel. Acesso em: 19 set. 2024.

p. 237: São indícios de que o restante do mundo: MEHR NEWS AGENCY. Asian nations sign pact to shift away from dollar. *Mehr News Agency*, Teerã, 3 maio 2023. Disponível em: https://en.mehrnews.com/news/200249/Asian-nations-sign-pact-to-shift-away-from-dollar. Acesso em: 19 set. 2024.

p. 239: Em abril de 2023, os Brics: SINGH, Tanupriya. Towards de-dollarization. *Peoples Dispatch*, 7 abr. 2023.

p. 239: Em maio de 2023, Brasil e Argentina: BUENOS AIRES HERALD. Argentina and Brazil to discuss trade agreement to skip dollar. *Buenos Aires Herald*, 2 maio 2023. Disponível em: https://buenosairesherald.com/business/argentina-and-brazil-to-discuss-trade-agreement-to-skip-dollar. Acesso em: 19 set. 2024.

p. 242: O relatório botava a culpa pela escassez: PETER G. PETERSON FOUNDATION. Without Reform, Social Security Could Become Depleted Within the Next Decade. *Pgpf.org*, 29 jun. 2023. Disponível em: https://www.pgpf.org/blog/2024/08/without-reform-social-security-could-become-depleted-within-the-next-decade. Acesso em: 19 set. 2024.

p. 246: avaliar o ouro em termos de dólares em circulação: BROTHERS, Laura. Gold vs. Money Supply. *Vaulted.com*, 20 ago. 2021. Disponível em: https://vaulted.com/nuggets/gold-vs-money-supply/. Acesso em: 19 set. 2024.

p. 253: "Meu avô se deslocava de camelo": AUSTRALIAN ASSOCIATED PRESS. Dubai sheikh's words lost in translation with viral quote. *Aap.com.au*, 26 abr. 2021. Disponível em: https://www.aap.com.au/factcheck/dubai-sheikhs-words-lost-in-translation-with-viral-quote/. Acesso em: 19 set. 2024.

Capítulo 9

p. 256: 40 mil crianças: KELLY, Annie. Children as young as seven mining cobalt used in smartphones, says Amnesty. *The Guardian*, 19 jan. 2016. Disponível em: https://www.theguardian.com/global-development/2016/jan/19/children-as-young-as-seven-mining-cobalt-for-use-in-smartphones-says-amnesty. Acesso em: 19 set. 2024.

p. 267: acelerar o processo de redistribuição de terras: OTENG, Eric. South Africa's dilemma of land reform and mining investment. *Africanews*, 10 fev. 2019. Disponível em: https://www.africanews.com/2019/02/10/south-africa-s-dilemma-of-land-reform-and-mining-investment/. Acesso em: 19 set. 2024.

p. 267: "Se não houver garantia de propriedade das áreas de mineração": OTENG, Eric. South Africa's dilemma of land reform and mining investment. *Africanews*, 10 fev. 2019. Disponível em: https://www.africanews.com/2019/02/10/south-africa-s-dilemma-of-land-reform-and-mining-investment/. Acesso em: 19 set. 2024.

p. 273: não vai ser possível construir estações de recarga: WOODROW, Alex. 2022-2040 Powertrain Outlook. *KGP Automotive Intelligence*, 18 out. 2022. Disponível em: https://www.kgpauto.com/uncategorised/2022-2040-powertrain-outlook/. Acesso em: 19 set. 2024.

p. 274: Uma mina de cobre nova precisa de cinco a dez anos: CNBC TELEVISION. Copper production takes 5-10 years, and that causes supply delays, says Freeport-McMoRan CEO. YouTube, 22 abr. 2022. Disponível em: https://www.youtube.com/watch?v=7PtXQP0kmuo. Acesso em: 19 set. 2024.

p. 275: processamento de matérias-primas como grafita: QUINLAN, Joseph; SANFILIPPO, Lauren. China is leading the world on manufacturing, but the race isn't over. *Barron's*, 31 ago. 2020. Disponível em: https://www.barrons.com/articles/china-manufacturing-semiconductor-electronics-us-competition-51661894538. Acesso em: 19 set. 2024.

p. 276: a Tesla consome anualmente perto de 3 mil toneladas: ELS, Frik. All the mines Tesla needs to build 20 million cars a year. *Mining.com*, 27 jan. 2021. Disponível em: https://www.mining.com/all-the-mines-tesla-needs-to-build-20-million--cars-a-year/#:~:text=When%20Tesla%20makes%2020%20million,%2C%20BHP%2C%20and%20then%20some. Acesso em: 19 set. 2024.

p. 278: "O objetivo é instalar": SCHOLZ, Olaf. In: REITER, Chris. Germany targets three new windmills a day for energy reboot. *Bloomberg.com*, 14 jan. 2023. Disponível em: https://www.bloomberg.com/news/articles/2023-01-14/germany-wants-fast--windmill-expansion-to-hit-climate-goals. Acesso em: 19 set. 2024.

p. 281: a capacidade de enriquecimento de urânio russa: FOLTYNOVA, Kristyna. Russia's stranglehold on the world's nuclear power cycle. *Radio Free Europe Radio Liberty*, 1º set. 2022. Disponível em: https://www.rferl.org/a/russia-nuclear-power-industry-graphics/32014247.html. Acesso em: 19 set. 2024.

Este livro foi impresso pela Vozes, em 2025, para a HarperCollins Brasil.
O papel do miolo é Avena $70g/m^2$ e o da capa é cartão $250g/m^2$.